室内设计原理与方法探究

侯立丽　马玉锐　唐兴荣　编著

中国纺织出版社

内 容 提 要

当今社会，国民生活水平的提高不仅体现在物质生活的满足上，还体现在人们对精神生活的追求上。人们对生活环境的要求日益提高就是其中的一个方面。一般情况下，通过观察一个人的居住环境和生活氛围，我们可以感受出其生活品质、日常习惯，甚至其职业、性格、兴趣爱好等。因此，不同的人对室内设计的要求不同，这也是该行业得以发展的一个重要条件和机遇。《室内设计原理与方法探究》这本书通过一系列的理论和实际案例生动形象地向读者展示了该领域所涉及的各种原理知识，既突出了本书的应用特色，更体现了其参考价值，使读者达到学以致用的目的。

图书在版编目（CIP）数据

室内设计原理与方法探究 / 侯立丽，马玉锐，唐兴荣编著. —北京：中国纺织出版社，2018.3（2022.1 重印）
ISBN 978 - 7 - 5180 - 2460 - 5

Ⅰ．①室… Ⅱ．①侯… ②马… ③唐… Ⅲ．①室内装饰设计 Ⅳ．①TU238

中国版本图书馆 CIP 数据核字（2016）第 058026 号

责任编辑：武洋洋　　　　　　　责任印制：储志伟

中国纺织出版社出版发行
地址：北京市朝阳区百子湾东里 A407 号楼　邮政编码：100124
销售电话：010 - 67004422　传真：010 - 87155801
http：//www. c - textilep. com
E - mail：faxing@ e - textilep. com
中国纺织出版社天猫旗舰店
官方微博 http：//www. weibo. com/2119887771
北京市金木堂数码科技有限公司印刷　　　各地新华书店经销
2018 年 3 月第 1 版　　　2022年1月第9次印刷
开本：787×1092　1/16　印张：16.875
字数：401 千字　定价：78.00 元

前　言

改革开放以来，人们的生活水平得到明显提高，建筑装饰行业也得到了迅速发展。到目前为止，很多高校还将室内环境设计设为其教育的一个专业，并且获得了长足的发展。作为一个新兴的专业，它的各方面必定还存在很多不足之处，无论是缺乏成熟、系统的教育理论，还是设计观念的创新程度不够，都将会是其在发展道路上要面临的巨大挑战。但是，从目前的发展趋势中我们可以看出，室内设计行业的领域在不断拓展，在未来也将会顺应人们的需求继续壮大起来。

现如今，国民生活水平的提高不仅体现在物质生活的满足上，通过人们对精神生活的追求也可以明显体现出来，人们对生活环境的要求日益提高就是其中的一个方面。一般情况下，通过观察一个人的居住环境和生活氛围，我们可以感受出其生活品质、日常习惯，甚至其职业、性格、兴趣爱好等。因此，不同的人对室内设计的要求不同，这也是该行业得以发展的一个重要条件和机遇。《室内设计原理与方法探究》这本书通过一系列的理论和实际案例生动形象地向读者展示了该领域所涉及的各种原理知识，既突出了本书的应用特色，更体现了其参考价值，使读者达到学以致用的目的。

本书共分为九章，分别对室内设计行业的原理、方法和发展趋势进行了详细的探究和分析。具体来说，第一章主要论述了室内设计的一些基本概念，如含义、表现技法及其与建筑学、人体工程学等的联系；第二章主要论述了室内设计的内容、方法和步骤，尤其是方法和步骤，是本章的一个重点。内容方面只是进行了概述，其具体涉及的知识在后面的章节中会有详细分析；第三章则讲述了室内设计由兴起到发展至今所形成的各种风格和流派；空间之所以被称为空间，是因为有各个界面的存在，第四章就主要论述了对空间的组织和各界面的处理；第五、六、七章承接第二章中室内设计的内容进行了详细分析，包括色彩和照明设计、家具、陈设和绿化设计、室内装饰材料设计等；第八章是室内设计在生活中的具体应用，包括旅游建筑、办公建筑、娱乐休闲场所、观演建筑、商业建筑、展示空间等建筑的室内设计；第九章，讲述了室内设计行业发展到现在的变迁，分析了该行业的现状及其以后的发展。对室内设计的现状及发展进行了分析和梳理。

本书由侯立丽（河北农业大学）、马玉锐（大连艺术学院）、唐兴荣（兰州文理学院）共同编撰完成。具体分工如下。

第五章，第七章，第八章，前言：侯立丽；第一章，第四章，第九章：马玉锐；第二章，第三章，第六章：唐兴荣。

纵观全书，共结构完整，条理清晰，内容充实，倾注了作者的无数心血。同时，在编撰过程中还借鉴了很多专家学者的文献资料，在这里表示衷心的感谢。限于作者水平，书中难免会出现一些瑕疵，欢迎广大读者批评指正！

编者

2017 年 10 月

目　录

第一章 室内设计概论

室内设计作为建筑设计的重要组成部分，在当前社会生活中占据重要地位，越来越多的人开始注重室内设计。无论是室内设计师，还是对室内设计感兴趣的人，了解其相关概念是最基本的要求。

第一节 室内设计的含义

一、室内设计的概念

室内设计是建筑设计的组成部分，是对建筑设计的深化和再创造，受建筑设计的制约较大，既具有很高的艺术性，还要考虑材料、设备、技术、造价等多种因素，综合性极强。其中室内是相对室外而言，提供人们居住、生活、工作的相对隐蔽的内部空间，室内不仅仅是指建筑物的内部，还应包括火车、飞机、轮船等内部的空间。其中，顶盖使内、外空间有了质的区别，因此，有无顶盖往往是区分室内外的重要标志。

现代室内设计也被称作室内环境设计，是环境设计系列中和人们关系最为密切的环节之一。它包括视觉环境和工程技术方面的问题，也包括声、光、电、热等物理环境，以及氛围、意境等心理环境和文化内涵等内容。室内设计的总体，包括艺术风格，从宏观来看，往往能从一个侧面反映相应时期社会物质和精神生活的特征。历代的室内设计总是具有时代的印记，犹如一部无字的史书。这是由于室内设计从设计构思、施工工艺、装饰材料到内部设施，必须和社会当时的物质生产水平、社会文化和精神生活状况联系在一起。在室内空间组织、平面布局和装饰处理等方面，还和当时的哲学思想、美学观点、社会经济、民俗民风等密切相关。

现代室内设计需要考虑两个要求和一个手段，即功能和使用要求、精神和审美要求，以及必要的物质技术手段来达到前述两方面的要求。其中，功能指的是使用层面，形式指的是审美层面，技术则指的是构造层面。

功能、形式和技术三者的关系是辩证的统一关系，最早摆正功能与形式关系的人当属美国芝加哥学派的代表人路斯·沙利文，他提出了著名的口号"形式追随功能"，即建筑设计最重要的是好的功能，然后再加上合适的形式。虽然当今的各种设计流派层出不穷，设计中需要考虑和解决的问题很多，但功能在一般情况下还是居于设计中的主导地位。

为满足人类的生活、工作的物质要求和精神要求，根据空间的使用性质、所处环境的相应标准，不仅要运用物质技术手段及美学原理，同时还应反映历史文脉、环境风格和气氛等文化内涵，营造出功能合理、舒适美观、符合人类生理、心理要求的室内空间环境。那么这两方面各自都包括什么内容呢？

设计构思时，需要运用物质技术手段，即各类装饰材料和设施设备等。除此之外，还需要遵循建筑美学原理，这是因为，体现室内设计的艺术性除了应用与绘画、雕塑等艺术之间共同的美学法则之外，作为建筑美学，更需要综合考虑使用功能、结构施工、材料设备、造价标准等多种因素。建筑美学总是和实用、技术、经济等因素联系在一起，这是它有别于绘画、雕塑等纯艺术的差异所在。可以看出，室内设计是感性与理性的结合，两者需要高度协调，才能确保室内设计最终的完美使用效果。

现代室内设计既有很高的艺术性要求，其涉及的设计内容又有很高的技术含量，并且与一些新兴学科，如人体工程学、环境心理学、环境物理学等关系极为密切。现代室内设计已经在环境设计中发展成为独立的新兴学科。

二、室内设计概念的辨析

在"室内设计"这个概念出现以前，室内装饰的行为就已经存在数千年了。我们从远古时代人类居住的建筑遗址中，已经发现人们对栖居在其中的室内环境进行过"设计"的迹象。例如，在古埃及的庙宇中就已经出现了壁画和石头座椅，可以认为是最早的室内装饰——界面的修饰和家具的制作。当然，这还不能认为是严格意义上的室内设计，就"室内设计"这个词语本身来说，它包含了两个具有完整意义的部分，即"室内"与"设计"，这就涉及对这两个概念的认识。"室内"的概念我们前面已经说过，是相对于室外来说的，凡是建筑的内部空间，都可以认为是"室内"。在这一点上，一般都不会产生歧义。但是，现代建筑在实践上打破了人们这种传统的认识，强调了内部与外部空间的连续性和渗透性，室内与室外之间的界限趋于模糊，有时是相互交融和贯通的。

中国传统建筑和民居中，室内与室外相融通的例子实在太多了。下面我们从两个例子中来体会这一特色。

云南大理的一处由民居改造成的宾馆中所围合出来的空间，谁能说出它是室内还是室外？这常常令我们对"室内"概念的把握感到茫然。具体情形如图1-1-1所示。在我们的思维定式中，对"室内"的理解总存在着"围护体"的意象。

图1-1-1 云南大理某宾馆内庭院构造

在西方国家的一些大型建筑项目中，建筑与建筑之间用玻璃采光顶相互连接，形成了一个巨大的围合空间。人置身于街道上，实际上是置身于"室内"，这其中的设计很难说是室内设计还是建筑设计。如图1－1－2所示，展示的是新加坡圣淘沙名胜世界，充分体现了这种空间构造的特色。

图1－1－2　新加坡圣淘沙名胜世界

从上面的分析中我们可以看到，具有顶界面是室内空间的最大特点。对于一个有六个界面的房间来说，很容易区分室内空间和室外空间，但对一个不具备六个界面的房间来说往往可以表现出多种多样的内外空间关系。

第二节　室内设计与建筑设计

一、室内设计与建筑设计的内在联系

随着建筑行业专业化程度的不断加深和专业分工的细化，室内设计逐渐从建筑设计中分离出来，成为一个独立的专业，但是从根本上讲，室内设计仍是建筑设计的一个组成部分。因而人们普遍认为，室内设计是建筑设计的延续与深化。广义地讲，建筑设计和室内设计都属于建筑学的范畴，它们之间不可能截然地分开。也可以这样认为，建筑设计和室内设计是一个完整的建筑工程设计中的阶段性分工，一个完整的建筑设计必定包含着建筑的主体结构设计和室内设计两个部分。建筑设计主要把握建筑的总体构思、创造建筑的外部形象和进行合理的空间规划；而室内设计主要是对特定的内部空间，在空间、功能、形象等方面进行深化和创造。

室内设计和建筑设计始终分不开，它们两个与一个建筑整体的形态呈现息息相关，所以这里我们就来探讨一下它们两者之间的内在联系。其联系主要表现在以下四个方面，这四个方面也是按照一个项目从开始到结束的步骤概括总结出来的。

（1）从建筑设计的前期工作方面分析。在室内设计过程中，有时为了弥补原有建筑设计的缺陷，有时为了新的功能需要，常常会对现有建筑进行改造。有时即使是新建工程，由于思路和需求的变化，也同样会发生大量的修改，这都会造成许多无谓的人力、物力、时间、金钱的消耗。因此，在建筑设计的前期工作阶段就应该考虑室内设计的定位，两者最好同时开始，同步进行，以避免不必要的损失。

（2）从深化设计阶段分析。深化设计是在确定建筑设计思想和空间设计概念的基础上，进一步通过构造技术、细部分析、效果模拟和相关专业配合，对实现建筑整体成果和使用功能作进一步研究，是建筑设计工作中将概念性成果有效地向施工图设计工作转换的关键环节。如果在这个环节中，不能充分地使建筑设计与室内设计整体配合，就无法确保设计师整体思路的实施，会对进一步的设计造成不利影响。

（3）从建设工作实施角度分析。尽量尊重建筑师的设计构思是室内设计师的工作原则之一，这样有利于构思的完整连续。但在现实生活中，由于各种原因及工作责权的限制，建筑师已无法全过程对方案承担责任，以至于有些方案实施后面目全非。因此，室内设计师在满足业主新需求的情况下应尽量尊重和合理地完善原有的建筑设计意图，使得设计方案具有切实可行性。

（4）从项目成果评价方面分析。建筑设计和室内设计是在整体设计思想的指导下相互影响、互利互动、不可分割、双向融合的，一件优秀的建筑设计作品离不开成功的室内设计，富有创意的室内设计能够为建筑设计增添光彩。所以室内设计师在尊重建筑师设计构思的同时，应该充分发挥自己的创意和构思，通过对内部空间的再创造，营造出富有整体感和生命力的空间氛围，使建筑物具有自身的特质。

从上述内容中我们可以看出，室内设计和建筑设计密不可分，优秀的建筑设计应该有好的室内空间，而优秀的室内设计应该是建筑设计的延伸和深化。法国建筑师保罗·安德鲁设计的中国国家大剧院就很好地阐释了这一设计意境，如图 1-2-1 所示。

 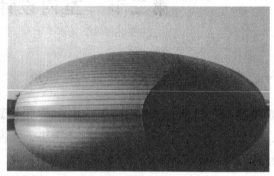

（a）室内空间展示图　　　　　　　　（b）室外空间展示图

图 1-2-1　中国国家大剧院室内和室外空间展示图

二、室内设计与建筑设计的区别

上面我们说过了室内空间与建筑空间之间的联系，它们之间确实存在很多的共同点，如都要满足建筑使用功能，包括物质和精神功能的要求，都要受到经济、技术条件的制约，在设计过程中都要考虑一定的构图法则、形式美法则和符合视知觉与审美的规律性，都要考虑材料的特性与使用方法等。但是建筑设计和室内设计又各有特点，彼此区分，它们的区别主要表现为以下两个方面：

（1）两者关注的重点有所不同，涉及的尺度也有所不同。建筑设计主要涉及建筑的总体和综合关系，包括平面功能的安排、平面形式的确定、立面各部分比例关系的推敲和空间体量关系的处理，同时也要协调建筑外部形体与城镇环境、与内部空间形态的关系。室内设计是对具体的空间环境进行处理，设计时更加重视特定环境的视觉和生理、心理反应，主要通过内部空间造型、室内照明、色彩和装修材料的材质设计来达到这些要求，创造尽可能完美的时空氛围。

（2）两者的工作阶段和更新周期不同。建筑设计是室内设计的前提，室内设计是建筑设计的继续和深入。两者按工作阶段划分，如果以建筑工程的构架完成为界限，则之前的为建筑设计，之后的为室内设计。对于已建成的建筑实体进行室内设计或内部改造设计则是以建筑整体作为前提条件的内部空间环境设计。室内设计能对建筑设计中的缺陷和不足加以调整和补充，一般来说，建筑是长期存在的，设计时难以适应现代人不断变化的生活和工作状况，而室内设计的更新周期比较短，可以通过内部空间的再创造而赋予建筑物以个性，使之适应时代发展的新要求。

第三节　室内设计与人体工程学

一、人体工程学的定义与发展

（一）人体工程学的定义

人体工程学所研究和应用的范围极其广泛，它所涉及的各学科和各领域的专家、学者都试图从自身的角度来给本学科命名和下定义，因而世界各国对于本学科的命名不尽相同，即使同一个国家对本学科名称的命名也很不统一，甚至有很大差别。例如：该学科在美国称为"human engineering"（人体工程学）或"human factors engineering"（人的因素工程学），西欧国家多称为"ergonomics"（人类工效学），而其他国家大多引用西欧的名称。

按照国际工效学会所下的定义，人体工程学是"研究人在某种工作环境中的解剖学、生理学和心理学等方面因素的一门学科，研究的内容有人和机器及环境的相互作用，人在工作中、家庭生活中和休假时怎样统一考虑工作效率，人的健康、安全和舒适等问题"。日本千叶大学小原教授认为："人体工程学是探知人体的工作能力及其极限，从而使人们所从事的工作趋向适应人体解剖学、生理学和心理学的各种特征。"

人体工程学联系到室内设计，其定义为：以人为主体，运用人体计测、生理与心理计测等手段和方法，研究人体结构功能、心理、力学等方面与室内环境之间的合理协调关系，以适合人的身心活动要求，取得最佳的使用效能。其目标应是安全、健康、高效能和舒适。

（二）人体工程学的发展

人体工程学起源于欧美，在工业社会开始大量生产和使用机械设施的情况下，探求人与机械之间的协调关系，作为独立学科已有40多年的历史。

人体工程学发展于应用之中，虽然自人类文明开始，由于制造工具、营造房所等改进生活质量、提高工作效能等目的要求，人类就已经在不知不觉中运用人体工程学的原理。工业革命以来，健康、安全、舒适的工作条件已成为人们共同关注的问题，对于人与机械之间的协调关系，人们一直进行着各种积极的探索，人体工程学一个重要的发展时期是 20 世纪的两次大战，战时为提高工效、减轻疲劳，以及基于对复杂的武器、军事工具和设备达到最大效应等要求，此时的人体工程学备受重视。战争结束后，人体工程学从较集中地为军事装备设计服务，转入为民用设备、为生产服务，并渗入到人类工作和生活的多个领域，许多国家还先后成立了相关的专业研究机构和学术团体，1961 年，在瑞典首都斯德哥尔摩成立了"国际人类工效学协会"，自此，人体工程学逐渐形成了国际性的比较完整的研究组织和学科体系。人体工程学在二十世纪六七十年代有了显著的发展，并达到高潮，对设计的进步起了很大的促进作用。

早期的人体工程学涉及生理学、人体解剖学和人体测量学。20 世纪 60 年代有了更大发展，从人与环境的心理关系方面进行了深入的研究，因此导致了一个界于心理学、行为科学、生态学、社会学、人类学以及建筑设计和社区规划设计、室内和园林设计等学科之间具有人文特点的新边缘学科——环境心理学的产生。至今，人体工程学的研究内容仍在发展和变化之中，概括起来，主要包括以下内容：

（1）生理学：研究人的感觉系统、血液循环系统、运动系统等基本知识。

（2）心理学：研究感觉、知觉、注意、警觉、拥挤、领域、私密性、向光性等方面的知识。

（3）环境心理学：研究人和环境的交互作用，刺激与效应，信息的传递与反馈，环境行为特征和规律等知识。

（4）人体测量学：测定人体结构尺寸和功能尺寸、体重、出力范围及其在工程设计中的应用等知识。

人体工程学在我国起步比较晚，目前该学科在国内的名称尚未统一，除普遍采用人机工程学外，常见的名称还有人—机—环境系统工程、人体工程学、人类工效学、人类工程学、工程心理学、宜人学、人的因素等。不同的名称，其研究重点略有差别。

二、人体工程学的尺度

人体工程学通过对人类自身生理和心理的认识，将有关的知识应用在有关的设计中，从而使环境适合人类的行为和需求。对于室内设计来说，人体工程学的最大课题就是尺寸的问题。首先是人体的尺度和动作域所需要的尺寸和空间范围，人们交往时符合心理要求的人际距离以及人们在室内通行时各处有形无形的通道宽度。人体的尺度，即人体在室内完成各种动作时的活动范围，是我们确定室内诸如门扇的宽度、踏步的高宽度、窗台阳台的高度、家具的尺寸及其间距离，以及楼梯平台、室内净高等的最小高度的基本依据。从人们的心理感受考虑，还要顾及满足人们心理感受需求的最佳空间范围。

从上述的内容可知，人体尺寸可以分为两大类，即静态尺寸和动态尺寸。静态尺寸是被试者在固定的标准位量所测得的躯体尺寸，也称为结构尺寸。动态尺寸是在活动的人体条件下测得的躯体尺寸，也称为功能尺寸。虽然静态尺寸对于某些设计目的来说具有很好的意义，但在大多数情况下，动态尺寸的用途更为广泛。

在运用人体动态尺寸时，应该充分考虑人体活动的各种可能性，考虑人体各部分协调动作的情况。例如，人体手臂能达到的范围绝不仅仅取决于手臂的静态尺寸，它必然受到肩的运动和躯体的旋转、可能的背部弯曲等情况的影响。因此，人体手臂的动态尺寸远大于其静态尺寸，这一动态尺寸对于大部分设计任务而言也更有意义。采用静态尺寸，会使设计的关注点集中在人体尺寸与周围边界的净空，而采用动态尺寸则会使设计的关注点更多地集中到所包括的操作功能上去。

（一）静态尺度

《中国成年人人体尺寸》（GB 10000—1988）是 1989 年 7 月开始实施的我国成年人人体尺寸国家标准。该标准共提供了 7 类共 47 项人体尺寸基础数据，标准中所列出的数据是代表从事工业生产的法定中国成年人（男 18～60 岁，女 18～55 岁）的人体尺寸，并按男女性别分开列表。图 1-3-1 所示的是我国成年男女中等人体地区的人体各部分平均尺寸，图 1-3-2 所示的是我国人体尺度示意图，图 1-3-3 所示的是我国成年男女不同身高的百分比。表 1-3-1 所示的是我国具有代表性的一些地区成年男女身体各部分的平均尺寸。不同年龄、性别、地区和民族国家的人体，具有不同的尺度差别。

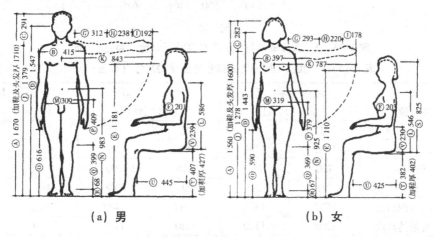

(a) 男　　　　　　　　　(b) 女

图 1-3-1　我国成年男女基本尺度图解（单位：mm）

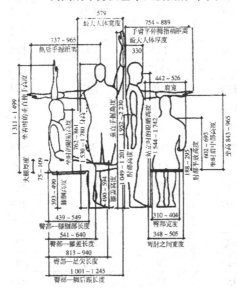

图 1-3-2　我国人体尺度示意图（单位：mm）

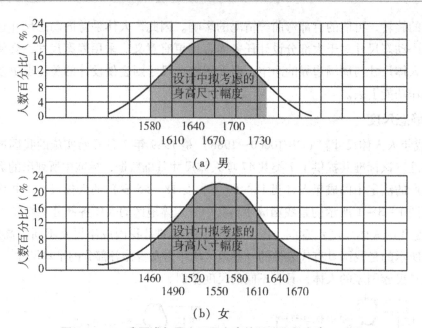

（a）男

（b）女

图 1-3-3 我国成年男女不同身高的百分比（身高：mm）

表 1-3-1 我国不同地区人体各部分平均尺寸（单位：mm）

编号	部 位	较高人体地区（冀、鲁、辽）		中等人体地区（长江三角洲）		较低人体地区（四川）	
		男	女	男	女	男	女
A	人体尺度	1690	1580	1670	1560	1630	1530
B	肩膀宽度	420	387	415	397	414	385
C	肩峰至头顶高度	293	285	291	282	285	269
D	正立时眼的高度	1573	1474	1547	1443	1512	1420
E	正坐时眼的高度	1203	1140	1181	1110	1144	1078
F	胸廓前后径	200	200	201	203	205	220
G	长臂长度	308	291	310	293	307	289
H	前臂长度	238	220	238	220	245	220
I	手长度	196	184	192	178	190	178
J	肩峰高度	1397	1295	1379	1278	1345	1261
K	1/2 上骼展开全长	869	795	843	787	848	791
L	上身高长	600	561	586	546	565	524
M	臀部宽度	307	307	309	319	311	320
N	肚脐高度	992	948	983	925	980	920
O	指尖到地面高度	633	612	616	590	606	575
P	上腿高度	415	395	409	379	403	378
Q	下腿高度	397	373	392	369	391	365
R	脚高度	68	63	68	67	67	65
S	坐高	893	846	877	825	850	793
T	腓骨头的高度	414	390	407	382	402	382
U	大腿水平长度	450	435	445	425	443	422
V	肘下尺寸	243	240	239	230	220	216

（二）动态尺度

1. 普通人体的动态尺度设计

在现实生活中，人们并非总是保持一种姿势不变，而是不断地在变换着姿势，这也是为了满足人体自身对活动的需要。这种姿势的变换和人体移动所占用的空间构成了人体活动空间，也称为作业空间。人们在室内各种生活和工作活动范围的大小，就叫作动作域，是确定室内空间尺度的重要依据因素之一。以各种计测方法测定的人体动作域，也是人体工程学研究的基础数据。如果说人体尺度是静态的、相对固定的数据，人体动作域的尺度则为动态的，其动态尺度与活动情境动态有关，例如，坐姿状态下的人和站姿状态下的人所需的空间尺度大小是不一样的，人们在室内空间中的不同活动状态都是室内设计过程中应该考虑的问题，如图 1-3-4 至图 1-3-8 所示。室内家具的布置、空间的组织安排，都要认真考虑活动着的人的所需空间，即进深、宽度和高度的尺度范围。

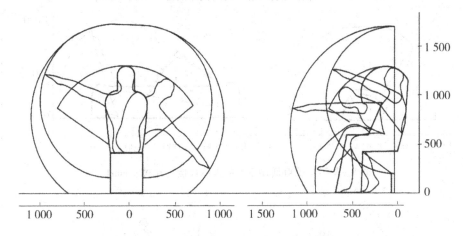

图 1-3-4　坐姿活动空间的人体尺度（单位：mm）

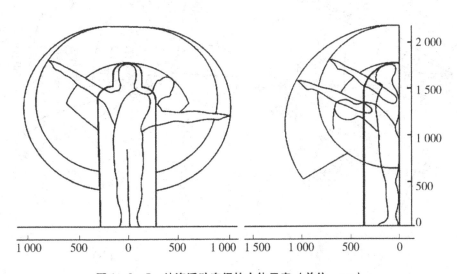

图 1-3-5　站姿活动空间的人体尺度（单位：mm）

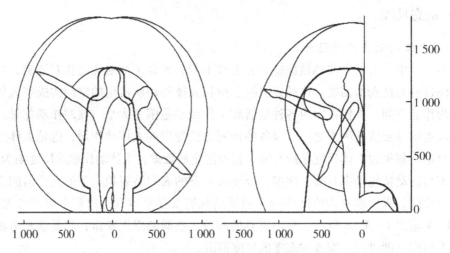

图1-3-6 单腿跪姿活动空间的人体尺度（单位：mm）

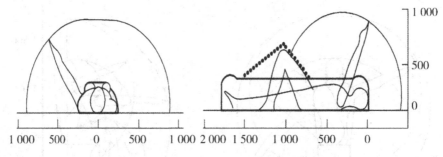

图1-3-7 仰卧活动空间的人体尺度（单位：mm）

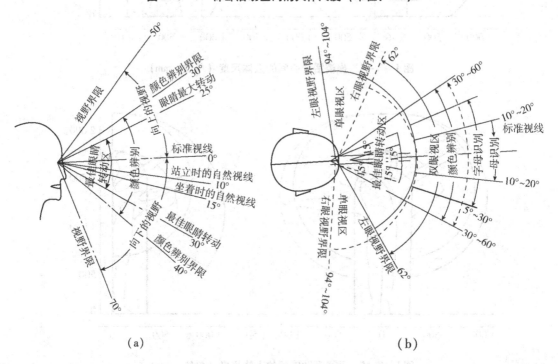

（a）

（b）

图1-3-8 人体头部在水平面内的动作

上面五幅图概述了人体在室内空间中的几种活动形态，但是在日常生活中，人们的活动方式多种多样，接下来我们还是通过一幅图来观察一下人们在生活中的多种活动，如图1－3－9所示。在这幅图中，人体的活动尺度已经包括了一些衣服和鞋子的厚度。如果涉及一些特定空间的详细尺度，在设计时可以查阅相关设计资料或手册。

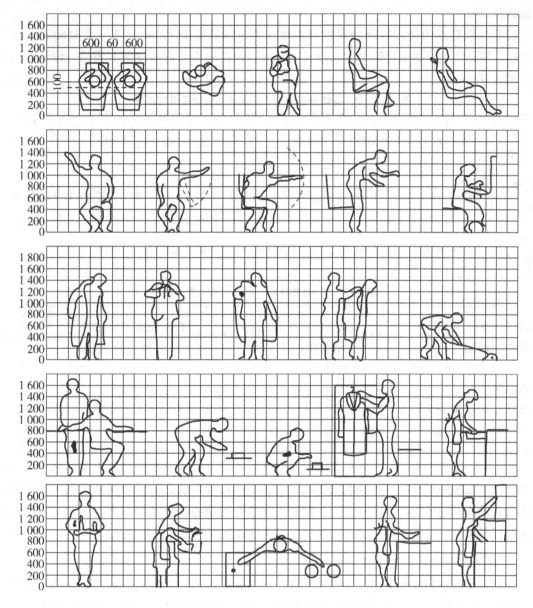

图1－3－9　人体活动所占空间尺度

在室内设计中，人体尺度具体数据尺寸的选用，应考虑在不同空间下，人们动作和活动的安全，以及对于大多数人来说的适宜尺寸，并强调以安全为前提。

在室内设计中，可供参考的人体尺寸数据是在一定的幅度范围内变化的。因此，在设计中究竟应该采用什么范围的尺寸做参考就成为一个值得探讨的问题。一般情况下，针对室内设计中的不同情况可以按以下三种人体尺度来考虑：

（1）按较高人体高度考虑空间尺度。例如楼梯顶高、栏杆高度、阁楼及地下室净高、门洞的高度、淋浴喷头、高度、床的长度等。一般可采用男性人体的平均高度1730mm，再另加鞋厚20mm。

（2）按较低人体高度考虑空间尺度，例如楼梯的踏步、厨房吊柜、搁板、挂衣钩及其他空间置物的高度、盥洗台、操作台的高度等。一般可采用女性人体的平均高度1560mm，再另加鞋厚20mm。

（3）一般建筑内使用空间的尺度可按成年人平均高度1670mm（男）及1560mm（女）来考虑。例如剧院及展览建筑中考虑的人的视线以及普通桌椅的高度等。当然，设计时也需要另加鞋厚20mm。

表1-3-2　身体各部分所占质量的百分比及其标准差

身体各部分	头	躯干	手	前臂	前臂+手	上臂	一条手臂	两条手臂	脚	小腿	小腿+脚	大腿	一条腿	两条腿	总计
质量百分比/（%）	7.28	50.7	0.65	1.62	2.27	2.63	4.9	9.8	1.47	4.36	5.83	10.27	16.11	32.22	100
标准偏差/（%）	0.16	0.57	0.02	0.04	0.06	0.06	0.09		0.03	0.1	0.12	0.23	0.26		

表1-3-3　身体各部分所占面积的百分比

身体各部分	头和颈部	胸	背	下腹	臀部	右上臂	左上臂	右下臂	左下臂	右手	左手	右大腿	左大腿	右小腿	左小腿	右脚	左脚	总计
体表面积的百分比/（%）	8.7	10.2	9.2	6.1	6.6	4.9	4.9	3.1	3.1	2.5	2.5	9.2	6.2	6.2	3.7	3.7		100

表1-3-2和表1-3-3分别表示了人们身体各部分所占质量的百分比及其标准和身体各部分所占面积的百分比，这些数据有利于求得人体在各种状态时的重量分布和人体及各组成部分在动作时间可能产生的冲击力，例如人体全身的重心在脐部稍下方，因此对设计栏杆扶手的高低及栏杆可能承受人体冲击时的应有强度计算等都具有实际意义。

2. 特殊人群的动态尺度设计

任何人都有权利受到社会的关怀和尊重，以数量众多的"正常人"的身体条件作为设计依据和标准的同时，不应该忽略和忘记人群中占有相当比例的特殊人群，他们包括老人、残疾人以及病弱者和儿童。由于与正常人或成人在身体尺度和生理功能上存在差异或缺陷，他们在生活中会遇到一些特殊的问题，健康的正常人看来最平常的一些举动，对他们来说却可能存在很大障碍和难度，而且即使是正常人，在一生当中由于患病、怀孕、肢体受到伤害等原因也会暂时属于这个群体，因此，若仅仅以占人口大多数的正常人为标准进行环境设计就显得很不全面。尽管这项工作会额外地增加困难，但作为设计者必须理解它的重要意义，并应通过设计手段尽量给予他们更多的帮助。下面我们就来看一下在针对老人、儿童和残疾人的室内设计中应该注意哪些问题。

（1）老人。当前，由于医疗保健设施的进步，生活条件的改善，人均寿命不断延长，老人的数量不断增多，老人由于年龄的增长，身体各项功能逐渐呈现衰退现象，他们会面临视听能力弱化、体能减退、身体平衡能力下降、反应和灵敏度降低以及身体尺度的变化等许多问题。

（2）儿童。在幼儿园、学校，以及儿童娱乐、医疗等机构，儿童的需要应放于首要地位，可根据其年龄段的共性特征确立相应标准。儿童具有较小并不断变化的身体尺寸，身体的协调能力和力量较差，并且活泼好动，具有好奇心，在设计时应考虑他们在环境中的安全和舒适问题。合理的光线能够满足他们的视觉功能需要并保护他们的眼睛，空间中的门、窗户、楼梯、台阶、栏杆以及电源、电器等都会对他们构成潜在的危险，设计中应注意它们的尺寸、间距、容易造成伤害的尖锐棱角等问题，避免对他们的身体造成威胁，儿童家具要适合他们的身体特征，减少不舒适的姿势。另外，家具等材料的选择也需要格外注意，应使用无毒材料，以及足够坚实稳固，防止倾倒和碎裂。

（3）残疾人。残疾人是指在心理上、生理上、身体结构上某种组织、功能全部或者部分丧失，无法以正常方式从事某种活动的人。这里主要针对的是肢体、感觉、智力，以及精神上的残疾。下肢残疾多通过使用轮椅或拐杖来弥补步行方面的缺陷；知觉残疾主要指视觉、听觉障碍；智力、精神残疾主要指精神薄弱者和其他精神障碍者，目前这方面的研究成果还不多。

这里我们就以老年人为主要对象进行基本尺寸研究，从而确定其空间设计的基本依据。具体情况如图 1-3-10 和图 1-3-11 所示。

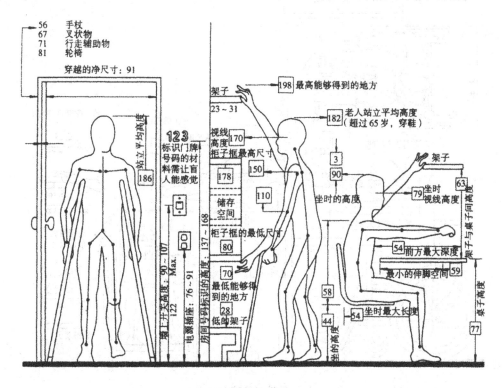

（a）男性老人

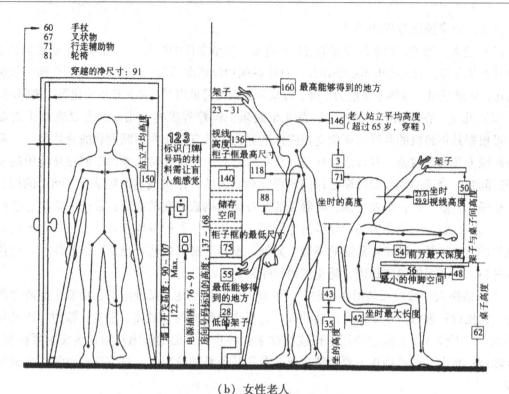

（b）女性老人

图 1 - 3 - 10　正常老年人人体尺度空间（单位：cm）

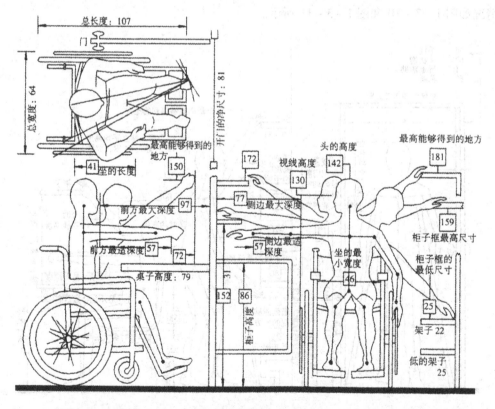

（a）男性坐轮椅老年人

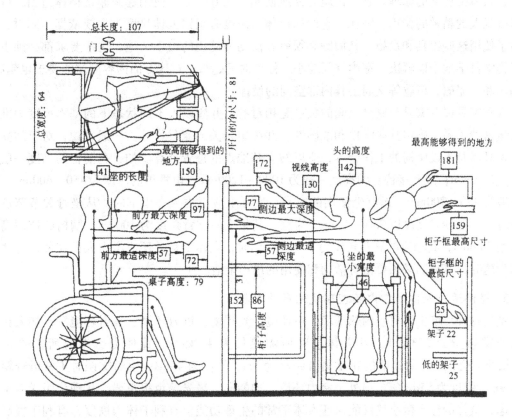

（b）女性坐轮椅老年人

图 1 - 3 - 11　坐轮椅老年人人体尺度空间

三、人体工程学在室内设计中的应用

1. 确定人在室内活动所需空间的主要依据

根据人体工程学中的有关计测数据显示，从人的尺度、动作域、心理空间以及人际交往的空间等可以确定空间范围。设计时要满足生活起居要求，并力求达到理想的舒适程度。一般来讲，不同形状的空间，会使人产生不同的生理和心理感受。方、圆、八角等严谨规则的空间，给人端正、平稳、肃穆、凝重的气氛，不规则的空间形式给人随意、自然、流畅、无拘无束的气氛。大空间使人感到宏伟、开阔；高耸的空间则使人感到崇高、肃穆，以致神秘；低矮水平的空间则使人感到温暖、亲切、富有人情味。如起居室是人们的主要活动空间，应考虑到多重功能要求，既要供人们休息，又要供学习、会客、进餐等，所以它应是最大的起居空间。同时为了具有更大的灵活性，空间形状不宜过于狭长。相比之下，厨房功能则比较单一，往往将储藏、洗涤、烹调设施等工作区都安排在一面墙上，所以空间狭长一些也无妨。这样在室内空间组织和分隔时，把动态的、"无形"的，甚至是通过视觉所看到的空间形状对人们心理感受等因素综合考虑，以确定室内活动所需空间。

2. 确定家具、设施的形体、尺度及其使用范围的主要依据

室内设计合理，符合空间的用途和性质也能产生环境美感。作为室内空间的主体，家具

要符合人体工程学的原理。家具设施为人所使用，服务于人，使用起来非常得体适当，可以起到愉悦人的精神的作用。因此，它们的形体、尺度必须以人体尺度为主要依据。同时，人们为了使用这些家具和设施，其周围必须留有活动和使用的最小余地，这些要求都必须由人体工程学科学地予以解决。室内空间越小，停留时间越长，对这方面内容测试的要求也越高，例如车厢、船舱、机舱等交通工具内部空间的设计。

人和家具以及家具与家具之间的关系是相对的，并应以人不同状态下的基本尺度为准则来衡量这种关系，确定其科学性和准确性，并决定相关的家具尺寸。一般来说，对于站立使用的家具以及不设座椅的工作台等，应以站立基准点的位置计算。如：高橱柜的高度一般为1800～2200mm；服务接待台的高度一般为1000～1200mm；电视柜的深度为450～600mm，高度一般为450～700mm。而对坐使用的家具，实际上应根据人在坐下时，从坐骨关节节点为准计算。一般沙发高度以350～420mm为宜，其相应的靠背角度为100度，躺椅的椅面高度实际为200mm，其相应的靠背角度为110度。同时，人体工程学还应考虑人们在使用这些家具和设施时，其周围必须要留有活动和使用的最小余地。

3. 提供适应人体的室内物理环境的最佳参数

室内物理环境主要有室内热环境、声环境、光环境、重力环境、辐射环境等，如人在睡眠时所需热量为273kJ/h，站着休息时所需热量为420kJ/h，重体力劳动时所需热量为1932kJ/h。会议时一般谈话的正常语音距离为3m，强度为45dB；生活交谈时正常语音距离为0.9m，强度为55dB等。另外，室内环境，如朝向、采光等也很重要。从现代医学卫生角度考虑，良好的住宅微小气候能保证人体正常的生理功能，有利于体力恢复，有利于提高工作效率。一般来说，起居室应具有良好的朝向，冬暖夏凉；卧室要争取有必要的阳光照射而又避免烈日暴晒；至于其他房间，由于人的活动时间有限，朝向可不予过分要求。起居室的开窗面积应该大一些，以利于获得充足的采光、通风条件，使室内环境处于良好状态。室内温度和相对湿度至关重要，经试验证明，起居室内的适宜温度是16～24℃，相对湿度是40%～60%，冬季最好不要低于35%，夏季最好不大于70%。人体工程学提供了适应人体的室内物理环境的最佳参数，帮助在设计时做出正确的决策。这里以热环境为例来进行讨论，具体情况如表1-3-4和表1-3-5所示。

表1-3-4 不同活动形式所需热量

活动形式	所需热量	活动形式	所需热量
睡眠	273	重手工劳动	
躺着休息	294	指尖及手腕	462
坐着休息	336	手及手臂	777
站着休息	420	站着轻微劳动	575
轻手工劳动		女打字员	584
指尖及手腕	357	女售货员	630
手及手臂	567	重体力劳动	1932

表 1 - 3 - 5　室内热环境的主要参照指标

项目	允许值	最佳值
室内温度（℃）	12 ~ 32	20 ~ 22（冬季）22 ~ 25（夏季）
相对湿度（%）	15 ~ 80	30 ~ 35（冬季）30 ~ 60（夏季）
气流速度（m/s）	0.05 ~ 0.2（冬季）0.15 ~ 0.9（夏季）	0.1
室温与墙面温度	6 ~ 7	<2.5（冬季）
室温与地面温度	3 ~ 4	<1.5（冬季）
室温与顶棚温度	4.5 ~ 5.5	<2.0（冬季）

4. 对视觉要素的计测为室内视觉环境设计提供科学依据

人眼的视力、视野、光觉、色觉是视觉的要素，人体工程学通过计测得到的数据，对室内光照设计、室内色彩设计、视觉最佳区域等提供了科学的依据。室内的色彩与光线可以塑造出不同的环境气氛。要创造一个恰当、舒适的环境离不开颜色的点缀。色彩能直接影响人的精神和情绪，不同的颜色会使人产生不同的感觉。例如：黄色明亮柔和，显得活跃素雅，使人兴高采烈，充满喜悦，以黄色为基调的居室设计特别受到年轻人的青睐；绿色使人想到青山绿水，也是人们喜爱的颜色，它象征着春天、生命和青春。试验证明，绿色能降低人的眼压，缩小视网膜上的盲点，促进正常的血液循环，很快消除眼疲劳，所以，从事高温作业和用眼较多的工作者的居室以绿色或者蓝色为主调较适宜。光线同样通过视觉给人不同的精神感受。在缺少阳光照射或者其他比较阴暗的房间采用暖色，可以添加亲切温暖的感觉；在阳台充足和炎热的地区，往往多采用冷色，以降低温度。用民间的一句俗语来说，"有钱不买东西房"，意味着坐北朝南的房是人们理想的朝向。室内一般通过窗户引进自然光线，人们通过窗户可以看到天光云影，打破人置于六面封闭空间的窒息感觉。现代室内设计通过多种手法改变室内光线变化，以达到不同的效果，运用各种漏窗、花格窗，形成变化多端、生动活泼的意境。人工照明更是随需而取，可以造就室内各种气氛，成为气氛变幻的魔术师。

第四节　室内设计行业与室内设计师

一、室内设计行业简述

室内设计作为一个行业正式被社会公众认同，始于 19 世纪末的美国。室内设计行业在发达国家已经经历了一百多年的发展，逐渐建立起较为完善的行业规范、行业准入规则、职业培训体系。我国的室内设计行业发展至今有二十多年的历史，虽然在时间上与国外相比非常短暂，但通过"走出去，请进来"，向国外同行进行学习和交流，以及系统的高校专业人才培养与行业协会定期地组织培训和研讨，由此在经济较发达地区也逐步建立了相对较完善的行业体系。

室内设计行业主要可以分为两类，即住宅类设计和非住宅类室内设计。而非住宅类室内设计又可按建筑的使用性质分为办公建筑、商业建筑、展览建筑、旅游建筑、医疗与保健康复类建筑、文化教育建筑、观演建筑、体育竞技与休闲运动建筑、交通建筑等类别。不同性质的建筑及使用人群对其室内空间的具体使用和审美要求存在显著的差异，"术业有专攻"，它就造成了室内设计行业的从业单位及个人在市场上有细分，而且在本单位内部或在某一项目实施过程中也存在分工与合作的关系。

就整个市场细分来说，住宅类室内设计主要是为以家庭为单位的客户提供市区住宅或公寓、别墅、度假屋，抑或兼有家庭办公功能的 Loft 等的室内设计及装修服务，以直接面对特定的、少量的、结构相对稳定的使用对象为特征，设计过程中需要与客户保持密切的联系，力求设计满足客户的具体需求，体现其生活方式和情趣。非住宅类室内设计的业主多为公司、团体，空间的使用人群虽然一般在范围上有所指向，但相对是模糊的，存在很大的不确定性和可变性。因此除了必要的与业主沟通外，设计师需要更多地运用专业知识和创意为使用人群进行规划和设计，此类设计更大程度地依赖设计师的能力来塑造内部空间环境的品质，整个工程实施过程中的质量与效果控制也更受关注，结合国家和地方的各项相关法规和规范也更密切。非住宅类室内设计项目由于投资造价一般较高，业主都希望尽可能多地比较设计方案与设计团队的业务运作能力，往往采取设计招投标的方式，进行方案的公开遴选和项目实施计划、设计费用等方面的比较。通过竞标，最终确定设计单位和设计初步方案。

二、室内设计师

（一）室内设计师及其与其他专业人员的关系

关于室内设计师，曾担任过美国室内设计师协会主席的亚当（G. Adam）指出："室内设计师所涉及的工作要比单纯的装饰广泛得多，他们关心的范围已扩展到生活的每一方面，例如：住宅、办公、旅馆、餐厅等的设计，提高劳动生产率，无障碍设计，编制防火规范和节能指标，提高医院、图书馆、学校和其他公共设施的使用率。总而言之，给予各种处在室内环境中的人以舒适和安全。"

如今在北美，室内设计师已经与建筑师、工程师、医师、律师一样成为一种职业。按照美国室内设计资格国家委员会（简称 NCIDQ）的定义，专业室内设计师应该受过良好的教育、具有一定的经验、并且通过资格考试，具备完善内部空间的功能与质量的能力。

室内设计师的工作与建筑和艺术分不开，自然设计师与建筑师和艺术创作设计人员之间也有着非常密切的联系。

（1）室内设计师与建筑师。建筑师创造的是建筑物的总体时空关系，而室内设计师创造的是建筑物内部的具体时空关系，两者之间既有区别，也有着十分密切的联系。

作为一名合格的建筑师应该对室内设计有深刻的了解，在建筑物的方案构思中对建成后的内部空间效果作充分的考虑，为今后室内设计师的创作提供条件。事实上，不少建筑师本身就是合格的室内设计师，往往在设计时一气呵成，使建筑设计与室内设计成为一个完整的整体。

同样，作为一名合格的室内设计师也应该具有相当的建筑设计知识。在设计前，应该充分了解建筑师的创作意图，然后根据建筑物的具体情况，运用室内设计的手段，对内部空间加以丰富与发展，创造出理想的内部环境。

（2）室内设计师与相关的艺术创作设计人员。两者都从事为人们的生活创造美的工作，都需要具备一定的艺术素养，都需要掌握相应的造型规律。然而，两者的工作对象有所不同。艺术创作设计人员从事的工作范围比较广泛，涉及广告设计、产品设计、字体设计、环境小品设计等；室内设计师的工作范围比较集中，主要从事内部环境或部分室外立面装修的设计工作。

（二）室内设计师的学习

（1）空间理论方面的知识。包括建筑史、室内设计史、建筑室内设计原理以及有关的艺术理论等。

（2）设计方面的知识。包括由简单到复杂的各种类型的室内空间设计、照明设计、室内构造节点等。室内空间设计是室内设计专业的主要课程。

可以看出，室内设计要求设计师的专业知识范畴是多方面的，整个学习过程也是忙碌而富有考验的，但不得不说这也是一个具有非凡成就感的专业，因为设计成果必将付诸实施，与每个人的生活都息息相关，直接接受生活的考验，许多设计师都为此兴奋不已。

在学习的过程中，要讲究理论与实践相结合，除了熟识书本上的知识以外，也可多进行现场实地参观和体验，感受和观察其他设计师的设计思想、空间创意、技术表达、使用效果等，利用自己的方式，如速写、照相等记录别人的设计亮点或对自己有启发的内容，必要时可以分类、归纳，整理成自己的资料库，一旦遇到设计相关问题，便可随时查阅，参考别人成功或者失败的经验，从而得出自己合理的设计方式。

当然，一名优秀设计师是经过长时间磨炼而成的，设计的学习要从良好的学习习惯培养开始，有吃苦耐劳和克服困难的精神，实践出真知，争取珍惜每一次的锻炼机会，戒骄戒躁，踏踏实实地学习和工作，才能为成为一名成功的设计师打好基础。

（3）表现技法方面的知识。包括制图、建筑学初步、室内设计初步、美术、模型表达等。

（4）工程技术方面的知识。包括力学和结构、建筑构造、建筑物理以及建筑供热、通风、供电照明、给水排水等方面的学习。

（三）室内设计师的职业要求

建筑内部空间的设计与装修在中国有着悠久的历史，但室内设计作为一种职业在中国的历史并不是很长，室内设计师职业标准的制定、从业资格的鉴定及职业资格的注册管理等也是随着这一职业的社会需求的增长而出现，并且不断发展、完善。

由于世界各国对室内设计职业范畴的界定有所不同，室内设计师的职业定义也有所不同。如有些国家将室内设计师的职业纳入建筑师的职业范围内，称之为"室内建筑师"，也有些国家则将室内设计师的职业范围限定在装饰的范围内，称之为"室内装饰师"。在我国，随着大规模的住宅建设和其他建筑的出现，建筑设计与室内设计已经开始有明确的分工，国家也开始对室内设计的职业进行明确的规范和界定，并对其从业人员进行资格认证，以此规范室内设计的市场，保障室内设计专业的健康发展。

在我国对室内设计师职业的界定，是指"运用技术和艺术手段，对建筑物内部空间进行室内空间设计，主要包括空间形象设计、室内物理环境设计、室内空间分隔结合、室内用品及成套设施配置等室内陈设艺术、室内装修进行设计的专业人员"。

按照国家职业标准，室内设计师从事应当通过相应的从业技能培训并取得相应的职业资格后才能从事与本专业相关的工作。目前国家职业资格共设三个等级，分别为：室内装饰设计员（国家职业资格三级）、室内装饰设计师（国家职业资格二级）、高级室内装饰设计师（国家职业资格一级）。不同等级的室内设计师有不同的工作内容和职业能力要求。那么接下来我们就来探讨一下室内设计师都应该具备哪些基本的专业知识和技能。

1. 善于与他人沟通的能力

（1）与业主沟通的能力。要求通过交流，一方面能领会业主的需求、掌握业主的审美倾向和价值观，另一方面能用语言、专业图纸和专业绘画向业主清晰地表达设计方案、预想效果、用材、用色、设计细节。

（2）指导施工队伍、监督施工质量的能力。设计的理念和效果最终要靠施工人员依据施工图纸和现行的施工标准来实现，由于施工人员的素质良莠不齐，对设计单位提供的施工图纸的理解能力有强弱之分，施工技术和经验也因人而异。虽然很多项目的质量控制主要由项目经理、监理来负责，但设计师也扮演着至关重要的角色。设计师应经常深入到施工现场，把设计意图向施工人员做详细介绍，帮助他们理解施工图纸和设计意图，就重要部位的节点构造做法进行交流，确保从工艺上达到高品质。有时现场实际情况和设计图纸会出现偏差，这也需要设计师来及时调整，而不能由施工队伍自行解决。

2. 扎实的专业能力

（1）理性分析、优化设计方案的能力。要求设计师在前期调研、方案设计过程中能及时整理归纳各种信息，通过理性分析，在功能布局、空间造型、动线组织、界面处理、色彩与材质搭配、光环境塑造等方面，进行可行方案的比较，从而获得最佳方案。

（2）熟悉建筑和装饰材料，掌握创造性运用材料来表现空间、赋予界面意义的能力。材料不仅仅是室内环境客观存在的一种物质载体，也已经成为设计师的一种富有表现力的创作语汇。任何一个设计方案最终要被建造出来，必须落实到具体的材料选用上。现代材料科学的发展，带来建材新品层出不穷，给设计师和业主更多的选择余地。设计师应该主动扩大对新型建材的了解，掌握各种建材的特点、适用条件、装饰效果、大致的价格范围和相应的施工工艺要求等，根据业主的预算和既定的设计风格来选择搭配合适的材料，赋予空间特定的表情。当然，设计师对建材的运用还不能仅仅停留在传统的、程式化的方式上，对建材运用方式的合理再创造，也许能带来令人惊喜的空间新意。

（3）运用软装饰来营造一定的室内氛围，改善或美化整体视觉效果的能力。软装饰设计包括家具或灯具的设计和选配，窗帘布幔的造型设计与材料选用，地毯的选配，软包织物及床上用品的选配，装饰、陈设品的选配，室内绿化及景观小品的设计和搭配等。当代室内设计已把绿色设计、低碳设计等可持续发展观融入其中，并作为一项重要内容加以大力推行，从而推动"轻装修，重装饰"观念为越来越多的业主和室内设计师所接受。大多数的软装饰是可以随主人的搬迁而被运到别处加以重新利用的；同时，软装饰在很大程度上有助于形成一定的风格，使得哪怕是同一标准装修的全装修房最终呈现出个性化的品位和特征。

3. 很强的协调和领导能力

（1）协调各设备工种的能力。当代的建筑体系早已超越了仅为使用者提供遮风挡雨、有安全性的功能空间的阶段，而是更关注建筑使用者的身心健康、卫生及安全，建筑的使用效能和内部环境品质，以及建筑内外部环境的关系，因而当代建筑，特别是公共建筑和大体量建筑都有着众多而复杂的设备系统。这就要求室内设计师应了解各种建筑设备系统的运作原理，掌握它们对建筑空间的要求和影响，能够从全局上协调暖通、给排水、电气等各设备工种的设计方案，提出优化造型的建议，帮助合理化各设备系统，从而获得更多的空间设计灵活性。

（2）综合各种艺术与设计门类，"为我所用"的能力。室内设计是艺术和技术相结合的行业，从业的设计师不仅需要具备各种专业知识和技能，还应该具有较高的综合艺术素养，有敏锐的感知和捕捉艺术信息的能力，能从平面设计、产品设计、数码动画设计、服装设计、首饰设计、油画、雕塑、版画、国画、书法等各种设计与艺术学科的积淀和发展中汲取养料，创造性地把艺术的感染力渗透到室内空间环境艺术设计中去，这样设计才是真正有血有肉的。

总之，要成为一个室内设计师并不容易，而要成为一位成功的室内设计师就更加困难了。系统的专业教育不仅是为了培养合格的从业人员，更重要的是培养专业学习者具备较高的综合艺术素养和发展潜能，增强帮助业主发现问题、分析问题、解决问题的能力，并能探索和引领新的有益的生活方式。

第五节 室内设计的表现技法

一、表现技法的基础培养和训练

在众多设计预想表现形式中，透视效果图由于具有空间表现力强、艺术直观性好、绘制相对容易的优点而被设计界广泛运用。透视制图法则是设计表现图的技术基础，美术理论是其艺术基础，科学合理的设计是其灵魂基础。

要想画好一张设计效果表现图，需具备和掌握透视制图的基本知识和一定的美术绘画基础，同时还要具有一定的设计水平。可以说一个好的设计表现图是在科学合理的设计基础上的一种技术和艺术的完美结合，如图1-5-1所示。

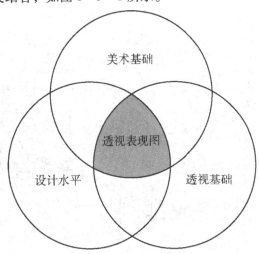

图1-5-1 透视效果图设计需具备的能力表现图

（一）构成表现的基础要素

在室内设计表现图中，对空间关系和形体的把握，有赖于对空间构成的理解和素描基础的培养。

对颜色、材质和肌理的运用，需要有色彩方面的知识和较好的色彩感觉。

对瞬间的灵感捕捉、记录和表达则需要你具备在速写方面的熟练技能和运用。

总之，美术基础的培养对一个室内设计表现图的成败起着关键的作用。

（二）线条表现技法与线的组织

在表现图的设计中，线是主体，因此，它的表现技法十分重要。接下来我们就一起来分析一下表现图中线的特点。

1. 线的情感和个性

线是有情感和个性的，不同的笔绘出的线具有不同的个性特点，画线力度的轻重、速度的快慢、起笔和收笔的方式以及线的组织和编排等都将形成鲜明的个性特点，因此要特别注意，它对画面的情感风格有着很强的表现力，所以要选择相应的笔，如普通钢笔、美工弯尖钢笔、绘图笔、中性签字笔、铅笔、针管笔等等，它们都有自己的特性和风格。

在实际中不仅限于以上笔种，可根据习惯选用更多的工具来表现其独特的个性，除把握各种笔的特性以外，还要掌握用笔速度和轻重的技巧，笔速的不同带来不同的感受，通过一定的练习最终形成自己的风格。

2. 线与空间和质感

用线来表现空间比用明暗来表现难度要大得多，因为明暗是写实的、是客观的，而线则是经过提炼加工的，一般用线来表现空间感，主要是靠线的透视准确和空间的结构关系，并以透视原理靠一些装饰构造线的近大远小、近疏远密的关系来造成空间的进深感。

用线来表现质感主要是靠用线来画材质的肌理结构和迎合材质的特性，如表现玻璃线就要显出硬和透明的感觉，表现木材可画其纹理，表现布料可用线放松柔软，表现水面可画其倒影等。

图 1-5-2 线与空间的关系表现图

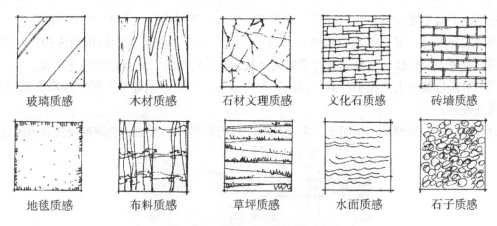

玻璃质感	木材质感	石材文理质感	文化石质感	砖墙质感
地毯质感	布料质感	草坪质感	水面质感	石子质感

图 1-5-3　线与质感的关系表现图

3. 线的组织

线主要是用来表达物体的轮廓，同时也可以通过各种排列方式和组合表达形和面。事实上任何形体都是由点汇集成线、线汇集成面来完成的，着色只不过是为其穿衣服而已，由此可见线对形的重要性。

分格渐变

图 1-5-4　线的组织

二、表现技法的种类

一般手绘艺术效果图画法有以下几种，即水粉技法、水彩技法、彩色铅笔技法、钢笔技法、马克笔技法、喷绘技法等，有时可多种技法混合使用。

1. 水粉技法

水粉色的表现力强，色彩饱和浑厚、不透明，具有较强的覆盖性能，以白色来调整颜料的深浅度，用其色的干、湿、厚、薄等表现技法能产生不同的艺术效果，适用于各种空间环境的表现。使用水粉色绘制效果图，绘画技巧性强，由于色彩的干湿变化大，湿时明度较低，颜色较深，干时明度较高，颜色较浅，掌握不好容易产生"怯"、"粉"、"生"的毛病。

绘制效果图时，可先从其暗部画起，用透明色表现。一般画面中物体明度较高的部位，用透明色表现效果较佳。刻画时要按素描关系表现物体的形象，注意留出高光部位。

再用水粉色铺画大面积中性灰色调的天顶与地面，画时适当显见笔触，这样会加强其生动的视觉效果。

最后进行进一步刻画，用明度较重及纯度较高的色彩表现画面中色调的层次和点睛之笔。

图1-5-5　水粉室内设计效果图

2. 水彩（透明）技法

水彩颜色淡雅、层次分明、结构表现清晰，适于表现结构变化丰富的空间环境。水彩的色彩明度变化范围小，画面效果不够醒目，作画费时较多。水彩的技法表现有平涂、叠加及退晕等形式。

用水彩表现效果图时，可先浅后深，先亮后暗，分出大的体面、色块，采用退晕和干湿画法并用的形式，色彩表现要淡、薄，注意留出其亮部的转折面和造型轮廓。

透明水彩的颜色明快鲜艳，比水彩色更为透明清丽，适于快速的表现技法。由于透明水彩涂色时叠加渲染的次数不宜过多，而且色彩过浓不易修改等特点，一般多与其他技法混用。如钢笔勾线淡彩法、底色水粉法等。透明水彩在大面积渲染时要将画板适当倾斜。此种技法表现工具简单，操作方便，画面工整而清晰。

（1）用碳素钢笔或墨水笔画好工整的线稿，待干后直接在墨水稿上渲染水彩色，以平涂法分出大的色彩块面。

（2）用铅笔画出工整的线稿，再用水彩平涂法分出大的色彩块面。

画局部也宜用平涂法。如果是铅笔线稿，则待画面干后用直尺和针管笔将线条再勾勒一遍。天棚、家具、门窗等可用马克笔表现，使色彩更丰富、协调。

图1-5-6　淡彩室内设计效果图

3. 铅笔技法

彩色铅笔是效果图技法中常见的一种形式，彩色铅笔这种绘画工具较为普通，其技法本身也较易掌握，因其绘制速度快，所以空间关系能够表现得比较充分。

黑白铅笔画，画面效果典雅，彩色铅笔画，其色彩层次丰富，刻画细腻，易于表现空间轮廓造型。色块一般用密排的彩色铅笔勾画，利用色块的重叠，产生出更为丰富的色彩，也可用笔的侧锋在纸面平涂，涂出的色块由规律排列的色点组成，不仅速度快，且有一种特殊的类似印刷的效果。

图1-5-7　彩铅室内设计效果图

4. 钢笔技法

钢笔质坚，线条表现流畅，画风严谨细腻。在透视图的表现中，除了用于淡彩画的实体结构描绘外，也可单独使用。细部刻画和面的转折都能做到精细准确，一般多用线与点的叠加表现室内空间的层次。

5. 马克笔技法

马克笔分油性、水性两种类型，具有快干、不需用水调和，着色简单，绘制速度快等特点。马克笔的表现风格豪放、流畅类似草图和速写的画法，一般要选择水性的，而且要选择各色系的灰色系列为好，有利于表现画面的丰富层次。

马克笔色彩透明，主要通过各种线条的色彩叠加取得较为丰富的色彩变化。绘出的色彩不易修改，着色过程中需注意着色的顺序，一般先浅后深，马克笔的笔头是毛毡制成的，具有独特的笔触效果，绘制时要尽量利用这一特点。

马克笔在吸水与不吸水的纸上会产生不同的效果。不吸水的光面纸，色彩会相互渗透，形成五彩斑斓的效果；吸水的毛面纸，色彩易干涩，绘画时可根据不同的需要选用不同的纸。

图1-5-8　马克笔室内设计效果图

6. 喷绘技法

喷绘技法绘制出来的作品画面细腻、变化微妙、有独特的表现力和真实感，是与画笔技法完全不同的一种表现形式。它主要以气泵压力经喷笔喷射出细微雾状颜料，以轻、重、缓、急的手法，配合专用的阻隔材料，遮盖不着色的部分作画。

7. 计算机辅助设计

计算机辅助设计一般可以分为以下两种方式：

（1）电脑工程制图。用电脑来绘制工程图纸的技术已经得到广泛的推广。借助 Auto CAD 等软件，如天正建筑软件、AutoCAD2004～2009 绘图软件等，都可以精确、方便地绘制出室内设计中所有的工程图纸。电脑制图具有精确、高效、易修改等特点，与手工绘制工程图相比具有不可比拟的优点。经过多次升级的软件版本已经达到非常成熟的程度，其运用领域已经远远超出工程制图的范围。随着互联网的普及，利用网络进行远程设计、文件传递可大大方便设计师的工作。

（2）电脑效果图。用电脑来辅助室内设计另一项重要的工作，是利用三维软件来制作逼真的室内透视效果图。目前常用的三维软件有 3DMAX 及在 AutoCAD 平台上开发的透视图专用软件等。

这一类的软件虽然有不同的特点和长处，但绘制效果图的基本程序还是相同的。一般用三维软件制作一张室内的透视效果图，都要经过如下过程：

①三维建模。即按照工程图的设计，将室内设计中的一些基本形体（如室内的空间、装修的细节、家具、灯具等）在电脑中建成一个相应数字的模型。这个模型具有与设计师所设计的空间对象相应的尺度、形式、比例关系等，并根据设计师的要求将模型赋予表面材质，即在模型的表面编辑相应的色彩和材料，然后按照需要设置相应的角度灯光。

②图像渲染。在经过编辑表面材质、并设置了灯光的模型上，可以通过设置相应的相机位置，观察到室内场景的基本情况，但要获得具有逼真效果的透视图，还要通过软件的渲染，生成能表示相应材料、光影、质感和透视效果的室内效果图的图像文件。

③平面润色。在三维软件生成的图像文件的基础上，还必须用平面图像处理软件进行相应的处理和润色。利用 Photoshop 等软件进行图像后期处理、修改、添加，可以整理出一些三维软件不易完成的细节；对一些部分进行润色、修改并可在画面上做出一些特殊的艺术效果，才能使三维软件生成的室内透视图呈现出栩栩如生的画面效果。

1-5-9 经过计算机处理的酒店大堂室内效果图

8. 综合表现技法

在绘制表现图过程中，以上技法既可以单独使用，也可以混合多种技法使用，以取得最佳的表现效果。

除此之外，绘制效果图的技法还有很多，如中国画技法、彩色粉笔画技法等，虽然表现技法种类繁多，但其目的性和绘画程序、表现手法等基本要素是类似的，只是其运用的材料、工具不同而形成了不同风格和形式。在上述技法中一些是比较成熟和传统的技法，作图时间较长，准备工作繁琐，因此在近年来已不常用，目前较常用的和被设计师青睐的多以马克笔表现技法为主，因其作图准备工作简单，作图过程快、画面效果漂亮，所以在徒手创意表现技法中占有绝对优势的地位。

三、快速表现技法的步骤及实例分析

（一）快速绘制效果图的步骤

1. 了解并掌握要表现的平面图

对要表现的内容要进行充分了解，理解空间结构关系以及设计要求。

2. 做好绘图前的准备工作

绘图桌面与环境的整洁有助于增强绘图兴趣和理顺创作思路，对作图有很好的帮助作用。各种绘图工具应准备齐全并放在合适的位置，避免在作图过程中用到时再去寻找。

3. 合理选择透视的角度

根据表现的重点不同，选择合适的透视方法和角度，如一点透视还是两点、三点透视，选好透视方法后再确定透视角度。

4. 绘制底稿

可用描图纸或透明性好的复印纸绘制草图稿，然后将其转移到正式图纸上，但其过程比较复杂。亦可直接用铅笔轻绘于正式图纸上或用选好的绘图笔直接完成正式稿。

5. 着色

按照先整体后局部的顺序进行着色。要做到整体用色协调统一，落笔肯定，以放为主。局部小心细致，行笔稳健，以收为主。也可反向着色，从局部到整体。在淡彩着色中局部也可用厚三法（如水粉色）提亮，达到所要的效果，如灯光、高光等。

（二）马克笔的快速表现技法

在讨论表现技法的种类的时候我们说过，由于马克笔的作图准备工作简单、过程快、画面效果漂亮，在现在的创意表现技法中成为最常用的表现技法之一。因此，这里我们就以马克笔表现技法为例来对快速表现技法的运用作一个系统的分析。

1. 绘图前的准备

（1）各种绘图笔的准备。如二针管笔、签字笔、钢笔等。

（2）马克笔的准备。根据要表达的内容选择与其相适应的马克笔色系，如暖色、冷色、灰色系列等摆放在拿取方便的位置，并最好按颜色渐变序列排放，这样容易选择出准确的颜色。

（3）彩色铅笔的准备。可以准备一些彩色铅笔来配合马克笔着色，弥补马克笔不容易表现的局部，如有时需要均匀过渡的面，当然也可以不使用。

（4）选择画纸。可选用专用纸，也可选用普通纸，由于马克笔颜色是半水半油性的，具有挥发成分，因此在过于吸水的纸上作画容易扩散，而且明度降低，所以一般可选用不太吸水的、较为光洁的纸张，如打印纸、好一点的复印纸等，它们既光洁又易于表现留白，吸水性适中，同时也具有一定的厚度便于固定不变形。另外描图纸也很适合马克笔的特性发挥，只是不易表现白色，也不易装裱。

（5）槽式直尺。存尺的一侧有一空槽，使马克笔端在沿直尺着色时，避免色水通过尺和纸的接触面渗透到画面。一般情况下不借助直尺，直接徒手排线即可。

（6）其他辅助工具和材料。如胶带纸、图钉、备用试色纸等。

2. 作图过程和着色

上述作图过程适用于任何一种表现技法，马克笔也不例外。因此，在这里我们就不加赘述了。下面我们分析马克笔的着色过程。

（1）选色要"准确"，下笔要"肯定"，掌握好笔"速"。这几点与中国画的用色、落笔和笔速的技法是一样的，讲究意在笔先，一气呵成。

（2）着色既可先浅后深，亦可先深后浅。

（3）排线要寻求规律，避免杂"乱"无章。这里讲的是用色、用笔要有出处，每画一笔都要有理由，避免相互重叠，纵横交错。

（4）用色、用笔要求"活"，使画面活泼有灵性。

（5）着色顺应纹理走，符合光影方向和关系。

（6）巧用特技出效果。例如，用快没有色水的笔，排出干裂的效果等。

（7）把握整体色调，不宜用色太多，避免图面花哨。

（8）不求面面俱到，只求恰到好处。对于局部点到为止，适可而止。

总之，马克笔本身作为一种工具比较简单，但其运用技法多种多样，并不简单。这取决于对马克笔特性的了解和长期的运用与发现，同时也得力于艺术水平的提高和帮助，通过反复的练习逐步发现其中的奥妙，采用取舍的方法总结出优秀的技法，舍去不好的地方，最终形成自己的风格。

3. 实例呈现

（1）透视底稿。平面图如图1-5-10所示。

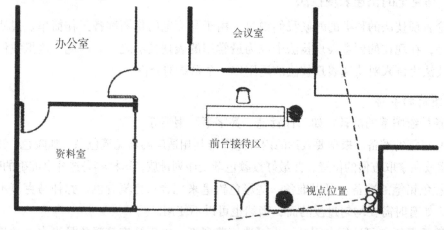

图1-5-10 平面图

第一步，选好视角，用铅笔画好透视轮廓，求空间结构的主透视线，忽略局部细节透视线，如图 1 - 5 - 11 所示。

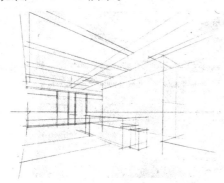 

图 1 - 5 - 11　透视轮廓图　　　　图 1 - 5 - 12　空间主要结构形体及局部细节图

第二步，参照铅笔透视线画出空间的主要结构形体和局部细节，如图 1 - 5 - 12 所示。

第三步，完成其他部分的结构形体和细节，如图 1 - 5 - 13 所示。

第四步，进一步增添细节、质感、阴影等，如图 1 - 5 - 14 所示。

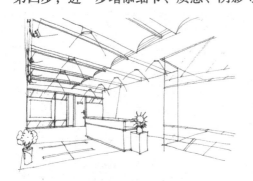 

图 1 - 5 - 13　其他部分的结构形体和细节　　　图 1 - 5 - 14　增添细节、质感和阴影后的效果图

（2）着色过程。

第一步，先画出整个空间的主色，着色时注意用笔速度、走向和光感效果，如图 1 - 5 - 15 所示。

第二步，画出其他辅色、阴影和暗部，如图 1 - 5 - 16 所示。

图 1 - 5 - 15　整个空间的主色效果图　　　　图 1 - 5 - 16　画出辅色、阴影和暗部后的效果图

　　第三步，调整全局，增加暗色、重色和中间色。在整个着色过程中注意光感效果，如图 1 – 5 –17所示。

图 1 – 5 – 17　整体着色完毕的效果图

第二章 室内设计的内容和方法步骤

随着室内设计的不断发展，其涵盖的内容也越来越广，这也是当代室内设计对设计师提出的一个重大要求和难题。面对其丰富的内容，在设计过程中，更应该注重每一个细节，打好每一个基础，做好每一个步骤，为最后的胜利奠定坚实的基础。

第一节 室内设计的内容

室内设计的内容包含的面很广，具体包括以下几种：根据使用和造型要求、原有建筑结构的已有条件，对室内空间的组织、调整和再创造；对室内平面功能的分析和布置；对实体界面的地面、墙面、顶棚（吊顶、天花）等各界面的线形和装饰设计；根据室内环境的功能性质和需要，烘托适宜的环境氛围，协同相关专业，对采光、照明、音质、室温等进行设计；按使用和造型要求确定室内主色调和色彩配置；根据相应的装饰标准选用各界面的装饰材料；在技术上确定不同界面、不同材质搭接的构造做法；还需要协调室内环境和水电等设施要求，以及考虑家具、灯具、陈设、标识、室内绿化等的选用或设计和布置。

这么多的设计内容，我们可以将设计最为关键的项目，归纳为以下几个方面进行分析，这些方面的内容相互之间存在着一定的内在联系。在这里，只是简单地对这些内容进行论述，它们都是室内设计的重要研究对象，在后面的章节还会进行详细的分析和讨论。

一、室内空间组织和界面处理

室内设计的空间组织，包括平面布置，首先需要充分理解原有建筑设计的意图，对建筑物的总体布局、功能分析、人流动向以及结构体系等有深入的了解，在室内设计时对室内空间和平面布置予以完善、调整或再创造。由于现代社会生活的节奏加快，建筑功能发展或变换，也需要对室内空间进行改造或重新组织，这在当前对各类建筑的更新改建任务中是最为常见的。室内空间组织和平面布置，也必然包括对室内空间各界面围合方式的设计。

由于室内空间是三维的，为了更直观地感受三维空间的尺度、比例和空间之间的相互关系，除了效果图外，还可以用模型更为直观地来探讨室内空间的组织关系和表达室内空间的立体效果。

由于室内顶部常有风管，有时还有消防喷淋总管等设施占用必要的空间，室内的平顶通常要比建筑结构所给的高度低；又如地坪经常由于找平层、装修面层或木地面的构造层等，使实际使用地坪标高抬高；在水平方向公共建筑如商场、地铁车站等室内空间，经常会由于建筑设计时对装修饰面层的占有尺寸缺乏了解，而使装修完成后，水平方向的实际空间尺度比建筑结构图中所标的尺寸要小。上述情况都应该在建筑和室内设计时事先予以综合考虑。

室内界面处理，是指对室内空间的各个围合面，包括地面、墙面、隔断、平顶等的使用功能和特点进行分析，界面的形状、图形线脚、肌理构成的设计，以及界面和结构构件的连接构造，界面和风、水、电等管线设施的协调配合等方面的设计。

需要指明的一点是，界面处理不一定要做"加法"。从建筑物的使用性质、功能特点方面考虑，一些建筑物的结构构件（如网架屋盖、混凝土柱身、清水砖墙等），也可以不加装饰，作为界面处理的手法之一，这正是单纯的装饰和室内设计在设计思路上的不同之处。

室内空间组织和界面处理，是确定室内环境基本形体和线形的设计内容，设计时应以物质功能和精神功能为依据，考虑相关的客观环境因素和主观的身心感受。

二、室内物理环境设计

室内物理环境设计主要是对室内空间环境质量的设计，我们可以从以下三个方面来讨论。

1. 视觉环境

视觉环境设计分为"室内视觉环境"和"室外视觉环境引入室内"两部分。

（1）室内视觉环境设计。室内视觉环境可以通过人工照明进行营造。在卧室等相对私密、照度要求不是很高的区域，可以采用光带、筒灯、壁灯等形式营造温馨、安静的环境；对于公共区域，人流较多，可以采用照度较高的荧光灯进行室内视觉环境的设计。

除了灯光照明的控制外，色彩也是视觉环境塑造的重要因素。人们看见粉色和白色就容易产生甜蜜的感觉，这两种颜色的搭配容易让人联想到草莓冰淇淋那种甜甜的味道，在设计女孩房间和柔美氛围的空间场所中比较适用；同理，米黄色容易让人产生阳光般温暖的感受，因此，通过色彩来引起使用者空间视觉环境的方法得到普遍的使用。

除此之外，材料的质感、家具的选择都会引起室内视觉环境的变化。

（2）室外视觉环境的引入。室外环境可以像风景画一样被引入室内环境中。如果室外环境比较光亮，在室内的环境中应有相应的布艺等遮挡，避免室外环境过度影响室内环境。如果室外环境相对比较理想，合理地进行室外视觉环境的引入有利于增加室内环境的空间效果，这种做法在中国古典园林景观中被称之为"借景"，即通过洞口及角度的选择，将远处比较好的景致引入使用环境。现代室内设计中，比较常用的借景手段就是通过窗洞或者玻璃等比较通透的材质进行室外景致的引入，在餐饮及展示空间中被广泛使用。

2. 听觉环境

室内听觉环境的设计主要包括两个方面，一个为降低噪声的环境设计，一个为隔声环境的营造。只有有效地控制噪声并处理好隔音构造，才能保证室内环境中听觉环境的相对舒适。

（1）降低噪声的设计。降低噪声可以通过采用低噪声的设施和设备，也可以通过增加空间的阻隔来达到降低噪声的目的。将功能空间按照动静分开的形式进行布置，也能够比较有效地保证静态区域噪声的控制。很多对降低噪声要求比较高的室内场所，如酒吧、练歌房等空间，室内墙壁经常采用能够消耗声音的软包设置，或者采用多孔吸音板等材质设置，其主要目的就是有效地降低噪声及声音的反射对室内声环境造成的干扰。

（2）隔声环境的设计。噪声发生的位置一般在卫生间和具有试听功能的区域，在这样的区域需要对墙面及管道进行特殊的隔声处理。墙面采用吸声材质、增加管道封闭面的厚度，都能够有效地对噪声进行控制。有关数据显示，楼板厚度在70毫米左右的隔声效果为楼板厚度在100毫米左右隔声效果的60%左右，很多室内空间为了有效地进行隔声处理，设置多级吊顶，或者在天花中采用吊顶及软膜相结合的形式进行设计，起到了很好的隔声作用。

3. 触觉环境

冷、热环境的处理以及通风和自然采光环境的处理都属于触觉环境设计。空调设施、通风管道的设置都是触觉环境设计的主要设备。现代建筑中已经普遍使用地热采暖的形式进行冬季的采暖，这样不仅增加了室内冬季采暖的温度，也节省了供暖设施的占地空间，有效节约了使用面积。空调也是室内触觉环境控制的主要设备，集中式空调和独立式空调根据使用空间要求的不同进行区别设计，集中式空调一般在酒店及办公的室内进行使用，便于温度的统一管理，独立式空调根据每个使用单元的面积进行选择和使用。

三、室内光照和色彩设计

光照是人们对外界视觉感受的前提，没有了光，我们就没有视觉感受，生活就没有色彩。

室内光照是指室内环境的天然采光和人工照明，光照除了能满足正常的工作生活环境的采光、照明要求外，光照和光影效果还能有效地起到烘托室内环境气氛的作用。

色彩是室内设计中最为生动，也是最为活跃的因素，室内色彩往往给人们留下室内环境的第一印象。色彩最具表现力，通过人们的视觉感受产生的生理、心理和类似物理的效应，形成丰富的联想、深刻的寓意和象征。

光和色不能分离，除了色光以外，色彩还必须依附于界面、家具、室内织物、绿化等物体。室内色彩设计需要根据建筑物的性格、室内使用性质、工作活动特点、停留时间长短等因素，确定室内主色调，选择适当的色彩配置。例如，淡雅、宁静、以黑、白、灰——"无色体系"为主的建筑室内，又如活泼、兴奋、高彩度色系的娱乐休闲建筑室内。

四、室内材质的选用

材料质地的选用，是室内设计中直接关系到实用效果和经济效益的重要环节，巧于用材是室内设计中的一大学问。饰面材料的选用，同时具有满足使用功能和人们身心感受这两方面的要求，例如，坚硬、平整的花岗石地面，光滑、精巧的镜面饰面，轻柔、细软的室内纺织品，以及自然、亲切的木质面材等等。室内设计毕竟不能停留于一幅彩稿，设计中的形、色，最终必须和所选材质构成相统一。在光照下，室内的形、色、质融为一体，赋予人们以综合的视觉心理感受。

五、室内内含物设计

家具、陈设、灯具、绿化等室内设计的内容，相对地可以脱离界面布置于室内空间。在室内环境中，实用和观赏的作用都极为突出，通常它们都处于视觉中显著的位置，家具还直接与人体相接触，感受距离最为接近。家具、陈设、灯具、标识、绿化等对烘托室内环境气氛，形成室内设计风格等方面起到举足轻重的作用。

对室内内含物设计、配置的总要求是与室内空间和界面的整体协调，这些内含物的相互之间也有一个相互和谐协调的问题，这里所说的协调是指在尺度、色彩、造型和风格氛围等方面。

室内绿化在现代室内设计中具有不能代替的特殊作用。室内绿化具有改善室内小气候和吸附粉尘的功能，更为主要的是，室内绿化使室内环境显得生机勃勃，带来自然气息，令人赏心悦目，起到柔化室内人工环境的作用，在快节奏的现代社会生活中还能够协调人们的心理，使之达到平衡状态。

第二节　室内设计的分类

室内设计一般可以分为四类，即居住建筑室内设计、公共建筑室内设计、工业建筑室内设计和农业建筑室内设计。下面我们就来看看这四类室内设计的形式是怎样区分的，以及它们各自有什么特点。

一、居住建筑室内设计

1. 卧室

卧室专指进行睡眠的地方，从使用的对象上来分，一般分为主卧室和次卧室。卧室的基本家具是床。为了创造舒适的睡眠环境，卧室的灯光布置相对较暗，私密性要求较强。在主卧室的设计中，可设置独立的卫生间、衣帽间和书房，次卧室相对简单，供睡眠使用的家具和衣柜成为卧室布置中的主要组成部分。

图 2-2-1　卧室

2. 厨房

厨房是人们做饭的地方，有时也会把厨房和餐厅放在一起。厨房的设计有中式和西式之分。由于中餐的做法以炒、炸居多，油烟会比较多，因此，中式厨房一般要求封闭性好，有专门的通风装置。也正因如此，灶台的设计一般以瓷砖等易清洗的材料为主。如图 2 - 2 - 2 （a）所示，即中式厨房的室内装修效果图。

西方人一般喜欢食用冷餐，他们的厨房油烟较少，但操作台面要求大，所以西式厨房会比较注重造型上的设计。例如，结合厨房布置岛式餐台，或结合橱柜设置酒吧台灯空间，厨房可以设计成开敞式。如图 2 - 2 - 2 （b）所示，展示的就是西式厨房的室内装修效果图。

（a）中式厨房　　　　　　　　　　（b）西式厨房

图 2 - 2 - 2

3. 卫生间

卫生间是人居环境中最能够体现生活环境质量的区域，比较合理的卫生间设计是将坐便区域和盥洗区域进行分开，空间比较理想的区域，可以设置盆浴和淋浴两种沐浴形式。将洗衣机与卫浴空间进行分开设置，实现干湿分离。对于空间相对较小的区域，需要考虑将卫浴功能进行整合，在空间中得到最合理的安置。

图 2 - 2 - 3　卫生间

4. 起居室

起居室和客厅两种概念经常被混用，有人认为起居室一般是家人的私密空间，客厅是接待客人的公共空间。普通住宅一般没有起居室的概念，只会设置客厅。大户型或者别墅会比较注重起居室的功能。从起居的角度来理解，起居室就是为使用者提供居住和活动需求的空间，在人居环境的室内设计中相对于卧室，是属于相对动态行为较多的空间，在设计中，应注重会客和起居的作用。起居空间主要由电视背景墙和沙发背景墙组成，内部的家具根据空间整体风格设定。

图 2-2-4　起居室

5. 储藏室

储藏空间在人居环境空间中最容易被忽视，却是最关系到生活实用性的空间。在人居空间环境中，适当增加储藏空间，并将储藏空间进行隐藏和美化，是人居环境设计中重要的课题。如图 2-2-5 所示，就是现代生活中常见的一种储藏室的形式。

图 2-2-5　储藏室

6. 玄关

玄关原意是指佛教的入道之门，演变到后来，泛指厅堂的外门。玄关是室内和室外的交界处，中国传统民宅建筑中，对应大门的位置设置影壁，目的是防止外界直接窥视宅内空间，起到一种"藏"的作用。这种作用体现在室内就成为玄关，不但使外人不能直接看到室内人的活动，而且通过在门前形成一个过渡性的空间，形成一种领域感。

图 2-2-6　玄关

根据现代生活的需要，玄关处经常设置鞋柜、隐藏式衣柜等功能性家具，在中国南方，人们经常在玄关处设置佛堂，形成相对独立的缓冲区域。如果室内空间较小，也可以将玄关空间压缩，与主体厅堂形成整体性布置。

二、公共建筑室内设计

（一）限定性公共空间室内设计

在设计中，常常将未进行限定的空间称为原空间，把用于限定空间的构件等物质手段称为限定元素。这些限定元素有些是根据需要和相应标准必须进行设置和设定的，有些是可以进行灵活设置和应用的。将公共空间中需要进行限定的空间单独划分为一类，即所谓的限定性公共空间的室内设计。

限定性公共空间室内设计主要指学校、幼儿园、办公楼以及教室等建筑的内部空间，这些空间对天花、墙壁以及地面有比较具体的限定性因素。限定程度的强弱与空间的性质和功能有直接的关系。限定性主要体现在材料、规格、功能等方面，根据不同的性质，进行不同程度的限定性公共空间的制约。

（a）幼儿园室内 （b）教室室内

图 2 - 2 - 7 幼儿园与教室内景

（二）非限定性公共空间室内设计

非限定性公共空间室内设计主要是指旅馆饭店、影视院、娱乐空间、展览空间、图书馆、体育馆、火车站、航站楼、商店以及综合商业设施。非限定性不是说没有限定性，而是限定性因素在进行建筑及消防设计时已经进行过综合性的考虑，在进行室内设计时需要保留这些已经成为系统的公共安全性设计。在安全性设计的基础之上，进行一定程度范围内的非限定性的公共空间设计。

（a）航站楼室内 （b）图书馆室内

图 2 - 2 - 8 航站楼和图书馆内景

三、工业建筑室内设计

工业建筑室内设计，主要包括各类厂房，如图2-2-9所示。

图2-2-9　工业厂房内景

四、农业建筑室内设计

农业建筑室内设计，主要包括各类农业生产房。如图2-2-10展示的就是一幅农业建筑的室内设计场景。

图2-2-10　农业厂房内景

上述四种室内设计的类型我们可以通过一幅图来概括，如图2-2-11所示。

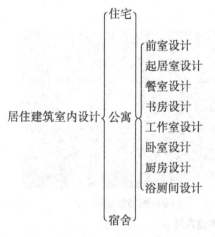

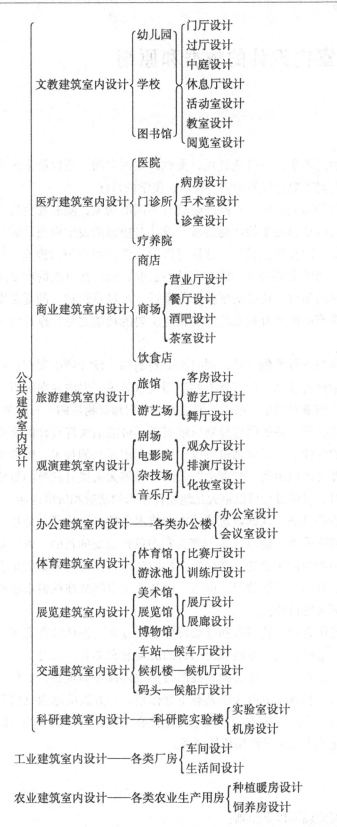

图 2 - 2 - 11　室内设计的类型总括

第三节　室内设计的依据和原则

一、室内设计的依据

室内设计的主要目的是在一定的经济条件下打造适用、美观的室内空间，所以就室内空间本身而言，设计时主要依据的是空间需要达成的功能、技术、美学的目标。

室内设计需要满足建筑预先设定的功能目标。不同的建筑有不同的功能，随着社会的发展，建筑的所有者和使用者也会提出越来越复杂的功能要求。设计对功能的设定应当是满足所有主要功能需求，此外争取满足部分次要功能需求，这样可以增加设计和空间的价值。要做到这一点，设计师需要提前分析空间的主要功能，做到完整不遗漏；同时在可能的次要功能分析上找出最能够增强建筑价值感的品种。功能的依据十分重要，不过建筑功能的复杂度还是具有相当的可变通性，主要功能当中也还有核心功能和相对次要的功能之分，设计师对此要有清晰的判断。

在技术的运用上，室内设计受到当下技术的支持，同时也受到制约。设计师必须在设计前了解可能需要运用的技术，这包括材料技术、加工技术和使用技术等等。室内界面和组成构件都是技术的产物，对形式的创意想象可以是无限的，但是实现它们却是物质的、有限的。所有设计师都会发现设计的这种物质特征，并依据这种物质限制来尽可能地实现设计的功能和审美目标。在现代技术快速发展的条件下，设计师也可以发掘和利用新兴的技术，创造建筑的特殊地位和象征性。譬如现代办公楼运用的"智能化"技术，能够大大提升建筑的价值感。这说明在有足够经济力量支持时，室内设计可以最大化地发挥技术的功效和价值内涵。

所有室内设计都有达成审美体验的目的，根据建筑的功能和技术条件，设计师总是尽一切可能扩大设计对象在审美体验上的感受力。创造"美"作为室内设计重要的目的，可以根据建筑的特性、使用者的观念和使用的功能来创建。譬如纪念性的建筑，设计的依据就是创造纪念性审美体验的目的，大多会取对称、严谨的形式语言；而商业性空间则往往追求新奇特异的审美体验，达到吸引和招揽顾客的目的。

现代室内设计的评价，主要来自所有者、使用者和社会群体三个方面。设计师在实现这一类最贴近生活的设计时，必须关注来自以上三方面观念和目的的沟通和融合。而对三方面观念和目的的满足，也形成室内设计依据的另一个方面。我国目前室内设计的现状，对项目所有者的评价最为关注，出资方的目标和审美取向大多具有主导作用，一方面的原因是出资方对于资金的掌握代替了设计的判断，即经济核心力量大于文化核心力量；另一方面的原因是我国的设计发展还不够成熟，文化艺术的引导作用依然薄弱。

二、室内设计的原则

在室内设计的过程中，设计师需要遵循以下原则：

1. 安全性原则

在满足空间功能性的条件下，室内空间必须是安全的。这种安全性不仅体现在尺度和构件的合理设计中，室内环境也需要安全可靠的保障。在幼儿园设计中，栏杆之间的宽度要小于 0.11 米，目的就是保证行为不定的儿童的安全。由于近年来人们对环保和绿色理念的关注，室内装修施工过程中装饰材料的环保问题受到大量关注。装饰材料是否环保，以及设计时大量辐射材质的应用是否适宜，直接关系着室内环境是否适宜进行使用。特别是老年人和孩子，身体抵抗能力较弱，对室内环境的敏感程度较高，室内空间的安全性成为人们关注的重点。

除了室内设计中使用的材料和结构构件的安全性以外，其他构成要素的安全性也十分重要。比如在室内设计中绿化的选择上，如果不加以甄别，很多不利于人生活的绿化反而会使室内空间变得不安全。比如在室内种植夜来香，当夜来香夜间停止光合作用时，会排出大量有害气体，使居室内的人血压升高，心脏病患者会感到胸闷，闻之过久会使高血压和心脏病患者病情加重。除此之外，还有很多人对室内色彩也存在一定的感觉差异，有试验表明，以红色为基调的室内设计与以蓝色为基调的室内设计的视觉温差达到 2 度，对于不同体质的人会有不同的影响。

2. 功能性原则

室内设计的本质任务就是为使用者提供便于使用的室内空间和环境，通过技术处理保护结构，并对室内空间进行装饰。在室内的设计中，功能与装饰需要进行有机的结合，在保证使用功能的前提下，进行装饰和美化。以室内装饰构件为例，踢脚线是为了防止清洁地面及其他撞击对墙脚的损坏而设置的，墙面的壁纸及乳胶漆等饰面处理除了装饰效果的需要，更是为了保护墙面而设计的；不同性质的空间，要求根据使用的需要进行不同单元的划分。因此，室内设计中功能性原则居于首位。

（1）满足使用功能的要求。使用功能是具有物质使用意义的功能，它的特性通常带有客观性。使用者的使用功能不同，能够提供相应服务空间的使用功能也有所不用。使用功能是空间设计的前提，根据使用的特点和行为的特征进行组织和安排，能够使得使用功能得到更合理的体现。特别是在厨房的设计中，洗菜、切菜操作、烹饪，按照顺序安排它们相应的功能，如果距离较远或者距离过于紧凑都会影响正常使用功能的发挥，因此在使用功能的设计中，动作流线的组织和使用功能的布置十分重要。

（2）满足基本功能的要求。基本功能是与对象的主要目的直接有关的功能，是对象存在的主要理由。居住空间中卧室、客厅分别满足的是对象睡眠和会客的需求；餐饮空间中就餐区和厨房分别担任的是就餐和烹饪的功能；商业空间则满足了使用者消费和休闲的需求等。

（3）满足辅助功能的要求。辅助功能是为更好地实现基本功能而服务的功能，是对基本功能起辅助作用的功能，对心理需求和人体工程学的要求均属于辅助功能中的重要内容。一般情况下，人的活动受聚集、从众、捷径以及安全距离等心理因素影响。在室内设计中，将心理因素与人体工程学的因素进行综合考虑，使室内空间更合理。

3. 经济性原则

经济性是室内设计中十分重要的一个原则，针对同一个方案，十万元可以进行装修，一百万元同样也可以进行装修。采用什么样的标准来进行设计，不同的需要在设计中会有不同的价值体现，只有符合需要的适用性方案才能保证工程的顺利进行。在设计方案阶段遵循经济适用性原则，设计师能够根据使用者提供的经济标准，进行设计内容的组合，在保证艺术效果的同时，还能避免资金浪费，从而保证使用者需求的最优化实现。

4. 可行性原则

设计方案最终要通过施工才能得以实现，如果设计方案中出现大量无法实现的内容，设计就会脱离实际，成为一纸空谈；同时，设计技术的关键环节和重要节点，需要专业的施工人员对设计师的设计图纸表达的内容进行全面的理解，否则会出现设计与效果之间较大的偏差。设计的可行性包括设计要符合现实技术条件、国家的相关规范、设计施工技术水平和能力的标准。

第四节　室内设计的方法和程序步骤

一、室内设计的方法

室内设计的方法，这里着重从设计者的思考方法来分析，主要有以下几点：

1. 功能定位、时空定位、标准定位

进行室内环境的设计时，首先需要明确要求什么性质的使用功能，是居住的还是办公的，是游乐的还是商业的等等。因为不同性质使用功能的室内环境，需要满足不同的使用特点，塑造出不同的环境氛围，例如恬静、温馨的居住室内环境，井井有条的办公室内环境，新颖独特的游乐室内环境，以及舒适悦目的商业购物室内环境等，当然还有与功能相适应的空间组织和平面布局，这就是功能定位。

时空定位也就是说所设计的室内环境应该具有时代气息和时尚要求，考虑所设计的室内环境的位置所在，国内还是国外、南方还是北方、城市还是乡镇，以及设计空间的周围环境、左邻右舍，地域空间环境和地域文化等等。

至于标准定位是指室内设计、建筑装修的总投入和单方造价标准（核算成每平方米的造价标准），这涉及室内环境的规模，各装饰界面选用的材质品种，采用设施、设备、家具、灯具、陈设品的档次等。

2. 大处着眼、细处着手，从里到外，从外到里

大处着眼、细处着手，总体与细部深入推敲。大处着眼，即室内设计应考虑的几个基本观点，在设计时思考问题和着手设计的起点较高，有一个设计的全局观念。细处着手是指具体进行设计时，必须根据室内的使用性质，深入调查，收集信息，掌握必要的资料和数据，从最基本的人体尺度、人流动线、活动范围和特点、家具与设备等的尺寸和使用它们需要的空间等着手。

从里到外、从外到里，局部与整体协调统一。建筑师 A·依可尼可夫曾说："任何建筑创作，应是内部构成因素和外部联系之间相互作用的结果，也就是'从里到外'、'从外到里'。"

室内环境的"里"，以及和这一室内环境连接的其他室内环境，以至建筑室外环境的"外"，它们之间有着相互依存的密切关系，设计时需要从里到外、从外到里多次反复协调，务必使之更加趋完善合理。室内环境需要与建筑整体的性质、标准、风格等相协调统一。

3. 意在笔先、贵在立意创新

意在笔先，原指创作绘画时必须先有立意，即深思熟虑，有了"想法"后再动笔，也就是说设计的构思、立意至关重要。可以说，一项设计，没有立意、没有立意创新就等于没有"灵魂"，设计的难度也往往在于要有一个好的构思具体设计时意在笔先固然好，但是一个较为成熟的构思，往往需要有足够的信息量，有商讨和思考的时间，因此也可以边动笔边构思，即所谓的笔意同步，在设计前期和出方案过程中使立意、构思逐步明确。但关键仍然是要有一个好的构思，也就是说在构思和立意中要有创新意识，设计是创造性劳动，之所以比较艰难，也就在于需要有原创力和创新精神。

对于室内设计来说，正确、完整，又有表现力地表达出室内环境设计的构思和意图，使建设者和评审人员能够通过图纸、模型、说明等全面地了解设计意图，也是非常重要的。在设计投标竞争中，图纸质量的完整、精确、优美是第一关，因为在设计中，形象毕竟是很重要的一个方面，而图纸表达是设计者的语言，一个优秀的室内设计的内涵和表达也应该是统一的。

二、室内设计的程序

（一）设计准备阶段

设计准备阶段主要是接受委托任务书，签订合同，或者根据标书要求参加投标；明确设计期限并制定设计计划进度安排，考虑各有关工种的配合与协调；明确设计任务和要求，如室内设计任务的使用性质、功能特点、设计规模、等级标准、总造价，以及根据任务的使用性质所需创造的室内环境氛围、文化内涵或艺术风格等；熟悉设计有关的规范和定额标准，收集分析必要的资料和信息，包括对现场的调查勘探以及对同类型实例的参观等。

在签订合同或制定投标文件时，还包括设计进度安排，设计费率标准，即室内设计收取业主设计费占室内装饰总投入资金的百分比（一般由设计单位根据任务的性质、要求、设计复杂程度和工作量，提出收取设计费率数，通常为4%～8%，最终与业主商议确定）；收取设计费，也有按工程量来计算，即按每平方米收多少设计费，再乘以总计工程的平方米来计算。

这个阶段需要为以后的设计和施工工作能有条不紊地展开而进行各方面的准备。首先，为了保障建设单位或个人与设计单位及其设计师的双方利益，就委托设计的工程性质、设计内容和范围、设计师的任务职责、图纸提交期限、业主所应支付的酬金、付款方式和期限等以合同条文的形式加以约定。双方签字后就成为规范和约束各方行为的具有法律效力的文件。有时这个合同也可能会晚些时候签订，即当设计项目属于较大投资时，会先以设计招投标的方式出现，只有经过初步设计方案竞标后中标的单位，才能与业主签署委托设计合同。

不论是不是设计招投标项目，在着手进行初步方案设计前，都应该有明确的设计任务书，即明确设计范围和内容、投资规模、室内环境的使用人群、主要的功能空间需求、建筑内部空间现状与未来使用情况之间的矛盾点等。有时业主在委托设计时并不十分清楚他对室内空间的功能需求，或者不确定室内风格的偏好。如果是这样，设计师就应和业主进行良好沟通，加上以自己的专业知识为背景的判断，帮助业主一起回答一系列有关设计定位的问题，从而拟定一份设计任务书。实质上，设计任务书的制订过程就是使业主和设计师明确设计目的、要求，在问题与限制条件及相应的解决方案上基本达成共识的过程。

除了以上所述，在设计准备期阶段还有另外几项必须进行的工作，就是现场勘察、采访用户和资料收集。接下来我们详细分析一下这几项工作的具体内容。

1. 现场勘查

虽然在大多数情况下，业主会提供给设计师相应的建筑及配套工种的原始图纸，但现场的勘察复核仍是不可省略的，通过现场的实地勘察，设计师可以有更直接的空间感，也可以通过测绘和摄影记录下一些关键部位的实际尺寸和空间关系。有时，特别是一些住宅类室内设计的业主只能提供给设计师没有尺寸的房型图，于是现场测绘也就成为设计师获得精确空间尺寸的唯一途径。这些现场资料和数据将成为设计师下一步开展设计工作的重要依据。设计师应运用专业知识理性分析这些收集来的有关设计外部条件的数据，找出存在的问题或矛盾，以及相应的解决问题的方向。

环境空间条件是客观存在的影响设计的外因，而使用者的人的因素也是必须在设计前期进行深入研究的，因为室内设计的目的是"为人提供安全、美观、舒适、有较好使用功能的内部空间"。研究内容应包括空间主要使用人群的年龄、职业特征、文化修养、价值观、对私密性要求、对颜色和装饰风格的喜好、使用空间的行为模式等。设计师可以通过问卷调查、实地观察、面对面交流沟通等方式获得信息，并整理汇编成文件资料，作为设计的另一项重要依据。

2. 采访用户

详细调查用户的使用要求，并对其进行分析和评价，明确工程性质、规模、使用特点、投资标准，以及对于设计的时间要求，这要求设计者与用户通过讨论方式进行交流，并提出建议，听取用户对这些建议的意见，对于功能性较强的复杂项目，可能还要听取众多相关人员（包括相似空间的使用者）的意见、建议，掌握各方面的事实数据和标准。用户所能提供的信息有时很具体，有时也很抽象，设计人员应通过多种方式尽可能多地了解他们的要求和想法。有些用户常设想设计者能猜出他们的要求和期望而不给出足够的信息，怕限制设计者的创造性，而有些客户的预想往往在经济、技术等方面不切实际，作为设计者不可为了获得这一项目而轻率地、不负责任地予以承诺，因为到最后，这些隐患终将爆发而导致设计的失败。

3. 收集资料

了解、熟悉与项目设计有关的设计规范和标准，收集、分析相关的资料和信息，尤其功能性较强、性质较为特殊或我们过去不是很熟悉的空间，包括查阅同类型竣工工程的介绍和评论、所需材料、设备的数据等，以及对现有同类型工程实例进行参观和评价，这使我们在有限的时间内能够尽可能多地熟悉、掌握有关的信息，并能够获得灵感和启发。

（二）方案设计阶段

1. 初步方案设计

经过设计前期阶段的工作，设计师应该对设计目的和要解决的问题有了较为清晰的认识，明确设计定位。在此基础上，应采用"集智"和"头脑风暴"的方式来尝试各种可能，快速绘制出草图，加上少量的文字，把对构思立意、各种理性分析、功能组织、空间布局、艺术表现风格等的思考表达出来。这一阶段应尽量少考虑条条框框的限制，而尽量多地提出各种方案，才可能通过充分的方案比较而获得最佳选择。

初步方案正式提交之前，应把前期的资料、本阶段的过程草图和最终较为清晰的方案成果整理成册，其中的图纸内容应包括功能分区分析图、流线分析图、景观视线分析图、平面布置图、顶面图、主要立面展开图、彩色透视效果图和设计说明等。业主在得到一家设计单位的多个初步设计方案或多家设计单位的多个方案以后，应邀请相关专家和将来的使用者一起进行方案的比较，从中筛选出最佳方案，并以此为依据确定最终的设计单位。对于非住宅类项目，设计单位应在汇编初步方案成果的同时，根据所提出的方案编制初步的概算供业主参考。

2. 扩大初步设计阶段

对于投资规模不大、功能并不复杂的住宅类项目，这一阶段可以省去而直接进入施工图设计阶段。但对于大多数非住宅类项目来说，尤其是经过设计招投标过程的项目，需要有进一步调整、优化方案的过程。在此阶段，应进一步对有助于设计的资料和信息进行收集、分析和研究，借鉴其他竞标方案中得到认可的内容，在此基础上修改、优化、深化方案。编制更为详细的文本，应包括设计构思和立意说明、设计说明、主要装修用材和家具设备表、室内门窗表、平面布置图、顶面图、立面展开图、重要的装饰构造详图和大样、彩色效果图等。同时，应与结构、暖通、给排水、用气等配套工种设计师进行协调，解决好设备系统选型、管线综合等问题，设备对空间的要求应给予最合理的解决方案，并通过配套专业扩大初步设计图纸的形式呈现出来。另外，设计单位的预算员应根据该阶段的图纸计算并编制一套较为详细的工程预算书，一并递交给业主以供确认。

（三）施工图设计阶段

方案确定后，就可进入施工图阶段，以便向承包者、施工人员作进一步解释，供工程中涉及的其他专业人员交流参考，室内设计师与他们充分、密切的沟通与协作，是保证工作成功的重要手段。

施工图的制作必须严格遵循国家标准的制图规范，所作图纸除了包括平面图、天花图、立面图，还有放大比例的细部节点图、大样图，图纸不能完全表达的细部构造、技术细节还要用文字补充说明。由于通过正投影法制图，可准确再现空间界面尺度和比例关系，以及相关材料与做法。这一工作过去一直沿用绘图工具进行手绘的方法，现在由于计算机技术的巨大优越性已被其逐渐取代。与之配套的还要有水、暖、电、空调、消防等设备管线图。同时，还要提供给用户预算明细表以及各个项目完成的时间进度表。

（四）方案实施阶段

设计实施阶段也就是工程的施工阶段。室内工程在施工前，设计人员应向施工单位进行设计意图说明及图纸的技术交底；工程施工期间需按图纸要求核对施工实况，有时还需根据现场实况提出对图纸的局部修改或补充（由设计单位出具修改通知书）；施工结束时，会同质检部门和建设单位进行工程验收。

为了使设计取得预期效果，室内设计人员必须抓好设计各阶段的环节，充分重视设计、施工、材料、设备等各个方面，并熟悉、重视与原建筑物的建筑设计、设施（风、水、电等设备工程）设计的衔接，同时还须协调好与建设单位和施工单位之间的相互关系，在设计意图和构思方面取得沟通与共识，以期取得理想的设计工程成果。

（五）方案竣工阶段

施工单位完成了施工作业，需要经过竣工验收，合格后才能把场地移交给业主使用。竣工验收环节，设计师也是必须参加的，既要对施工单位的施工质量进行客观评价，也应对自身的设计质量做一个客观评估。设计质量评估是为了确定设计效果是否满足使用者的需求，一般应在竣工交付使用后六个月、一年甚至两年时，分四次对用户满意度和用户对环境的适应度进行追踪测评。由此可以给改进方案提供依据，也能为未来的项目设计积累专业知识。另外，设计师应在工程竣工验收合格、交付使用时，向使用者介绍有关日常维护和管理的注意事项，以增加建成环境的保新度和使用年限。

（六）方案评估阶段

方案评估目前作为一个比较新的观念逐渐受到重视。它是在工程交付使用后的合理时间由用户配合对工程通过问卷或口头表达等方式进行的连续评估，其目的在于了解是否达到预期的设计意图，以及用户对该工程的满意程度，是对工程进行的总结评价。很多设计方面的问题在用户使用后才能够得以发现。这一过程不仅有利于用户和工程本身，同时也利于设计师为未来的设计和施工增加、积累经验或改进工作方法。

第三章　室内设计的风格与流派

风格即风度品格，体现创作中的艺术特色和个性；流派指的是学术、文艺方面的派别。室内设计的风格和流派，属室内环境中的艺术造型和精神功能范畴。室内设计的风格和流派往往是和建筑以及家具的风格和流派紧密结合；有时也以相应时期的绘画、造型艺术，甚至文学、音乐等的风格和流派为渊源，与其相互影响。

第一节　风格的成因和影响

不同的时代思潮和地区特点，通过创作构思和表现，逐渐发展成为具有代表性的室内设计形式。一种典型风格的形成，通常是和当地的人文因素和自然条件密切相关，同时又需有创作中的构思和造型特点。下面我们通过一个图来分析形成风格的因素，如图3-1-1所示。

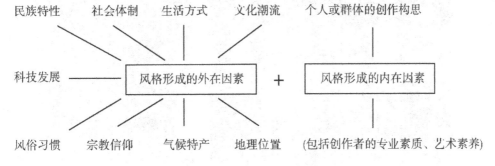

民族特性　社会体制　生活方式　文化潮流　个人或群体的创作构思

科技发展————风格形成的外在因素　＋　风格形成的内在因素

风俗习惯　宗教信仰　气候特产　地理位置　(包括创作者的专业素质、艺术素养)

图3-1-1　形成风格的因素

风格虽然表现于形式，但风格具有艺术、文化、社会发展等深刻的内涵。从这一深层含义来说，风格又不停留或等同于形式。

需要着重指出的是，一种风格或流派一旦形成，它又能积极或消极地转而影响文化、艺术以及诸多的社会因素，并不仅仅局限于作为一种形式表现和视觉上的感受。

二三十年代早期俄罗斯建筑理论家 M. 金兹伯格曾说过，"'风格'这个词充满了模糊性。我们经常把区分艺术的最精微细致的差别的那些特征称作风格，有时候我们又把整整一个大时代或者几个世纪的特点称作风格。"近几十年来，室内设计的风格在总体上呈现出多元化的趋势，出现了兼容并蓄的状况。当今对室内设计风格和流派的分类，还正在进一步研究和探讨，本章后述的风格与流派的名称及分类，也不作为定论，仅是作为阅读和学习时的借鉴和参考，希望对广大读者的设计分析和创作有所启迪。

第二节　室内设计风格的种类

一、传统风格

传统风格的室内设计一般分为两大类。一类为中国传统风格，一类为外国传统风格。它们的主要特征都是在室内布置、线型、色调，以及家具、陈设的造型等方面吸取传统装饰的"形"、"神"特征。例如，中国传统风格的建筑注重规整，木构建筑的室内藻井天棚、挂落、雀替的构成装饰、明清家具的造型和款式特征成为中国传统室内装饰特有的风格特点。

中国传统室内设计风格的另一个特点是色彩鲜明、强烈，多用原色，雕梁画栋、富丽堂皇。另外，中国传统建筑设计常常巧妙地运用题字、字画、玩器和借景的手法，努力创造出一种安宁、和谐、含蓄而清雅的意境，如图3-2-1（a）所示。

西方传统风格中还有仿罗马、哥特式、文艺复兴、巴洛克、洛可可、古典主义等风格。此外，还有日本、印度、伊斯兰、北非城堡风格等传统风格类型。传统风格常给人们以历史延续和地域文脉的感受，它使室内环境突出了民族文化渊源的形象特征，如图3-2-1（b）所示。

（a）中国传统风格室内样式　　　　（b）欧洲传统风格室内样式

图3-2-1　传统风格室内设计

二、现代主义风格

现代主义风格兴起于20世纪初，在20世纪20年代达到其顶峰时期，演变为全球化的国际主义。现代主义的核心是理性主义和功能主义，它的出现使传统设计在设计理念、设计形式、设计手法等多个方面发生了根本性的变化。

第一次世界大战之后，工业和科技的发展，人们审美情趣的变化，现代建筑的兴起极大地推动了现代主义风格包括室内设计在内的艺术设计各领域的形成和发展。在现代主义风格的形成和发展中，包豪斯功不可没，它建立了现代设计的教育体系，奠定了现代主义的设计观念，推广了国际式的设计风格。

现代主义室内设计风格的主要特征大致可以归纳为五个。第一，室内结构简化，空间流畅，在无屏障或屏障极少的大室内空间中配置功能与布局合理，注重空间的分割与联系；第二，室内空间各界面处理简洁，尽可能地不做装饰，强调形式对功能的服从性，注重材质美感的表达；第三，强调理性和经济原则，采用标准部件，将柯布西耶模数理论引入室内设计；第四，室内的家具、陈设、灯具、日用品尽可能采用造型简洁、质地纯洁、工艺精细的工业产品；第五，在室内设计和施工中广泛运用工业新材料和新技术。

虽然现代主义国际式风格千篇一律、冷漠无情，忽略了设计中的地域、历史文脉等重要因素，置人们的情感因素于不顾，压抑了设计师的创造能力，受到了众多非议和批判，并于20世纪60年代开始走向没落，但仍有不少现代主义大师提出的现代设计思想对现代主义甚至之后的各种设计风格都有着深远的影响和积极的作用。路易斯·H.沙利文首先提出的"形式追随功能"的口号，是现代设计中最具影响力的信条之一；密斯注重技术精美的设计倾向和"少就是多"的设计思想和方法，对当代的简约主义设计风格仍有影响；当代设计强调人性化和地域特色的理念与阿尔托的"人情化"和"地方性"的设计思路一脉相承；在弗兰克·劳埃德·赖特的设计中，家具、灯具、装修与建筑有机结合，融为一体，这种强调整体性的有机建筑理论到今天都是十分值得我们在室内设计活动中学习和借鉴的（图3-2-2）。

图3-2-2　现代主义风格室内设计　　　图3-2-3　后现代风格室内设计

三、后现代主义风格

"后现代主义"一词最早出现在西班牙作家德·奥尼斯1934年的《西班牙与西班牙语类诗选》一书中，用来描述现代主义内部发生的逆动，特别有一种对现代主义纯理性的逆反心理，即为后现代风格。20世纪50年代美国在所谓现代主义衰落的情况下，也逐渐形成后现代主义的文化思潮。受60年代兴起的大众艺术的影响，后现代风格是对现代风格中纯理性主义倾向的批判，后现代风格强调建筑及室内装饰应具有历史的延续性，但又不拘泥于传统的逻辑思维方式，探索创新造型手法，讲究人情味，常在室内设置夸张、变形的柱式和断裂的拱券，或把古典构件的抽象形式以新的手法组合在一起，即采用非传统的混合、叠加、错位、裂变等手法和象征、隐喻等手段，以期创造一种融感性与理性、集传统与现代、揉大众与行家于一体的，即"亦此亦彼"的建筑形象与室内环境。对后现代风格的评价不能仅仅以所看到的视觉形象作为标准，而是需要我们透过形象从设计思想来分析。后现代风格的代表人物有 P. 逊（P. Johnson）、R. 文丘里（R. Venturi）、M. 格雷夫斯（M. Graves）等（图 3 - 2 - 3）。

四、新现代主义风格

新现代主义是在现代主义盛极而衰后，对现代主义的一种继承发展与完善，是对现代主义的纯粹化和净化处理。新现代主义与后现代主义基本并行发展，它继续沿用现代主义的严谨、明确的功能主义原则，同时也进行了各种不同的个人诠释而形成了现代主义基础上的个性变化，使得现代主义得以继续发展。新现代主义在 20 世纪 60 年代、70 年代初露端倪，并在其他流派逐渐衰退之际，在 21 世纪初依然保持发展势头。因为其形式类似于 20 世纪 20 年代的德国包豪斯提倡的风格，所以也有人称其为"新包豪斯"。该学派的代表人物有"纽约五人"中的理查·迈耶，以及西撒·佩里、著名华人设计师贝聿铭、KPF 建筑事务所，以及日本设计师安藤忠雄、黑川纪章、槇文彦等（图 3 - 2 - 4）。

图 3 - 2 - 4　新现代主义风格室内设计

五、自然风格

在工业与科技高度发展的今天，人类与自然的关系日益恶化。城市规模的扩大，土地沙漠化的加剧，环境污染的加剧等现象已经使得自然在人类的手中变得面目全非，人类与其赖以生存的自然之间的矛盾日趋突出，常年身处混凝土"丛林"中的人们对回归自然的渴望与日俱增。直到 20 世纪 70 年代，人们开始意识到人类生存环境对其自身的重要性，随着可持续发展观念的提出，人们的环境意识更加强化，也更加系统化，对室内环境设计也提出了回归自然、绿色设计的要求。自然风格也就是在这样的社会历史背景下应运而生的。

室内设计的自然风格有表层和深层两个层次的含义。从表层看，自然风格考虑室内环境与自然环境的互动关系，将自然的光线、色彩、景观引入室内环境中，营造绿色环境，以满足人们回归自然的心理需求。从深层看，自然风格还要将绿色的、生态的、可持续的设计理念与设计手法贯彻运用到设计的全过程中去，创造出自然和谐、生态环保的室内环境，为人与自然真正长久的和谐共存这一人类总目标而奋斗。因此，自然风格不仅是对设计语言形式的考虑、技术的考虑，更是一种设计理念和设计思想上的变革。

自然风格在室内设计中呈现出独特的"绿色"风格特征。第一，充分利用自然条件，通过大面积的窗户和透明顶棚引进自然光线，保持空气流畅，利用太阳能解决蓄热供暖问题；第二，造型形式和界面处理简洁化，减少不必要的复杂装饰带来的能源消耗和环境污染问题；第三，强调天然材质的应用，通过对素材肌理和真实质感的表现创造出自然质朴的室内环境；第四，以自然景观作为室内主题，通过绿色植物的引入，净化空气、消除噪音，改善室内环境与小气候，通过自然景观的塑造，给室内空间带来大自然的勃勃生机，松弛、平缓人们的情绪，增添生活的情趣；第五，在设计中充分考虑和开发材料的可回收性、可再生性和可再利用性，真正实现可持续的室内设计。

自然风格是传统设计价值观向新设计价值观过渡的表现，尽管它的声势并不十分浩大，但它却是 20 世纪末众多设计风格中最具影响的风格之一，因为它所倡导的生态价值观是未来设计思想发展不可违背的准则（图 3 – 2 – 5）。

图 3 – 2 – 5　自然风格室内设计

图 3 – 2 – 6 高技风格代表建筑
（法国蓬皮杜国家艺术与文化中心）

六、高技风格

高技派风格出现于 20 世纪 60 年代。到 20 世纪 70 年代，以英国为大本营的高技派逐渐发展成熟，成为一个具有国际影响的设计流派。高技派克服现代主义的教条性和单调性，追求自己个性化的设计语言和形式的运动，恰好与"一战"后人们试图将最新的工业技术应用到设计中以满足对生活质量高要求的愿望不谋而合。因而，高技派设计不再以反艺术的面目出现，而是将结构和艺术有机结合在一起，通过灵活、夸张和多样化的概念与设计语言拓展人们的思维空间，使结构和技术本身成为高雅的"高技艺术"。大量成功作品的问世，使技术美学成了公众关注的焦点，也体现出高技派风格的勃勃生机（图 3 – 2 – 6）。

高技派设计的风格特征主要表现在以下几个方面：

（1）内部构造外翻，暴露显示内部构造和管道线路，通过应该隐匿的服务设计和结构构造的直接暴露来强调工业技术特征。

（2）表现过程和程序，高技派利用技术的形象来表现技术，在设计中不仅显示构造组合和节点，而且通过对诸如电梯等机械装置的透明处理来表现机械运行，向受众反映工业成就，强调机械美，像蓬皮杜艺术中心、香港汇丰银行所反映的室内设计就是一种纯机械的内部空间，所有的关系全部暴露，如同人体透明的经络展示着生命的运行。

（3）注重色彩、图案装饰手法产生的视觉冲击力，利用红、黄、绿、蓝等鲜艳的原色，醒目的图案在室内局部或裸露管线上的运用，使平淡无奇的形式变得光彩照人、引人注目。

（4）不断探索各种新型材料和空间结构，着重表现物体框架、构件的轻巧，高强度钢材、硬铝、塑料和各种化学制品常被高技派用作物体的结构材料，建成体量轻、用量少、易快速装配、拆卸和改建的建筑结构和室内空间。

（5）强调透明和半透明的空间效果，高技派的室内设计喜欢用透明的玻璃、半透明的金属网、格子等来分割空间，形成室内层层相叠的空间效果。

（6）倾向于光滑的技术表现，抛光镀铬的金属板、光滑的珐琅板、铝板和平薄钢板都是高技派常常使用的表面材料。

（7）强调系统设计和参数设计，把技术的功能性和高效性与艺术的象征性完美地结合在一起。

当代的高技派风格追求高技术与高情感的统一，努力创造"高技术的结果，高情感的空间"，这一顺应时代发展潮流的设计理念必将为高技派风格的生存和发展拓展出更广阔的空间。

七、折衷主义风格

折衷主义风格也被称为"混合型"风格，原指19世纪法国流行的一种融合了多种风格的建筑设计，后引申为在设计中融合各种风格而成为一种特点的设计风格。近代，室内设计在总体上呈现多元化、兼容并蓄的状况。室内布置中也有既趋于现代实用，又吸取传统的特征，在装饰与陈设中将古今或中西的风格融于一体。如现代风格的建筑及装修，配合传统的屏风、摆设和茶几等；欧式古典风格的装修灯具，配以东方传统的家具、陈设、小品等。混合型风格虽然在设计中不拘一格，运用多种体例，但设计中仍然是匠心独具，深入推敲形体、色彩、材质等方面的总体构图和视觉效果（图3-2-7）。

图3-2-7 折衷主义风格室内设计　　　图3-2-8 地方主义风格室内设计

八、地方主义风格

地方主义风格是指在设计中使用民族的、民俗的风格，来强调地方特色、文化传统和乡土味，反对现代主义和国际主义的千篇一律的文化模式，摒弃无场所感的环境塑造方式。立足于本地区的地理环境、气候特点，追求有地域特征和文化特色的设计风格。常常借助地方材料和吸收当地技术来达到这些目的，但在设计中并非单纯仿古和旧，而是会借助反映某地区的风格样式及艺术特色，对自身传统的内在特征进行强化处理和再创造，并与现代功能、工艺技术相结合，删除琐碎细节，进行简化或符号化处理，来突出形式特征和文脉感。

这种设计观念存在于北欧及亚洲国家，利于体现其比较悠久的历史文化和民族传统（图3－2－8）。

九、解构主义风格

"解构"一词最早是在1967年前后由法国哲学家雅克·德里达提出，起初是一种文学评论和哲学的重要主题，德里达的理解是：一段给定的文字不是由组成它们的各个单词所指事物形成的，而是取决于它们之间的组合。当我们将一段文字原来的组合架构打散的时候，它所表示的意思也随之改变。20世纪80年代后，彼得·埃森曼和伯纳德·屈米将这套哲学系统引入建筑设计领域，并提出了解构主义的概念。

解构主义是对现代主义正统原则和标准批判地加以继承，虽然运用现代主义的语汇，却颠倒、重构各种既有语汇之间的关系，从逻辑上否定传统的基本设计原则，如美学原则、力学原则、功能原则等，由此而产生新的意义。解构主义用分解的观念，强调打碎、叠加、重组，重视个体部件本身，反对总体统一而创造出支离破碎和不确定感。由于过分强调形式感而造成的解构技术和功能等方面的问题，以及与周围环境的文脉问题都有待进一步解决（图3－2－9）。

解构主义的特征可概括为以下几点：

（1）刻意追求毫无关系的复杂性，无关联的片断和片断叠加、重组，具有抽象的废墟般的形式和不和谐性。

（2）设计语言晦涩，片面强调和突出设计作品的表意功能，使得作品与观赏者难以沟通。

（3）反对一切既有的设计原则，热衷于肢解理论，打破过去建筑结构重视力学原理的横平竖直的稳定感、坚固感、秩序感，作品给人以灾难感、危险感、悲剧感，使人获得与建筑的根本功能相违背的感受。

（4）无中心，无场所、无约束，由于方法反对约定俗成，具有设计者因人而异的任意性、个人性和表现性。

图3－2－9　解构主义风格建筑

十、极少主义风格

"极少主义"这一名称最早由美国现代著名的艺术评论家巴巴拉·罗斯提出。极少主义与20世纪60年代美国的现代艺术潮流有一定的渊源关系，是对现代主义设计理论与设计风格的某种继承与发展。他们将室内所有元素简化到不能再简的地步，去掉一切非本质的装饰，而追求极端抽象简约的设计风格。"少就是多"进一步演变为"无就是有"，常用雕塑感的抽象几何结构来塑造室内空间，产生出与传统设计迥然不同的外观效果，天花、地板、墙壁、梁柱、门窗、家具等构件被赋予清晰明确的轮廓，光洁平滑的表面和干净利落的线条，而用材料本身的质感肌理效果以及精良的施工工艺来弥补其不足，设计又回到空间、光线、材料、体量等这些最初的基本出发点上，但由于表面过于简单和生硬，过于理性，也有人批评其机械、冷漠、缺乏人情味。

极少主义与后现代主义和解构主义完全对立，是20世纪80年代非常流行的新风格，并且在现代室内设计中依然不见衰退迹象。意大利的"宙斯组"、法国的菲利浦·斯塔克、日本的仓俣史朗等都属这一流派的代表（图3-2-10）。

图3-2-10 极少主义风格室内设计

第三节 室内设计的流派

一、风格派

风格派起始于20世纪20年代的荷兰，以画家P.蒙德里安等为代表，强调"创造三维表现"、"要从传统及个性崇拜的约束下解放艺术"。风格派认为"把生活环境抽象化，这对人们的生活就是一种真实"。他们对室内装饰和家具经常采用几何形体以及红、黄、青三原色，间或以黑、灰、白等色彩相配置。风格派的室内，在色彩及造型方面都具有极为鲜明的特征与个性，建筑与室内常以几何方块为基础，对建筑室内外空间采用内部空间与外部空间穿插统一构成为一体的手法，并以屋顶、墙面的凹凸和强烈的色彩强调块体。

二、光亮派

光亮派也称银色派，盛行于 20 世纪六七十年代。其主要特点是注重空间和光线，室内空间宽敞、连贯，构件简洁，界面平整，往往在室内大量采用镜面及平曲面玻璃、不锈钢、磨光的花岗石和大理石等作为装饰面材，在室内设计中常运用新型材料达到现代加工工艺的精密细致及光亮效果（图 3 - 3 - 1）。

图 3 - 3 - 1　光亮派设计

三、白色派

白色派的室内朴实无华，室内各界面以至家具等常以白色为基调，简洁明朗。例如，美国建筑师 R. 迈耶（R. Meier）设计的史密斯住宅及其室内即属此例。R. 迈耶白色派的室内，并不仅仅停留在简化装饰、选用白色等表面处理上，而是具有更为深层的构思内涵，即设计师在室内环境设计时，综合考虑了室内活动着的人以及透过门窗可见的变化着的室外景物（诚如中国传统园林建筑中的"借景"）。因此，从某种意义上讲，室内环境只是一种活动场所的"背景"，从而在装饰造型和用色上不作过多渲染（图 3 - 3 - 2）。

图 3 - 3 - 2　白色派设计

四、新洛可可派

新洛可可派又称"烦琐派",原为 18 世纪盛行于欧洲宫廷的一种建筑装饰风格,它是贵族生活日益腐化堕落、专制制度已经走上末路的反映。以精细轻巧和烦琐的雕饰为特征,极尽装饰之能事。新洛可可继承了洛可可烦琐的装饰特点,但装饰造型的"载体"和加工技术却运用现代新型装饰材料和现代工艺手段,从而具有华丽而略显浪漫、传统中仍不失有时代气息的装饰氛围。

五、超现实派

超现实派又称非现实派。其基本倾向是追求所谓的超现实的纯艺术。在室内设计中,常采用异常的空间组织,曲面或具有流动弧形线型的界面,浓重的色彩,变幻莫测的光影,造型奇特的家具与设备,他们力图在有限的空间内,创造一个"无限的空间",并喜欢利用多种手法创造一个现实世界中并不存在的世界。在室内布置中有时还以现代绘画或雕塑来烘托超现实。超现实派的室内环境较为适应具有视觉形象特殊要求的某些展示或娱乐的室内空间(图 3 - 3 - 3)。

图 3 - 3 - 3 超现实派设计

六、装饰艺术派

装饰艺术派起源于 20 世纪 20 年代法国巴黎召开的一次装饰艺术与现代工业国际博览会,后传至美国等世界各地,装饰艺术派善于运用多层次的几何线型及图案,重点装饰建筑内外门窗线脚、檐口及建筑腰线、顶角线等部位。

装饰艺术派的特征是:形成独特的色彩系列(鲜红、鲜蓝、橘红及金属色)、拥有来自古典主义的灵感;光滑表面的立体物,热衷于使用异国情调如埃及等古代装饰风格、昂贵的材料及重复排列的几何纹样。近年来一些宾馆和大型商场的室内,从既具有时代气息、又有建筑文化的内涵方面考虑,常在现代风格的基础上,在建筑细部饰以装饰艺术派的图案和纹样。

当前社会是从工业社会逐渐向后工业社会或信息社会过渡的时候,人们对自身周围环境的需要除了能满足使用要求、物质功能之外，更注重对环境氛围、文化内涵、艺术质量等精神功能的需求。室内设计不同艺术风格和流派的产生、发展和变换，既是建筑艺术历史文脉的延续和发展，具有深刻的社会发展历史和文化的内涵，同时也必将极大地丰富人们与之朝夕相处活动于其间时的精神（图3-3-4）。

图3-3-4　装饰艺术派设计

七、高技派

高技派亦称"重技派"。20世纪50年代后期兴起，在建筑造型及室内设计风格上注重表现"高度工业技术"的设计倾向。高技派理论上极力宣扬机器美学和新技术的美；造型上结构暴露、形象夸张，并且经常施加浓艳的色彩，给人鲜明的高科技建构的空间印象；技术上主张采用新结构和新材料，以创造新颖的、便于装配变化、用途灵活多样的室内空间（图3-3-5）。

图3-3-5　高技派设计

八、解构主义派

解构主义是20世纪60年代开始出现的一种新思潮，是以法国哲学家雅克·德里达为代表所提出的哲学观念，是对结构主义和理论思想传统的质疑和批判，具有较强烈的开拓意识，并以其激进甚至是破坏性的思想及理论，尝试从根本上动摇或推翻传统建筑文化体系。因而他们的理论和实践难以被人理解，并引起争议。

建筑和室内设计中的解构主义派对传统古典、构图规律等均采取否定的态度，强调不受历史文化和传统理性的约束，是对结构解体的再构成突破传统的形式构图，用材粗放的流派（图3-3-6）。

图3-3-6　解构主义派设计

第四章 室内空间组织和界面处理

空间之所以成为空间，是因为有界面的限定，任何一个客观存在的三维空间都是人类利用物质材料和技术手段从自然环境中分离出来的。因此，在进行室内设计时，对各组成界面的处理以及对室内空间的组织是非常重要的两项内容，包括空间限定的方式、空间的组合方式、各界面的组成及其处理等。

第一节 室内空间限定

空间一般由顶界面、底界面、侧界面围合而成，其中顶界面的有无还是区分内、外空间的重要标志。限定要素本身的不同特点，如材料、形状、尺度、比例、虚实关系以及组合方式所形成的空间限定感也不尽相同。另外，还会在很大程度上决定空间的性格，对空间环境的气氛、格调起关键作用。空间的具体限定手法包括设置（即中心限定）、围合、覆盖、凸起、下沉及材质、色彩、肌理变化等多种手段。实际上，每个建筑空间的形成，往往不是依靠单一的方式，而是综合运用多种不同方式共同营造的结果。

一、空间限定的方式

空间限定从方向上划分可以分为水平限定和垂直限定，从空间限定实体的形态、与人对应关系上区分可以分为中心限定和分隔限定。接下来我们就对这四种限定方式进行详细的分析讨论。

（一）水平限定

水平限定：在一个水平方向上的空间范围，被限定了尺寸的平面就可以限定一个空间。水平方向限定要素较弱，利于加强空间的延续感，通过象征性的限定手段在水平方向基于地面平行的空间方位上进行划分，不能实现空间明确界定，通常使用抽象的提示符号划分出一块有别于其他空间的相对独立的区域。

由于限定空间的位置不同，可分为顶面及底面两种，常见的方法如下：

（1）抬高或下降地面。局部空间的抬高或下降能使统一的空间中产生一个明显的界线，且能形成明确的富有变化的独立空间。地面抬高，可以创造出向远处展望的空间，具有扩张性和展示性，便于观赏［图4-1-1（a）］；地面降低会产生一种隐蔽感，具有保密性、宁静感、趣味性，使空间安定、含蓄，能形成维护感［图4-1-1（b）］。

（a）商业展台的抬高设计　　　（b）商业空间的下降空间设计

图 4 -1 -1　抬高和下降设计

（2）夹层空间的划分。空间比较高大空旷时，可以通过建立夹层来进行空间划分，如建立挑台、天桥等，可以提高空间灵活多变的形式，层次感突出，为室内环境增添活跃气氛。商场、展览馆、办公空间、阁楼住宅等常用此种方法进行空间限定［图 4 -1 -2 （a）］。如阁楼最高点可达到 5m 左右，最低点可能不足 1m，这就可以充分利用水平限定划分出小夹层作为书房或卧室使用，不仅经济实用，还可以使空间穿插，打破空间绝对分隔的形式，是时下流行的户型，受年轻人欢迎，同时也为业主减轻购房压力。精心创意的夹层空间，会给你的家带来与众不同的时尚浪漫的效果。

（a）阁楼夹层空间的划分　　　（b）天棚标高变化对顶面的限定

图 4 -1 -2　夹层、顶面和地面的划分和限定

（3）顶面的水平限定。室内空间顶面的造型，通常是根据房间的标高和结构进行限定的，在水平方向上通过吊顶的高差变化作出不同视觉效果的顶面，或在顶面采用水平灯具划分出不同的区域，感觉像一把雨伞遮住阳光，伞下形成的阴凉。可以通过基面上升或下降来变化空间尺度，可以表示出一种方向性和限定感［图 4 -1 -2 （b）］。

（4）地面铺装变化限定。在室内空间中利用地面材质颜色、质感的不同变化来限定出不同的使用区域，如商业空间环境中，通常利用材料来限定交通空间和展示空间。

（二）垂直限定

空间分隔体与地面基本保持垂直，垂直元素会提供强的围合感，垂直的形状比较活跃，垂直的形体，如在形状、虚实、尺度及地面所形成的角度的不同，都会产生不同的围合效果。如实体墙可以中断空间连续性，起到遮挡视线、声音、温度等作用；矮墙、矮隔断、列柱等其他形式只能隔断人的行为，不会隔断视线、声音、空间，在空间限定中起到隔而不断、相互渗透的效果。

常见的垂直限定形式可以分为以下几种：

（1）垂直限定的线要素。垂直线可以用来限定空间体积的垂直边缘，典型的如柱子。一根柱子在空间中不同的位置有不同的作用；两根柱子可以形成一个富于张力的面；三根柱子可以形成空间体积的角；不同数量的柱子在同一直线上的垂直线排列编织成若干虚面，起到限定和划分的作用，产生围合感，形成各种空间体积，有的空间利用柱子划分出独特的欣赏性空间，即美化了柱子表面又对空间进行了有效的限定（图4－1－3）。

图4－1－3　不同垂直高度对空间的限定程度表现

（2）垂直限定的面要素。用一个垂直面明确表达前后的空间，它不能完成限定空间范围的任务，只能形成一个空间的边界，要达到限定空间体积，必须与其他形式要素相互作用。如一个底面加一个垂直面，属于面的L造型。人在面对垂直限定元素时视线受阻，有较强的限定作用；背面朝向垂直限定元素时，有一定的依靠感。垂直的高度不同，影响视觉观察范围，当它不大于600mm高，可以作为限定一个领域的边缘，当它高于1600mm，也就是大于人的身高时，领域与空间的视觉连续性被彻底打破了，就会形成了具有围合范围的空间（图4－1－4）。

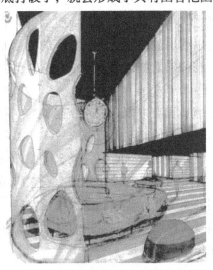

图4－1－4　垂直面的镂空对空间的限定程度

（3）平行面限定。两个平行面，可以限定一个空间体积，空间动向朝向该敞口的端部。其空间是外向性的，它的基本方位沿着两个面的对称轴的方向，该空间的性格是外向的，它有动感和方向性。如形态的质感、色影、形状有所变化，可以调整空间的形态和方位特征。多组平行面可以产生一种流动、连续的空间效果，设计时利用造型开放端对基面处理，能增强顶部构图要素，强调视觉中心。

（4）L形面限定。一个L形的面可以形成一个从转角外沿对角线向外的空间范围，这个范围被转角造型强烈的限定和围起，在内角处有强烈的内向性，外缘则变成外向。L形角内安静，有强烈的维护感、私密性；角外具有流动性及导向的作用。L形空间可以独立空间中，也可以与另外的空间形式要素结合，限定富于变化的空间［图4-1-5（a）］。

（a）L形面的空间限定　　　　　　　　（b）U形面的空间限定

图4-1-5　L形和U形面的空间限定

（5）U形面限定。U形面可以限定一个较强的空间体积，并能形成朝向开敞端的方向感，其后部的空间范围是封闭和完全限定的。开口端是外向性的，其他三个面具有独立的地位，越靠近开敞端的空间外向性特征越明显。开敞端可以带来视觉的连续性和空间的流动性，如果把基面延伸出开口端则更能加强视觉上该空间的范围进入相邻空间的感觉。例如常见的住宅户型中，有的业主把客厅与阳台地面作为同一材质过渡，或把家具延伸到阳台位置等，都是利用U形面朝开口端流动性的外向特征来加大视觉空间的。同时，U形空间底部中心具有拥抱、接纳、驻流的动势，可以利用造型或材料、色彩的变化形成视觉中心。U形造型具有向心感和较强的封闭性，沿U形墙布置物体可以形成内向性组合，满足私密性的同时又保持着开敞端的空间交流［图4-1-5（b）］。

（6）四个面的围合。四个垂直面可以围合成一个完整的空间，明确划定周围的空间，是建筑空间中最典型的限定要求，也是限定方式最强的一种。四个面围合不设洞口时与其他相邻空间视觉上不产生连续感，因此在此类空间中，根据需要开设门窗洞口，或改变其中一个面的造型，使其区分明显。此种空间在建筑设计和城市景观广场设计中无处不在。门窗、洞口的尺寸及数量根据不同空间的类型进行选择，如果数量太多会削弱空间的围合感，同时会影响空间的流动方位、采光质量、视野，以及空间的使用方式和运动方式。四面围合空间的通道位置不同导致空间的使用作用不同（图4-1-6）。

图4-1-6　几种通道位置不同的四面围合空间

（三）中心限定

存在于空间中的单一实体会成为一种支配要素，如果从外部感受，由于实体会向周围辐射扩张而在其周围形成一个界限不明的环形空间，或称作"空间场"（场，就是事物向周围辐射或扩展的范围）。因此，中心限定应属于一种视觉心理的限定，是一种虚拟的限定形式，并不能划分具体肯定的空间和提供明确的形状和度量。越靠近限定物体，这种空间感越强，如空间中的吊灯、雕塑、柱子等往往会成为人们聚集停留的场所。这种方式虽然不能起到分隔空间的作用，或分隔作用很弱，但却可以暗示出一种边界模糊的灰色空间。由于这种空间感只是一种心理感觉，所以它的范围、强弱由限定要素的造型、位置、肌理、色彩、体量等客观因素和人的主观心理因素多方面综合决定。

（四）分隔限定

1. 空间分隔的方法

分隔限定是对单一空间的再次限定，主要通过使用实面或虚面（虚面可通过开洞、使用线材排列、编织以及透射率高的材料加以实现），在垂直和水平方向对空间进行分隔和包围。分隔限定是对空间限定的最基本形式，构成的空间界限较明确，通过虚实变化还可实现空间之间的交融。空间分隔的目的，无非是出于对使用功能的考虑，对空间进行竖向或横向分隔处理；以及基于精神功能，借以丰富空间层次，使空间虚实得宜，"隔则深，畅则浅"，有隔才会有层次变化，空间才会感觉景致无穷、意味深长。

根据空间的限定程度，可分为绝对分隔、局部分隔和虚拟分隔。另外，通过弹性分隔还可以实现对空间的灵活区划。下面我们来对这几种分隔限定的方式进行分析讨论。

（1）局部分隔。也称半隔，分隔空间的界面只占空间界限的一部分，分隔面往往片断、不完整，空间界限不十分明确，空间并不完全封闭，限定度也较低，抗干扰性要比绝对分隔差一些，但空间隔而不断，层次丰富，流动性好。可以使用实面，也可以是通过开洞等方式或使用透射材料形成的围合感较弱的虚面，限定度的强弱主要取决于界面的大小、材质、形态等因素。局部分隔不会同时阻隔交通、视线、声音，如玻璃隔断，虽然会阻隔交通和声音，却不会阻隔视线（图4-1-7）。

（2）弹性分隔。是一种界面根据空间的不同使用要求，能够移动或启闭的空间分隔形式，可以随时改变空间的大小、尺度、形状而适应新的功能要求和空间形式，具有较大的机动性和灵活性。如拼装式、折叠式、升降式等活动隔断，帘幕，以及活动地面、活动顶棚和活动家具等都是常用的弹性分隔手段（图4-1-8）。

图 4 - 1 - 7 局部分隔　　　　　　图 4 - 1 - 8 弹性分隔

（3）绝对分隔。也称通隔，空间的界限多为完整的分隔实面，而少有虚面，限定程度较高，空间界限明确，独立感、封闭感强，与外界流动性较差。空间呈静态，安静、私密、内向，声音、视线、温度等均不受外界干扰。

（4）虚拟分隔。也叫象征性分隔，是限定度最低的一种空间划分形式，其空间界面模糊、含蓄，甚至无明显界面，主要通过部分形体来暗示、推理和联想，通过"视觉完形化"现象而感知空间，常通过色彩、材质、标高的变化，以及光线、音响甚至气味等非实体因素来划分空间。侧重心理效应和象征意味，空间随具体情况呈现清晰或模糊，空间开敞、通透、流动性强。虚拟分隔能够最大限度地维持空间的整体感，这样形成的空间也称虚拟空间或"心理空间"。

2. 空间分隔常用的形式

（1）建筑结构和装饰构架。利用建筑本身的结构和内部空间的装饰构架来进行分隔，充分表现外露结构，既利用原空间的功能部件，又免去过多的装饰，并可表现一种结构的力度感和材质的美感，同时也能增加空间的层次感与功能区划分（图 4 - 1 - 9）。常见的结构装饰构架形式有柱廊式、梁柱式、网架式和几何构件等，体现建筑的内在美感。

图 4 - 1 - 9　利用建筑的梁柱限定空间　　4 - 1 - 10　利用灯具限定空间

（2）照明分隔。利用不同的照明器具和灯光种类进行照明，通过不同光源的颜色、照度、亮度等来分隔空间。这种分隔会形成光彩夺目、流光溢彩的效果，此种方法的缺点就是造价高，比较奢侈（图4-1-10）。

（3）隔断与家具分隔。利用隔断和家具进行空间设计，是一种非常简单的灵活多变的方法。隔断的形式是根据室内空间需要形成各种造型，其材质与整体风格相协调，也可以做成活动式隔断，方便改动，是日常生活空间环境中最常用的一种方法（图4-1-11）。

图4-1-11　木质造型隔断限定空间

（4）界面分隔。利用界面的凹凸和高低变化进行分隔，如地面、天花、垂直界面、内墙、隔断等。凹入和凸出空间指空间的局部凹凸变化，可以缓解空间的单调感，凹入空间位置处于空间方位的里面，具有比较好的私密性，会形成独特的一角。凸出空间是相对于凹入空间来讲的，对内部空间而言是凹入，对外部空间而言是凸出，如现代住宅的飘窗，指的是与房屋室内连通，为增强房间采光、美化建筑造型而设置的凸出外墙的窗，飘窗结构使建筑外观优美、室内布置灵活，此类空间处理得当可以形成设计的视觉中心。

（5）水体和绿化分隔。利用水体和绿色植物分隔可以给室内空间带来灵气，同时活跃空间氛围（图4-1-12）。

图4-1-12　室内水体相呼应形成欣赏性空间

二、空间限定的要素

室内空间是由点、线、面、体等虚实形态以不同方式占据、扩展或包含而成的三度虚体。空间限定要素的不同，包括形状、数量、虚实程度、大小等差异，都会影响到所限定空间的基本气势和特征，通过这些基本要素的变换可形成各种不同的空间形式。一般说来空间的分隔与限定主要是通过面来实现，分隔感强烈积极，分隔形式轻巧单纯。线和体块也常常通过排列成面等方式来限定空间，但限定程度相对较弱，空间既分又合。单线、单体块则主要以中心限定方式出现，并不太容易实现对空间的分隔。

1. 线要素

一根线无方向性，容易成为空间的中心、焦点而形成中心限定；两根或两根以上在同一条直线上排列、编织的线可限定一个消极的虚面，可用于空间的划分，且会使空间产生流通感；三根和三根以上不在同一条直线上的线可排列、编织形成若干虚面，可产生限定和划分作用，并会产生围合感，形成各种空间体积。另外，这些线的数量、粗细、疏密也会对限定程度的强弱造成很大影响。

2. 面要素

（1）直面限定的空间。表情严肃、简洁、单纯，容易与常用的矩形建筑空间相适应，空间的利用率也较高。直面限定可以分为以下四种形式（图 4 - 1 - 13）。

一个面。"I"形垂直实体只具中心限定作用，可分隔空间，但不会产生太强围合感，离面越近，空间感越强。局部墙面的色彩、肌理以及灯光、图案也可限定空间，属极弱的限定，空间的连续性超过独立性。

两个面。"L"形垂直实体限定的空间会产生内外之分，角内安静，具有强烈围护感、私密性，滞留感强，角外的流动性强，且具导向作用。平行垂直面的开放端面有很强的流动感、方向感，空间导向性很强，由于开放端容易引人注意，可在此设置对景，使空间言之有物，避免空洞。另外，空间体的前凸和后凹可产生相应的次空间，利于消除长而不断的夹峙空间所产生的单调感。

三个面。"U"形垂直实体的底部具有拥抱、接纳、驻留的动势，开放端具有强烈方向感和流动性。三个面的长短比例不同，驻留感亦会不同。

四个面。"口"形垂直实体是限定度最强的一种形式，可完整地围合空间，界限明确，私密性、围合感都很强。

（2）曲面。立面为曲面，限定的空间会使人感到柔和、活泼、富于动感，并会产生内外之分。

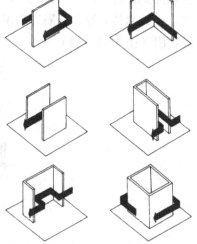

图 4 - 1 - 13　直面要素表示图

单片：内侧具有欢迎、接纳、包容感，安静、私密；外侧具有导向性和扩张感。

相向：空间具向心性，闭合感和驻留感，容易产生聚集、团圆感。

相背：可引导人流迅速通过，驻留性差。

平行：会造成各段的空间、对景时隐时现，空间趣味性强，并具有强烈导向性和良好流动感。

另外，面的围合程度除了与形状、数量以及虚实程度有关外，还与分隔面的高度有关，其高低绝对值以人的视觉高度为标准。高度越低，其封闭性、拦截性均相应地减弱，甚至只起到形式上的分隔作用，而视觉空间仍是连续的（图4－1－14）。

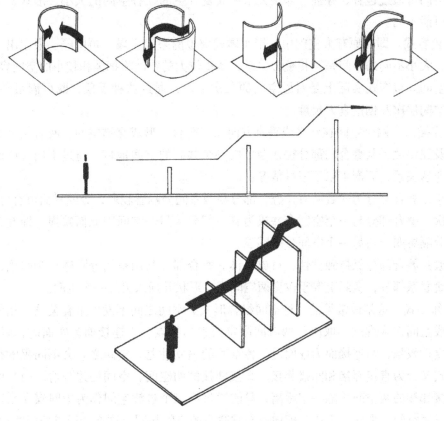

图4－1－14　曲面要素表示图

第二节　室内空间的组合

虽然有时空间是独立存在的单一空间，但单一空间往往难以满足复杂多样的功能和使用要求，因此多数情况还是由若干个单一空间进行组合，从而形成多种复合空间。各组合空间之间在使用功能上并非彼此孤立，而是相互联系。人们对空间的利用，多数情况也并非仅仅局限在一个空间内不牵涉别的空间，应根据整体空间的功能特点、人流活动状况及行为和心理要求选择恰当的空间组合形式。设计中应具体分析、区别对待，哪些空间应相互毗邻，哪些应隔离，哪些主要，哪些次要，以形成不同的群化形式。如学校、医院，按照功能特点，各空间的独立性较强，因此一般适于以一条公共走廊来连接各空间；而对于展示空间、车站，则往往以连续、穿套形式来组织空间更为合适。实际上，由于建筑功能的多样性和复杂性，除少数建筑空间由于功能较单一而只采用一种类型的空间组合形式，大多数建筑都必须综合地采用两三种，甚至更多种类型的组合形式。

一、空间的组合形式

1. 单一空间的组合

单一空间可通过包容、穿插、邻接关系形成复合空间，各空间的大小、形式、方向可能相同，也可能不同。

（1）包容式。即在原有大空间中，用实体或虚拟的限定手段，再围隔、限定出一个或多个小空间，大小不同的空间呈互相叠合关系，体积较大的空间将把体积较小的空间容纳在内，也称母子空间。包容式实际上是对原空间的二次限定，通过这种手段，既可满足功能需要，也可丰富空间层次及创造宜人尺度。

（2）穿插式。两个空间在水平或垂直方向相互叠合，形成交错空间，两者仍大致保持各自的界线及完整性，其叠合的部分往往会形成一个共有的空间地带，通过不同程度的与原有空间发生通透关系，而产生以下三种情况：

①共享：叠合部分为两者共有，叠合部分与两者间分隔感较弱，分隔界面可有可无。

②主次：叠合部分与一个空间合并成为其一部分，另一空间因此而缺损，即叠合部分与一个空间分隔感弱，与另一个空间分隔感强。

③过渡：叠合部分保持独立性，自成一体。叠合部分与两空间分隔感均为强烈，成为两空间的过渡联系部分，实际上等于改变两空间原有形状并插入另外一个空间。

（3）邻接式。这是最常见的一种空间组合形式。空间之间不发生重叠关系，相邻空间的独立程度或空间连续程度，取决于两者间限定要素的特点。当连接面为实面时，限定度强，各空间独立性较强；当连接面为虚面时，各空间的独立性差，空间之间会不同程度存在连续性。邻接式又分为直接邻接和间接邻接，直接邻接的两空间，空间的边与边、面与面相接触连接；间接邻接的两空间相隔一定距离，只能通过第三个过渡空间作为中间媒介来联系或连接两者。过渡空间的形状、大小、朝向可与它联系的空间相同，这样会形成秩序感和统一感，而不同时则会增加变化，甚至会成为主导空间，也可以根据所联系的空间形状来确定，两者起兼容作用。

2. 多空间组合方式

多空间组合，其形式除了包容式组合（即在原有大空间中包含多个小空间），还有线式组合、中心组合、组团组合三种类型。根据具体情况和要求，构成的单元空间既可同质（形状、尺寸等因素相同），强调统一、整体，也可异质，强调变化以及营造中心。多空间组合方式可以分为以下几种类型。

（1）线式组合。按人们的使用程序或视觉构图需要，沿某种线型组合若干个单位空间而构成的复合空间系统。这些空间也许直接逐个接触排列，互为贯通和串联成为穿套式空间，也许由另外单独的廊等来连接成为走道式空间，使用空间与交通空间分离（根据交通空间的差异，可分为内廊、外廊、单廊、双廊等），空间之间既可以保持连续性，也可以保持独立性。线式空间具有较强的灵活可变性，线的形式既可是直线，也可是曲线和折线，以及环形、枝形等线形。方向上既可以是水平方向的，或是存在高低变化的组合方式，也可以是垂直的空间组合，容易与场地环境相适应。

（2）中心式组合。一般由若干次要空间围绕一个主导空间来构成，是一种静态、稳定的集中式的平面组合。空间的主次分明，其构成的单一空间，呈辐射状直接或通过通道与主导空间连通，中心空间多作为功能中心、视觉中心来处理，或是当作人流集散的交通空间，其交通流线可为辐射状、环形或螺旋形。如居室空间中的客厅、公共空间中的大堂，以及人流比较集中的车站、展览馆、图书馆等处多会采用这种空间形式。

（3）组团式组合。通过紧密连接来使各个空间互相联系的空间形式。其组合形式灵活多变，并不拘于特定的几何形状，能够较好地适应各种地形和功能要求，因地制宜，易于变通，尤其适于现代建筑的框架结构体系。其中，网格状的空间组合在室内空间设计中更具有普遍性，采用具有秩序性、规则性的网格式组合，很容易使各构成空间具有内在的理性联系并整齐划一。但同时应引起注意的是，组团式空间也很容易造成视觉上的混乱或单调乏味。

二、空间的序列

人的每一项活动都是在时空中体现出一系列的过程，静止只是相对和暂时的，这种活动过程都有一定规律性或称为行为模式。例如，看电影，先要了解电影广告，进而去买票，然后在电影开演前略加休息或做其他准备活动（买小吃、上厕所等），最后观看（这时就相对静止）。看毕由后门或旁门疏散，看电影这个活动就基本结束。而建筑物的空间设计一般也就按这样的序列来安排（图4-2-1）：

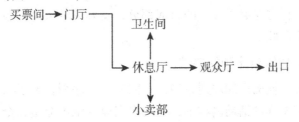

图4-2-1 建筑物空间设计排列图

这就是空间序列设计的客观依据。对于更为复杂的活动过程或同时进行多种活动，如参观规模较大的展览会，进行各种文娱社会活动和游园等，建筑空间设计相应也要复杂一些，在序列设计上，层次和过程也相应增多。空间序列设计虽应以活动过程为依据，但如仅仅满足行为活动的物质需要，是远远不够的，因为这只是一种"行为工艺过程"的体现而已，而空间序列设计除了按"行为工艺过程"要求，把各个空间作为彼此相互联系的整体来考虑外，还以此作为建筑时间、空间形态的反馈作用于人的一种艺术手段，以便更深刻、更全面、更充分地发挥建筑空间艺术对人心理上、精神上的影响。空间序列布置艺术是我国建筑文化的一个重要内容。明十三陵是杰出的代表之一，其序列之长可称世界之最。以长陵为例，其空间序列由神道和建筑本身一部分所组成。神道是入陵的引导部分，设置神道的目的是在到达陵的主体部分前创造一个肃穆庄严的环境。神道是以一座雕刻工整、轮廓线坚强有力的石牌坊开始的，一进来就见到陵区大门——大红门，入大红门望见比例严谨的碑亭，亭外四角立白石华表，绕过碑亭，道旁纵深排列着石人石兽，石兽坐立交替，姿态沉静，后面配以苍山远树，气氛肃穆。穿过这群石象生，再过一座石牌坊——龙凤门，才踏上通往长陵之路。

由石牌坊至长陵，总长有7km，在龙凤门以前的一段路上，每段视线的终点都适当布置建筑物、石象生来控制每一段空间，使人一直被笼罩在谒陵的气氛中。因此，空间的连续性和时间性是空间序列的必要条件，人在空间内活动感受到的精神状态是空间序列考虑的基本因素，空间的艺术章法，则是空间序列设计主要的研究对象，也是对空间序列全过程构思的结果。

（一）序列的全过程

序列的全过程一般可以分为下列几个阶段：

（1）起始阶段。这个阶段为序列的开端，开端的第一印象在任何时间艺术中无不予以充分重视，因为它与预示着将要展开的心理推测有着习惯性的联系。一般说来，具有足够的吸引力是起始阶段考虑的主要核心。

（2）过渡阶段。它既是起始后的承接阶段，又是出现高潮阶段的前奏，在序列中，起到承前启后、继往开来的作用，是序列中关键的一环。特别在长序列中，过渡阶段可以表现出若干不同层次和细微的变化，由于它紧接着高潮阶段，因此对最终高潮出现前所具有的引导、启示、酝酿、期待，乃是该阶段考虑的主要因素。

（3）高潮阶段。高潮阶段是全序列的中心，从某种意义上说，其他各个阶段都是为高潮的出现服务的，因此序列中的高潮常是精华和目的所在，也是序列艺术的最高体现。充分考虑期待后的心理满足和激发情绪达到顶峰，是高潮阶段的设计核心。

（4）终结阶段。由高潮回复到平静，以恢复正常状态是终结阶段的主要任务，它虽然没有高潮阶段那么显要，但也是必不可少的组成部分，良好的结束又似余音缭绕，有利于对高潮的追思和联想，耐人寻味。

（二）不同类型的建筑对序列的要求

不同性质的建筑有不同的空间序列布局，不同的空间序列艺术手法有不同的序列设计章法。因此，在现实丰富多样的活动内容中，空间序列设计绝不会是完全像上述序列那样一个模式，突破常例有时反而能获得意想不到的效果，这几乎也是一切艺术创作的一般规律。因此，在我们熟悉、掌握空间序列设计的普遍性外，在进行创作时，应充分注意不同情况下的特殊性。一般说来，影响空间序列的关键在于：

（1）序列长短的选择。序列的长短能反映高潮出现的快慢。由于高潮一出现就意味着序列全过程即将结束，因此一般说来，对高潮的出现绝不轻易处置，高潮出现晚，层次必须增多，通过时空效应对人心理的影响必然更加深刻。因此，长序列的设计往往运用于需要强调高潮的重要性、宏伟性与高贵性的空间。

对于某些建筑类型来说，采取拉长时间的长序列手法并不合适，例如以讲效率、速度、节约时间为前提的各种交通客站，它的室内布置应该一目了然，层次愈少愈好，通过的时间愈短愈好，不使旅客因找不到办理手续的地点和迂回曲折的出入口而造成心理紧张。

对于有充裕时间进行观赏游览的建筑空间，为迎合游客尽兴而归的心理愿望，将建筑空间序列适当拉长也是恰当的。

（2）序列布局类型的选择。采取何种序列布局，决定于建筑的性质、规模、地形环境等因素。一般可分为对称式和不对称式、规则式和自由式。空间序列线路，一般可分为直线式、曲线式、循环式、迂回式、盘旋式、立交式等等。我国传统宫廷寺庙以规则式和曲线式居多，而园林别墅以自由式和迂回曲折式居多，这对建筑性质的表达很有作用。现代许多规模宏大的集合式空间，丰富的空间层次，常以循环往复式和立交式的序列线路居多，这和方便功能联系，创造丰富的室内空间艺术景观效果有很大的关系。

（3）高潮的选择。在某类建筑的所有房间中，总可以找出具有代表性的、反映该建筑性质特征的、集中一切精华所在的主体空间，常常把它作为选择高潮的对象，成为整个建筑的中心和参观来访者所向往的最后目的地。根据建筑的性质和规模不同，考虑高潮出现的次数和位置也不一样，多功能、综合性、规模较大的建筑，具有形成多中心、多高潮的可能性。即便如此，也有主从之分，整个序列似高潮起伏的波浪一样，从中可以找出最高的波峰。根据正常的空间序列，高潮的位置总是偏后，故宫建筑群主体太和殿和毛主席纪念堂的代表性空间瞻仰厅，均布置在全序列的中偏后，闻名世界的长陵布置在全序列的最后。

（三）空间序列的设计手法

良好的建筑空间序列设计，宛似一部完整的乐章、动人的诗篇。空间序列的不同阶段和写文章一样，有起、承、转、合；和乐曲一样，有主题、有起伏、有高潮、有结束；也和剧作一样，有主角和配角，有矛盾双方的对立面，也有中间人物。通过建筑空间的连续性和整体性给人以强烈的印象、深刻的记忆和美的享受。

但是良好的序列章法还是要靠通过每个局部空间，包括装修、色彩、陈设、照明等一系列艺术手段的创造来实现的，因此，研究与序列有关的空间构图就成为十分重要的问题了，一般应该注意以下几方面：

（1）空间的导向性。指导人们行动方向的建筑处理，称为空间的导向性。良好的交通路线设计，不需要指路标和文字说明牌，而是用建筑所特有的语言传递信息、与人对话。许多连续排列的物体，如列柱、连续的柜台，以至装饰灯具与绿化组合等等，容易引起人们的注意而不自觉地随着行动。有时也利用带有方向性的色彩、线条，结合地面和顶棚等的装饰处理，来暗示或强调人们行动的方向和提高人们的注意力。因此，室内空间的各种韵律构图和象征方向的形象性构图就成为空间导向性的主要手法。没有良好的引导，对空间序列是一种严重破坏。

（2）视觉中心。在一定范围内引起人们注意的目的物称为视觉中心。空间的导向性有时也只能在有限的条件内设置，因此在整个序列设计过程中，有时还必须依靠在关键部位设置引起人们强烈注意的物体，以吸引人们的视线，勾起人们向往的欲望，控制空间距离。视觉中心的设置一般是以具有强烈装饰趣味的物件标志，因此，它既有被欣赏的价值，又在空间上起到一定的注视和引导作用，一般多在交通的入口处、转折点和容易迷失方向的关键部位设置有趣的动静雕塑，华丽的壁饰、绘画，形态独特的古玩，奇异多姿的盆景……都是常用为视觉中心的好材料。有时也可利用建筑构件本身，如形态生动的楼梯、金碧辉煌的装修引起人们的注意，吸引人们的视线，必要时还可配合色彩照明加以强化，进一步突出其重点作用。因此，在进行室内装修和陈设布置时，除了美化室内环境外，还必须充分考虑作为视觉中心职能的需要，加以全面安排。

（3）空间构图的对比与统一。空间序列的全过程，就是一系列相互联系的空间过渡。对不同序列阶段，在空间处理上，如空间的大小、形状、方向、明暗、色彩、装修、陈设等各有不同，以造成不同的空间气氛，但又彼此联系，前后衔接，形成按照章法要求的统一体。空间的连续过渡，前一空间就为后来空间作准备，按照总的序列格局安排，来处理前后空间的关系。一般说来，在高潮阶段出现以前，一切空间过渡的形式可能，也应该有所区别，但在本质上应基本一致，以强调共性，一般应以"统一"的手法为主。但作为紧接高潮前准备的过渡空间，往往就采取"对比"的手法，诸如先收后放，先抑后扬，欲明先暗等等，不如此不足以强调和突出高潮阶段的到来。例如广州中国大酒家，因其入口侧对马路，故将出挑大于入口高度的巨大楼座作为进口的强烈标志，旨在正对过路的行人，在处理序列的起始阶段，就采用突出地引起过路人注意的设计手法。同时由于把入口空间的比例压低到在视觉上感到仅能过人的低空间，来与内部高大豪华的中央大厅空间形成鲜明的对比，使人见后发出惊异的赞叹，从而达到了作为高潮的目的，这是一个运用"先抑后扬"的典型例子。由此可见，统一对比的建筑构图原则，同样可以运用到室内空间处理上来。

三、空间组合的法则

1. 空间的对比与变化

空间序列中，人们对已看过的空间印象会影响即将到来的下一个空间感受。我们都有过从狭小、封闭空间进入宏大、开敞空间中精神为之一振的心理体验，两个毗邻的空间，若某一方面存在明显差别，可借这种差异的对比作用来反衬各自的特点。对比的使用，可使空间免于平淡，还可有目的地创造主次和重点。

空间的对比与变化主要包括以下几点：

（1）体量对比。如同我国古典园林中的"欲扬先抑"，通往大体量空间的前部，有意识地安排小空间，以求引起心理及情绪的突变，获得"小中见大"的效果。

（2）通过空间的开合，明暗、虚实等进行对比。如从闭塞的空间进入开敞空间，会获得豁然开朗的感受。

（3）形状对比、方向对比。在功能允许的前提下，变换空间形状，可求得变化，以及打破单调或创造重点和主体空间。

（4）标高对比。可增加空间的层次，还可以创造主体和增加趣味。标高变化小，空间整体性和连续性较强；标高差别较大，空间的连续程度会有所降低。

2. 空间的重复与再现

重复就是一种或几种空间形式，有规律地重复出现（比如对称），或以某种要素为母题，反复加以使用，如同近似规律，可形成韵律、节奏感，空间效果简洁、清晰，整齐划一，具有统一感。但过分地消极统一，也易因单调、平淡而失去生动感。

3. 空间的渗透与层次

相邻空间或内外空间之间通过开洞、采用虚体的隔断等手法，向上下左右彼此渗透，相互因借，如中国古典园林中常用的"借景"手法。这有助于增加空间的层次感、深邃感，打破限定空间的相对局限，还可以改变空间尺度感，使空间扩散、延展，而获得小中见大、虚实相生的空间效果。

4. 空间的引导与暗示

许多空间，由于功能布局复杂以及"露巧藏拙"，有意识避免"开门见山"等原因，而使空间动线含混不清，不够明显和突出，这就需要对人流有意识地加以引导或暗示，使人能够按既定的路线和途径运动、前行，避免逆反现象的发生。常用的空间引导暗示手法有以下几种：

（1）利用空间的片段分隔，透明分隔以及弯曲的围闭，暗示另外空间的存在，利用人的期待心理来引导人流。

（2）利用引人注目的对景，光线等，并使其藏露结合，诱人前行，实现导向。

（3）空间中天花、地面、墙面上，采用连续、象征强烈方向性的形态、色彩、图案或重复性母题，指导人们的行动方向。

（4）利用空间的轴线会形成导向。

（5）利用空间的方向性构图特征，实现空间的导向，如长方形空间，长边往往会显示方向特征。

（6）利用楼梯、坡道也利于空间的导向。

第三节　室内环境界面的内容

一、顶棚

顶棚是室内空间顶界面，是室内整体环境中的重要元素。又称"天花"、"天棚"，是通过各种材料及形式的组合，形成的具有功能和美感的装修组成部分。顶棚是室内空间中最大的未经占用的界面，由于与人接触较少，较多情况下只受视觉的支配，因此在造型和材质的选择上可以相对自由，但由于顶棚与建筑结构的关系密切，受其制约较大，顶棚同时又是各种灯具，设备相对集中的地方，处理时不能不考虑这些因素的影响。

我国传统建筑的顶棚有两种做法。一种是露明，宋代称"彻上露明造"，即室内不做遮掩的顶棚，而把建筑的梁、枋、檩、椽直接暴露在外，将屋顶空间引入室内，使得室内空间大为高敞，各构件具有结构与装饰双重作用，还可分割空间。另一种是天花做法，即在结构构件下做夹层，有保暖、防尘、调节室内高度和美化、装饰作用。我国古籍论述中称其为"承尘"，《释名》解释："承尘施于上，以承尘土也。"天花做法也可粗分为三类：一是软性天花，用秫秸或木材做骨架，下面裱糊纸张，称为"海墁天花"；二是硬性天花，由木龙骨作成支条，上钉天花板，表面有彩画和雕饰，称"井口天花"；三是藻井，多用于宫殿，寺庙等尊贵建筑中天花最重要的位置，属天花中的最高等级。

（一）设计要求

顶棚设计应从建筑功能、建筑声学、建筑照明、建筑热工、设备安装、管线敷设、维护检修、防火安全等各方面综合考虑。

1. 满足空间的审美要求

虽然顶棚不会与人直接接触，却会对人的心理产生影响。顶棚的选材、色彩及造型对室内风格、效果有很大影响。恰当的高度和尺度会对空间尺度及性格有重要的影响，高顶棚会给人开阔、庄严感，同时会使空间平面尺度趋于缩小以及产生心理上的疏离感；低顶棚则会突出其掩蔽、保护作用，建立一种亲切、温暖的氛围，但过低顶棚也会使人产生沉闷、压抑心理，并会降低室内空气质量。利用变换顶棚高度、材质等手法还会划分空间领域及实现空间的导向作用。

浅色顶棚会使人感到开阔、高远，同时还利于反射光线，深而鲜艳的颜色则会降低其视觉高度，墙面材料和装修内容延至顶棚会增加其高度，顶棚材料延至墙面及与墙面发生对比会降低其高度。坡顶空间要较等高的平顶空间更加亲切，并且具有运动感和方向感，视觉效果生动。与拱顶空间一样，坡顶也具有导向性，而穹顶、攒尖顶则强调向心性，其下方往往处理成空间的中心、重点。

2. 满足空间的功能要求

利用顶棚可以改善室内声，光及热等物理环境，从这一角度考虑，顶棚又会充当功能性部件。顶棚会作为反射面，反射来自下方以及侧面的光线。有些空间还会选用光滑坚硬的材料来反射声音，而有些顶棚则需要选用吸音材料以减少噪音，如多数剧院会采用折线天花，以形成反射面，取得良好的声学效果。

3. 安全性要求

顶棚上方会隐藏大量设备管线，散热、短路引起的意外，都会首先殃及顶棚，故在选材等方面必须选择防火材料或具相应防火措施，如木龙骨应刷防火涂料。有些场合还要考虑防水要求。对于需要上人检修设备的顶棚，还应考虑牢固等因素。

顶棚的分类方式有很多，按顶棚装饰层面与结构等基层关系可分为直接式和悬吊式。

（1）直接式顶棚。直接式顶棚在建筑空间上部的结构底面直接作抹灰、涂刷、裱糊等工艺的饰面处理。不同于悬吊式顶棚，无须预留内部空间，因此不会牺牲原有的建筑室内高度。且构造简单、造价低廉，但受原有的结构及材料的影响及制约较大，由于无夹层结构构件及面层的遮挡，顶部结构和设备暴露在外，尽管安装维护比较方便，但有时会显得杂乱和简陋，只会通过色彩等手段来进行虚化和统一，使我们忽略其存在，如网架结构的顶棚、采光顶棚就无须遮掩。而有些天花为充分展现其结构美、技术美，甚至干脆将其涂上鲜艳颜色予以强调。另外，习惯上还将不使用吊挂构件，而直接在结构底层设置格栅、面层而做成的顶棚也归属此类。

（2）悬吊式顶棚。在建筑主体下方利用吊筋吊住的吊顶系统，吊顶的面层与结构底层之间留有一定距离而形成空腔，里面可起容纳、隐藏作用。板材与龙骨均可工厂预制。悬吊式顶棚可以遮掩、隐藏空间上部的建筑结构构件及照明、通风空调、音响、消防等各种管网设备，可在一定程度上摆脱结构条件的约束，使顶棚形式及高度更加灵活和丰富，还有保温隔热、吸声隔音等作用，对于有空调、暖气的建筑，能够节约能源。

（二）顶棚的分类

1. 平面式

平面式顶棚包括所有的表面无凹入凸出关系的平面顶棚，也包括曲面和斜面顶棚。平面式顶棚构造简单，装饰便利，外观简洁大方，造价经济，适用于候机室、候车室、展览厅、休息厅、办公场所、卧室、教室、商店等室内环境。它常常用各种类型的装饰顶板拼接构成，也有表面喷涂、粉刷或裱糊墙纸的做法。这种顶棚的艺术感染力主要靠灯光、灯具、图案、色彩和质地的有机配合来实现（图4－3－1）。

图4－3－1　平面式顶棚设计图

2. 分层式

分层式也称凹凸式，它是将顶棚分成不同标高的两个或多个层次，这种形式也称立体顶棚。这种天棚造型华美、富丽，适用于舞厅、餐厅、门厅等装修，常与吊灯、槽灯配合。有时为了取得均匀、柔和的光线和良好的声光效果，可采用高低不同的暗藏灯槽和吸音、反射面。但这种顶棚造型容易因为变化过多，材料过杂而失去和谐与整体空间感（图4－3－2）。

图4－3－2　分层式天棚设计图

3. 悬浮式

所谓悬浮式，就是预先在顶棚结构中埋好金属件，然后将各种折板、搁棚或各种悬吊饰物悬吊起来。这种顶棚往往是为了满足声学、光学等方面的要求，或是为了追求某些特殊的装饰效果。这种造型新颖别致，并能使空间气氛轻松、活泼和快乐，具有一定的艺术趣味，是现代设计作品中的常用形式。在体育馆、影剧院、音乐厅、商场、舞厅、餐厅、茶室、酒吧等文化艺术类和娱乐类的室内空间中使用较多（图4－3－3）。

图4-3-3 悬浮式顶棚设计图

4. 发光式

发光式顶棚又称玻璃式顶棚，是采用玻璃或其他透光材料装饰的顶棚，这种顶棚可以打破空间的封闭感，更好地满足采光与装饰要求，便于室内特殊的绿化需要，常用于展览厅、图书馆、家居、中庭等场所。对该类顶棚设计时要注意骨架的处理，使之既符合力学关系，又能产生几何图案效果，具有一般顶棚所不及的特殊趣味（图4-3-4）。

图4-3-4 发光式顶棚设计图

5. 井格式

井格式是利用自然形成的井字梁或为追求某种特殊的环境氛围而刻意使用的顶棚设计方法，这种形式的装饰可以把灯具、通风口、各种花饰设计布置在格子中间或交叉点上，再配合彩绘和石膏花等装饰，与我国古代的藻井相似，极富民族特色。一般用于门厅和廊的顶棚装饰中（图4-3-5）。

6. 结构式

结构式是指将建筑结构暴露在外的梁充当装饰元素，使其极具艺术表现力。它的装饰重点在于巧妙地组合照明、通风、防火、吸音等设备，而不作过多的附加装饰，因形就势地构成某种图案效果，以显示出统一的、优美的空间结构韵律景观。广泛运用于体育建筑及展览厅等大空间公共建筑室内（图4-3-6）。

图 4 - 3 - 5　井格式顶棚设计图　　　　图 4 - 3 - 6　结构式顶棚设计图

二、梁柱

柱与梁是室内空间虚拟的限定要素。

它们在地面上以轴线阵列的方式构成了一个个立体的虚拟空间。它是建筑的结构部件，其间距尺寸与建筑的结构模数相关，成为室内围合分隔的基点。

梁的装饰往往会作为天棚设计的一部分来进行考虑。就像前面提到的"结构式"天棚就是运用建筑结构暴露在外的梁充当装饰元素。当然，也有大部分设计刻意将梁的概念淡化，使其自然地融入天棚设计里。

柱这种建筑元素应该分解为：柱、柱帽、柱身、柱基。柱基，也称为柱脚，是与地面结合的部分，柱身是柱子本身的中端主体部分，柱帽与柱基则决定了柱身的尺度。柱作为建筑空间的特定元素，在视觉上有重要的作用和意义，并且有独特的审美价值，在很大程度上能直接影响室内空间的视觉效果（图 4 - 3 - 7）。

图 4 - 3 - 7　具有观赏效果的柱子

三、墙体

墙面是室内空间界面的垂直方向面，它和人的视线垂直，是人眼经常接触的地方，在人的视区里占优势地位，所以墙面设计在室内空间中扮演着十分重要的角色。墙面以其实体的板块形式在地面上分隔出完全不同的活动空间。不同材料构成的墙面既是室内空间围合最主要的部件，同时也是建筑的支撑构件，它为室内空间提供了围护及私密性，成为装饰的主要界面。

（一）墙体设计原则

在进行墙体装修时，要充分考虑与室内其他部分的统一关系，要建立整体装修观念。同时，无论是装修材料、装修手段、还是在面积上都要注意主次关系。并且必须注意墙面装修材料的吸声、隔音、防火、防潮等作用。至于在色彩应用上，墙体用明度高的暖色，有利于营造出亲切的效果，同时又感到扩大了空间；在纹理选用上，用竖向纹理装饰墙会感到空间的增高，用横向纹理则感到空间低矮；在材料配置上有柔韧接触感的墙面，如镜面、光面大理石等，但也要注意使用的方式和限度，否则会使人感到疲劳、刺激；采用墙面或浮雕等艺术品装饰墙面，会增加空间环境的文化氛围。

下面我们总结了一些墙面设计时要遵循的设计原则：

1. 整体性原则

进行墙面装饰设计时，要充分考虑它与室内其他部位的统一，要有整体设计观念。无论在设计形式、选择材质、装饰色彩等方面都要使墙面成为整个室内空间的完整内容之一。

2. 物理性原则

墙面在室内面积大、分量重，因而它对室内环境所起的作用也较显著，要求也很高。对于室内的隔音、防水、保暖、防潮等要求，根据室内空间的性质不同也有不同的严格要求。

3. 艺术性原则

墙面设计的形式美运用是使墙面呈现美感的重要因素。墙面的造型设计、构图安排、色彩配置、层次节奏都要遵循形式美的法则设计，绝不能随心所欲地进行局部设计、拼凑，要讲究艺术的完美性。

（二）室内墙面装饰材料

（1）涂料类墙面装饰材料。这种材料常用的有如下几类：

①油漆涂料，一般可分为天然漆、人造漆、特种涂料三大类。

②乳胶漆，又称各色乙酸乙烯乳胶漆。

③粉刷涂料，又称水性涂料。

（2）壁纸类。壁纸是一种新发展起来的墙面装饰材料，种类很多，常用的有塑料壁纸、涂料壁纸、薄膜复合壁纸、聚苯乙烯泡沫壁纸、塑料装饰花纹纸、墙面装饰纸等。

（3）墙布类。墙布基层一般为编织或纺织物，常用的有玻璃纤维涂料壁布、麻纤维涂料壁布、涤纶纤维涂料壁布等。

（4）装饰板类。许多建筑材料均能加工成板材作为装饰用，由于建筑材料品种繁多，所以装饰板材种类也很多，装修中较常用的有塑料贴面板和其他装饰板类。塑料贴面板按基层材料的不同分为：塑料贴面胶合板、塑料贴面麻屑板、塑料贴面纤维板、塑料贴面复合木板等；其他装饰板类有聚氯乙烯塑料壁砖、石膏板、胶合板、硬质纤维板、碎木夹心板、软质纤维装玻吸音板、细木工板等。

（5）纺织品类。常用的纺织品类有棉纺织物、麻纺织物、混纺织物等。

四、楼梯

楼梯是建筑中的垂直交通设施。楼梯可以看作是地面的延伸，可帮助我们在建筑的各层之间作竖向的升降移动，只有一层的建筑空间，由于地面的标高变化也会出现楼梯。楼梯设计对于建筑的交通、安全疏散功能至关重要。为此，楼梯的数量、位置、间距、构造均应符合相应的建筑条例。楼梯本身的多元化造型也会丰富空间的表情，楼梯的装饰效果是在文艺复兴之后才被渐渐认识，此前，它一直被封闭在黑暗的角落中，开放后的楼梯会像墙面一样直接进入视野，其形式的重要性不言自明。楼梯的踏板、栏杆、栏板、扶手的各种形态、材料以及不同的结构、支撑方式使其传达出不同的外观特征。楼梯具有的二维或三维的斜线或曲线的造型以及由透视而产生的节奏、韵律的变化会为空间增加动态因素。楼梯能够充实空间并成为空间中的支配要素，设于墙壁附近的楼梯会成为墙的一部分，独立存在的楼梯会成为空间的间隔，同时也容易成为空间中雕塑般的视觉中心。楼梯还能够给攀爬中的我们提供不断变化的高度视角，丰富我们的建筑体验。室内装修工程中楼梯的设计，包括在建筑空间中增建或改建楼梯，以及对原有楼梯进行的装饰性设计。

（一）楼梯的组成

一般楼梯主要由扶手、梯段和平台三部分组成。下面我们就来看看这三部分各自有什么特征。

1. 扶手

栏杆、栏板和扶手是设在梯段和平台边缘提供保护作用的构件（根据规定，人流密集场所，梯段高度超过1000mm时，宜设栏杆、栏板）。因此，应具有一定的强度，能够承受规范规定的水平推力，栏杆、栏板同时也是装饰性较强的构件，其尺度、比例、虚实、材质的不同会为空间带来多样性变化，设计时应同时兼顾安全、美观原则。扶手位于栏杆、栏板的上沿，供行走时依扶之用，其形状、尺寸出于易于攀握考虑，断面尺寸，圆形以直径40mm～75mm左右为宜，其他形状断面的顶端宽度应小于90mm，靠墙扶手与墙面净距应大于40mm。栏杆、栏板多用木材、金属、玻璃以及石材、砖、水泥等材料制成或虚或实的形态，其高度与楼梯的坡度、建筑物的使用性质有关。很陡的楼梯，其扶手高度应略高些，当高度在500mm～600mm时还须加装儿童扶手。梯段在两股人流以下，应至少在一侧设扶手；当梯段的宽度在三股人流时，应两侧加扶手；但梯段宽度在四股人流及以上时，应在梯段中间加设扶手。

2. 梯段

主要由梯段梁和踏步组成。梯段梁属承重构件，支撑踏步荷载，并传至平台梁及楼面梁上。踏步包括踏面和踢面组成，踏面是指水平踏板，踢面就是竖向的踢板，往往还具有支撑踏面的结构性能。也有楼梯不做踢面，追求透空轻盈的效果，踏步的不同，可造成楼梯的多样变化。踏步平面多为细长矩形，也有扇形、圆形等其他形状，踏步截面可为"一"字形、"L"形、三角形等。临空的踏步还应考虑其端面的保护、收头以及与栏杆、栏板的结合、连接问题。每个梯段踏步数一般不应超过18步，也不应少于3步。超过18步，应设休息平台

（公共建筑中的弧形楼梯可略超过 18 步）。

为解决结构和传递荷载等问题，楼梯的踏步多与梯段梁、梯段板、柱或其他支撑、吊挂件结合使用。踏步上面的选材原则与地面基本相同，木材、陶瓷砖、石材、金属、玻璃、地毯等都可使用，可参考邻接空间的地材选择相同或不同材料。为防滑起见，踏步口往往还要作凹槽、防滑条或防滑包口处理，踏步的边角部位由于使用频繁，施力集中而承受相当大的压力和磨损，设计中也应考虑对其加以保护。梯段的下面则多与邻接的顶棚统一考虑。

3. 平台

楼梯的平台由平台板、平台梁组成，其作用是供行走时缓解疲劳和转换方向时使用，楼梯平台使楼梯的平面形态得以呈现出丰富多样，还能够产生停顿感，为攀爬中的人们提供闲谈、俯望等机会。楼梯平台既可保持与楼梯的完整性、连续性，也可以强调其独立性，加强其存在感。与楼层同一标高的平台称楼层平台，在楼层之间的平台称为中间平台（或休息平台）。中间平台多设于楼梯的中央部分，也可放于楼梯偏上或偏下部分，其偏上或偏下往往以人的身高为依据，偏下的中间平台往往给人以亲切感，而偏上平台的下面则会提供相当富裕的可利用空间。

（二）楼梯的分类

1. 按使用性质分

按使用性质可将楼梯分为主要楼梯和辅助楼梯等。主楼梯多设于交通枢纽和人流集中地区，位置明显、易于找到，辅助楼梯往往布置在次要的位置供交通疏散使用。

2. 按主要用材分

出于结构、功能和审美等方面的考虑，多数楼梯会将若干种材料结合使用，楼梯用材包括结构用材和饰面用材，而实际上，楼梯的表和里是一种难于区分的模糊概念，多数用材兼具结构与装饰功能。按主体结构所用材料区分，包括木楼梯、钢筋混凝土楼梯、钢楼梯和玻璃楼梯等。木楼梯自然、质朴；钢筋混凝土楼梯由于可塑性较大，防火、坚固耐久而应用普遍；钢楼梯喜欢用线、面来显示轻薄纤细的外观；玻璃楼梯容易体现玲珑剔透的特点。

3. 按梯段数量和平面布置方式分

按楼层间梯段数量及其平面布置方式分，可分为单跑楼梯、双跑楼梯、三跑楼梯以及直跑梯、转角梯和曲线楼梯，这样的分类主要取决于空间的使用要求和环境的既定条件。矩形平面的空间适于单跑或双跑式楼梯，正方形平面空间多做成三跑或多跑式楼梯，圆形平面空间则适合螺旋式楼梯，人流疏散量大的空间还可使用交叉式楼梯、剪刀式楼梯。具体效果如图 4-3-8 所示。

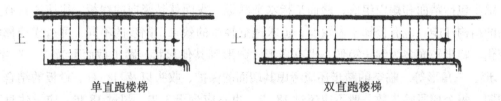

单直跑楼梯　　　　　　　　　　双直跑楼梯

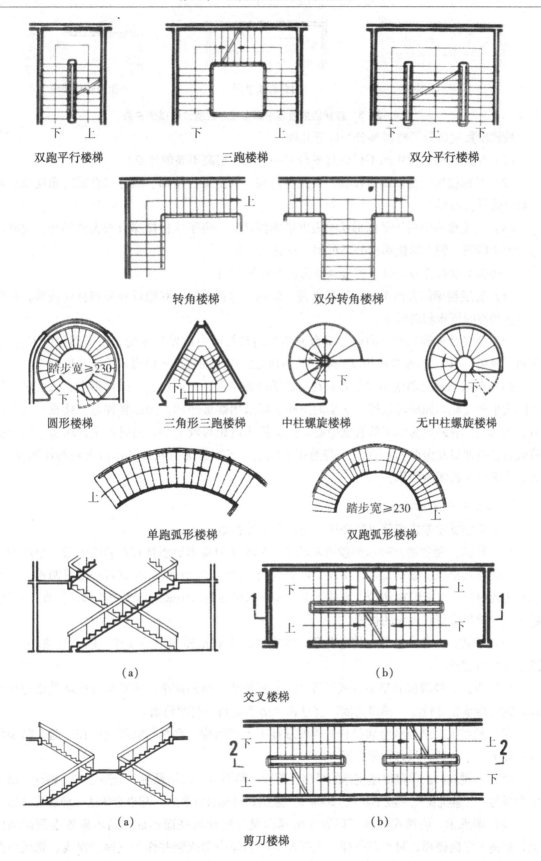

双跑平行楼梯　　三跑楼梯　　双分平行楼梯

转角楼梯　　双分转角楼梯

圆形楼梯　　三角形三跑楼梯　　中柱螺旋楼梯　　无中柱螺旋楼梯

单跑弧形楼梯　　双跑弧形楼梯

（a）　　（b）

交叉楼梯

（a）　　（b）

剪刀楼梯

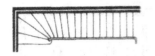

扇形起步楼梯　　　　　　　对称转角楼梯　　　　　　　扭向转角楼梯

图4-3-8　按梯段数量和平面布置方式所分的楼梯种类

按梯段数量区分可将楼梯分为以下几种：

（1）单跑楼梯梯段中间不设休息平台，一般用于层高不高的建筑中。

（2）双跑楼梯包括双跑直楼梯、双跑转角梯、双跑平行楼梯、双分双合式转角楼梯、双分双合式平行楼梯。

（3）三跑楼梯多用于平面形状接近方形的楼梯间，由于这种楼梯有较大的梯井。应有可靠的安全措施。较大的楼梯梯井还可用来布置电梯井。

按楼梯平面布置方向分可将楼梯分为以下几种类型：

（1）直线楼梯的方向单一、线条直接、硬朗，包括单跑、双跑以及多跑直线楼梯，直线楼梯占用空间面积相对较少。

（2）转角楼梯梯段的方向通过平台或扇步的转折而中途发生改变，转折部分可为钝角、直角、锐角、"U"形等多种角度。不同的转角方式产生的楼梯平面形式千变万化。

（3）曲线楼梯其曲线不仅仅体现在楼梯梯段的平面，立面也会呈弧线形态，弧度可根据空间大小而变化，如旋转楼梯，狭小的空间还可采用螺旋楼梯。曲线楼梯造型优雅，具有张力，流动感，容易成为空间的视觉中心。但结构构造相对较复杂，同时梯级内缘由于较窄会造成行走不便以及由此而存在着一些潜在的危险，多数情况只允许其作为次要的从属楼梯，适于人流较少的场所使用。

4. 按结构和支撑方式分

按结构和支撑方式划分可将楼梯分为以下几种类型：

（1）梁式。楼梯的荷载由梯段梁来承受，梯段梁的基本形态是具有斜度的梁，也可能是以桁架的形式出现。根据需要，梯段梁可为直线、曲线甚至折线，梯梁可一根或两根，可设在两边或中间，也可设在踏步上面或下面，还可以设在侧面用来对踏步的端部进行收头处理。适于长度较长或荷载较大的楼梯。

（2）柱式。由柱来承受、传递荷载，多出现在螺旋楼梯的中心支撑，以及对楼梯平台、踏步进行的支撑。

（3）板式。梯段底面呈平滑或折板形，外观简洁，结构简单，由踏步直接承受或传递荷载，因此踏步相对较厚，梯段跨度不宜过长，适于层高不高的建筑。

（4）悬吊式。踏板由金属拉杆等构件悬挂于上部结构，直线与斜线交织在一起，踏步仿佛悬浮于空中，具有张力和紧张感。

（5）悬挑式。由单侧墙壁支撑的楼梯，踏板一端固定，另端悬挑，造型轻巧、剔透，踏板多为预制，其悬挑长度一般不超过1500mm。悬挑式楼梯自古有之，却也会传达一种现代气息。

（6）墙承式。墙承式楼梯可以看作由梯段梁的持续增高而形成，踏步搁置于两面墙体上，多适于单向楼梯，对于双折梯、三折梯中间须加中墙或竖井作为支座。视线、光线易受遮挡，楼梯间也往往阴暗、狭窄，但由于其构造简单、安装容易，多数楼梯还是由墙体来固定和承重。

下面我们通过一组图来熟悉这几种类型的楼梯形式，如图4-3-9所示。

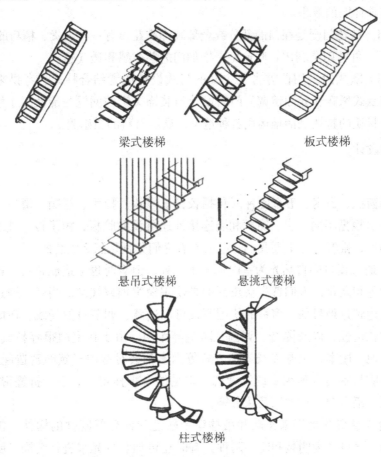

梁式楼梯　　　　　　　板式楼梯

悬吊式楼梯　　　　　　悬挑式楼梯

柱式楼梯

图4-3-9　按结构和支撑方式划分的楼梯类型

五、门窗

门窗是室内空间限定的过渡要素。它打断了连续的墙面，在视觉上把不同的空间联系起来，也将室内和室外联系起来。交通与防护是门的功能，采光、通风、观景则是窗的用途。门窗的位置、尺寸、式样构造都会使它们的功能发生变化。同时，门与窗都是将室内与外界进行划分，具有隔开的意思。

（一）门的设计

门在现代室内环境艺术设计中除了使用功能外，它的装饰作用非常重要，其形式是根据整体的设计意向及风格来定的。不论是我国传统的室内环境设计或西方的室内环境设计都非常讲究门的形式。门的装饰形式要根据室内空间设计的整体意向及风格来定，最常见的门通常用装饰材质经过清水漆或浑水漆处理，配合各种木材，板材的不同纹样自由组合，既简洁又精巧。门本身的形式也是多种多样的，大致有以下几种类型：

（1）玻璃门。玻璃门有一种是以平板门做基础，将某些部分改换成各种玻璃，增强通透效果，结合造型及各种类型的玻璃达到朦胧、美观、现代的装饰效果。另一种是具有简洁、透明、现代感强的特殊效果的无框玻璃门。

（2）雕花门。雕花门利用传统的木雕点缀和装饰的方法，亦可采用局部雕花的空透形式，达到一种古朴怀旧的效果。

（3）铁花门。铁花门则是在门的部分或全部装饰铁花，有一种高贵、精巧的装饰效果。

（4）百叶门。百叶门是利用百叶造型来增加门的韵律感和透气感。

（5）欧式门。欧式门采用西方古典主义的门式设计或者结合柱式、考拱来进行装饰设计，此类门具有欧式风味和异国情调。门的设计与装饰关键的问题是能及时了解新材料、新工艺，并能结合材质的特性灵活地运用各种造型，展示材料的质感美。

（二）窗的设计

1. 窗的组成

窗一般包括窗框、窗扇、五金配件（包括铰链、风钩、拉手、插销、滑轮、导轨、转轴等）以及窗台板。根据不同要求，窗框和墙连接处还可设贴脸板、筒子板、披水条，以及窗帘盒、窗帘、饰罩、帷幔等。下面我们一起来看看它们分别是怎么组合的。

（1）窗帘。通过窗口的自然光为室内带来了益处，但有时也会造成眩目、过热的温度以及室内物品的褪色和老化，人们首先会想到的是使用窗帘加以缓解。当然，通过遮阳棚、植物、格架等也能达到这种目的。窗帘的使用不仅可以遮蔽、调节自然光线，还能起到遮挡视线，保证室内的私密性，以及隔音、调温、防尘等作用。由于在室内很容易成为视觉焦点，窗帘的造型、质地、图案、色彩以及悬挂方式等因素都会对室内气氛的营造起着重要作用，因此，在选择时应与室内其他因素统筹考虑。常见的有垂挂帘、卷帘，折叠帘、百叶帘等。常用材料有布艺、铝合金、竹木以及珠帘等。

（2）窗帘盒。窗帘盒是用来掩蔽和吊挂窗帘轨道和栓环等附件的构件，包括檐口、饰罩，帷幔等。窗帘盒可分为明装和暗装两种，有时还可加装灯光来进行装饰。明装窗帘盒多与墙面连接，外露无遮掩，应与室内其他部分协调统一；暗装窗帘盒是将窗帘盒隐藏在天棚吊顶内，视觉效果干净、利落。

（3）暖气罩。由于暖气多设于窗前，所以暖气罩多与窗台板相结合，既要美观，又不能影响散热及维修。材料上多采用木材及金属等。随着暖气制造工艺的进步，明装暖气越来越为人所接受。

2. 窗的分类

（1）按照使用材料划分。按窗框使用材料的不同可分为木窗、钢窗、铝合金窗、塑料窗等；按镶嵌材料的不同又可分为玻璃窗纱窗、百叶窗等。由于玻璃是很差的绝热材料，可用双层或多层玻璃，使玻璃间形成空气夹层，或使用镀膜、吸热玻璃，减少取暖、空调的耗损。

（2）按照窗户所开位置划分。按所开位置不同，可分为侧窗和天窗。设置在墙面上的窗是侧窗，侧窗有利于开启、防雨、透风、容易施工及维护等优点；设置在屋顶的窗是天窗，当侧窗不能满足采光、通风要求时，天窗可起到加强采光和通风的作用。天窗可提供愉悦和意外的自然光源效果，还能有效提供通风、散热，但不易维护，单纯采用天窗还难以获得室外景观。

（3）按照开启方式来划分。可分为两大类，即固定窗和活动窗。尽管空调的普及增加了固定窗的使用，但目前广泛使用的依然是活动窗以及固定窗、活动窗的结合使用。

①固定窗。玻璃直接镶嵌在窗框上，不能开启和通风换气，只能用于采光、取景，但密封性好，可获得较大的视野范围，容易取得开敞、通透的效果，但一般只适于有空调的空间（图4-3-10）。

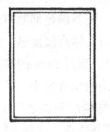
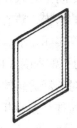

图4-3-10　固定窗

②活动窗。活动窗可以分为平开窗、转窗和推拉窗三种，它们各自的特点如下所述：

平开窗，指的是多将窗扇边框与窗框用铰链连接的水平方向开启的窗。分单扇、双扇、多扇，以及内开、外开等不同形式。虽然开启后会占用一定面积，但构造简单，开关容易、灵活，且制作、安装、维修方便，因此应用比较普遍（图4-3-11）。

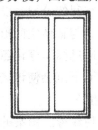
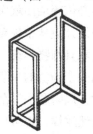

图4-3-11　平开窗

转窗是绕水平或垂直轴旋转开启窗扇的窗。水平方向的转窗可分为上悬窗、中悬窗和下悬窗，垂直旋转的立转窗可配合风向旋转，利于加强室内的通风（图4-3-12）。

(a)上悬窗和下悬窗　　　　　　　　(b)中悬窗　　　　　　　　(c)立转窗

图4-3-12　转窗

推拉窗亦称扯窗，按推拉方向分水平推拉和垂直推拉两种形式。分单扇、双扇、多扇、上滑和下滑式。开启后不占用室内面积，利于节省空间，窗扇受力状态好，适于安装大块玻璃（图4-3-13）。

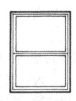

图4-3-13　推拉窗

六、地面

地面是室内空间的基础平面，需要支持承托人体、家具及其他室内设施设备，与墙面、天花等其他表面相比，是室内空间中与人体接触最紧密、使用最频繁的部位。其选材和构造必须坚实和耐久，足以经受持续的磨损、磕碰及撞击，还要满足抑制声音、防滑、防火，防水、防静电，以及耐酸碱、防腐蚀等实际要求。由于会与人体直接接触，地面的质地、包括软硬、冷暖（即导热性能）、其表面的平整程度（根据经验，超过5mm的高差往往会有绊脚和挡鞋的感觉）等都会直接影响到行走时的舒适感的以及发出的噪音大小。另外，地面是否容易清洁和维护等因素也要综合考虑。地面往往由承担荷载的结构层和满足使用、装饰要求的饰面层组成。有时为了满足找坡、隔音、弹性、保温、敷设线管等需要，中间往往还要加设垫层。

（一）地面装饰图案

虽然多数空间的地面由于受人体、家具及室内设施设备的遮挡而显露的面积有限，但其色彩、图案，材质等还是会或多或少地影响室内气氛，并可在一定程度上改变一个空间的外观的大小、比例、形状等特征，使空间产生整体的开阔感、延伸感，或依据功能将整体空间划分为若干区域，使我们不必依赖墙面就可以实现空间的分划，以及避免因空间面积较大带来的空洞和单调感。地面的设计应从整体观念出发，与整体空间形态、人的活动状况、该建筑使用性质、墙面、天花、家具饰物等统一考虑。通过标高变化还会加强室内的层次感和领域的划分，抬高地面会加强一个场所的重要性，地面下沉会使该场所宁静、私密。高差边缘部分还应通过强调引起注意，以防跌倒等危险的发生。

地面图案既可以采用自然纹样，也可以采用几何纹样，图案的运用不但可界定区域，暗示行动路线，还会使地面成为室内空间的支配要素。地面装饰图案大致分以下几种：

（1）集中式图案。这种图案独立完整，往往会强调空间的向心性、稳定性，空间呈停滞或停顿的状态。多设在大堂、过厅等空旷处，不适于家具密集的空间。

（2）自由式图案。这种图案的特点是无规律、随意、活跃而富有动感，甚至疯狂。

（3）网格式图案。犹如四方连续图案，将点、线、面等要素进行规律的网格组合，整体统一，容易造成宽阔的空间气氛，虽然无中心，无主次，但适应性较强，适合不同形状空间，并且与周围邻接空间的地面衔接也较容易，不会因地面物体干扰而失去完整性，尤其适合于宴会厅、会议室等家具密集的空间。

（4）线式图案。犹如二方连续图案，可形成无限伸展的带状或线状图形，强调空间的方向性和导向性，可以重复使用某种母题，创造韵律、节奏感，也可充满变化。多设于交通区域，如走廊或在大空间中划分出的交通区。

（二）地面装饰方法分类

（1）抹灰类。包括水泥砂浆地面、细石混凝土地面等，常作为基层满足抄平、找坡要求。

（2）涂刷类。以水泥砂浆等作为地面，固然是最为简捷的方法，但水泥砂浆地面在使用和装饰质量方面都存在明显的不足，为对其加以改善，往往在地面上加各种饰面，而采用涂层作为饰面，具有施工简便、造价较低、整体性好、自重轻等优点。目前使用较多的是涂布无缝地面，它的涂层较厚，硬化后可形成整体无接缝地面，并耐磨、耐腐、易清洁、弹韧、抗渗，可在地面涂刷各种图案和色彩，近年来在地面装饰中得到广泛的应用。如环氧树脂涂布地面、不饱和聚酯涂布地面、聚氨酯涂布地面及聚醋酸乙烯乳胶水泥涂布地面、聚乙烯醇甲醛胶水泥涂布地面等，多用于厂房、车间、医院、实验室等处。

（3）铺贴类。我国古人就因"茅茨土阶，……尝苦其湿，又易生尘"而选择使用砖来铺地，形式上"或作冰裂，或肖龟纹"，称为"甃地"。现代室内空间常用的铺贴材料更为丰富，包括陶瓷地面砖、石材、竹木地板、地毯等。地砖和石材耐磨、易清洁，维护保养容易，外观也容易传达精密、华贵的视觉效果；地毯脚感舒适、温暖防滑、但耐用性不高，维护、保养也比较麻烦；地板性质介于两者之前，包括木地板、竹地板、复合地板、塑料地板、活动夹层地板等。

第四节　室内环境界面的处理方法

一、明确界面的要求和功能特点

底面、侧面、顶面等各类界面，室内设计时，既对它们有共同的要求，在使用功能方面又各有它们的特点。下面我们就从这两方面来讨论各类界面的特点。

1. 各类界面的共同要求

（1）耐久性及使用期限。

（2）耐燃及防火性能（现代室内装饰应尽量采用不燃及难燃性材料，避免采用燃烧时释放大量浓烟及有毒气体的材料）。

（3）无毒（散发气体及触摸时的有害物质低于核定剂量）。

（4）无害的核定放射剂量（某些地区所产的天然石材，具有一定的氡放射剂）。

（5）易于制作安装和施工，便于更新。

（6）必要的隔热保暖、隔声吸声性能。

（7）装饰及美观要求。

（8）相应的经济要求。

2. 各类界面各自的功能特点

（1）底面（楼、地面）——耐磨、防滑、易清洁、防静电等。

（2）侧面（墙面、隔断）——挡视线，较高的隔声、吸声、保暖、隔热要求。

（3）顶面（平顶、顶棚）——质轻，光反射率高，较高的隔声、吸声、保暖、隔热要求。

二、室内空间界面的处理及其视觉感受

（一）室内界面处理的方法

室内气氛的营造是综合和整体的。从室内结构与材料、照明、形体与过渡、质感与光影、

界面本身形状的变化与层次、线脚和界面上的图案肌理与色彩，变现人对视觉界面的感受。同时，在深入具体的设计中根据室内环境气氛的要求和材料、设备、施工工艺等现实条件，也可以在界面处理时重点运用某一手法。在界面围合的空间处理上，一般遵循对比与统一、主从与重点、均衡与稳定、对比与微差、节奏与韵律、比例与尺度的艺术处理法则。

（二）界面材料的选择

1. 界面材料的质地

室内装饰材料的质地，根据其特性大致可以分为：天然材料与人工材料、硬质材料与柔软材料、精致材料与粗犷材料。不同的材质会给人不同的感受，天然材料会给人以亲切感，室内采用显示纹理的木材、藤竹家具、草编铺地以及粗略加工的墙体面材，粗犷自然，富有野趣；在室内采用石材如磨光的花岗石饰面板，即属于天然硬质精致材料；全反射的镜面不锈钢会给人以精密、高科技的感觉等。由于色彩、线型、质地之间具有一定的内在联系和综合感受，又受光照等整体环境的影响，因此，上述感受也具有相对性。

2. 界面装饰材料的选用

室内装饰材料的选用，是界面设计中涉及设计成果的实质性的重要环节，它最为直接地影响到室内设计整体的实用性、经济性、环境气氛和美观性。设计人应熟悉材料质地、性能特点，了解材料的价格和施工操作工艺要求，善于和精于运用当今的先进的物质技术手段，为实现设计构思，创造坚实的基础。因此，在材料选用过程中需要考虑这几方面的要求：

（1）适应室内使用空间的功能性质。对于不同功能性质的室内空间，需要由相应类别的界面装饰材料来烘托室内的环境氛围，例如文教、办公建筑的宁静、严肃气氛，娱乐场所的欢乐、愉悦气氛，与所选材料的色彩、质地、光泽、纹理等密切相关。

（2）适合建筑装饰的相应部位。不同的建筑部位，相应地对装饰材料的物理、化学性能，观感等的要求也各有不同。例如对建筑外装饰材料，要求有较好的耐风化、防腐蚀的耐候性能，由于大理石中主要成分为碳酸钙，常与城市大气中的酸性物化合而受侵蚀，因此外装饰一般不宜使用大理石；又如室内房间的踢脚部位，由于需要考虑地面清洁工具、家具、器物底脚碰撞时的牢度和易于清洁，因此通常需要选用有一定强度、硬质、易于清洁的装饰材料，常用的粉刷、涂料、墙纸或织物软包等墙面装饰材料，都不能直落地面。

（3）符合更新、时尚的要求。随着人们生活方式和审美要求的不断变化，人们对室内设计的要求呈现动态发展的特点。而且设计装修好之后的室内环境，也并不能算是一劳永逸、一成不变的，而是需要更新、讲究时尚的。原有的装饰材料需要有无污染、质地和性能更好的、更为新颖、美观的装饰材料来取代。

（三）各界面的造型要求

在注意界面材料质感的同时，也要注意界面上的图案，以及界面边缘和交接处的线脚和界面的造型。界面上的图案必须从属于室内环境整体的气氛要求，起到烘托、加强室内精神功能的作用。不同材料制作界面的图案还需要考虑室内织物。

界面的图案与脚线花饰和纹样，也是室内设计艺术风格定位的重要表达语言。

界面的形状较多的情况是以结构构件、承重墙柱等为依托，以结构体系构成轮廓，形成平面拱形、折面等不同形状的界面。也可以根据室内使用功能对室内形状的需要，脱开结构层另行考虑，例如剧场、音乐厅的界面，近台部分往往需要根据几何声学的反射要求，做成反射的曲面或者折面，除了结构体系和功能要求以外，界面的形状也可按所需要的环境气氛设计。

（四）界面的不同处理与视觉感受

室内界面由于线型的不同划分、花饰大小的尺度各异、色彩深浅的各样配置以及采用各类材质，都会给人们视觉上以不同的感受。

在对室内各界面进行处理时应该指出的是，界面不同处理手法的运用，都应该与室内设计的内容和相应需要营造的室内环境氛围、造型风格相协调，如果不考虑场合和建筑物使用性质，随意选用各种界面处理手法，可能会有"画蛇添足"的不良后果。

室内界面的不同处理与视觉感受如图4-4-1至图4-4-4所示。

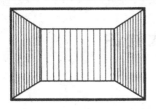
（a）垂直划分感觉空间紧缩增高

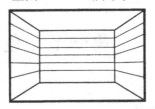
（b）水平划分感觉空间开阔降低

图4-4-1　线形划分与视觉感受

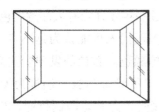
（a）石材、面砖、玻璃感觉挺拔冷峻

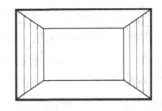
（b）木材、织物较有亲切感

图4-4-2　材料质感与视觉感受

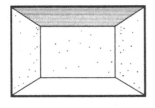
（a）顶面深色感觉空间降低

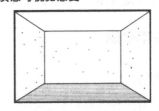
（b）顶面浅色感觉空间增高

图4-4-3　色调深浅与视觉感受

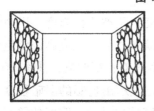
（a）大尺度花饰感觉空间缩小

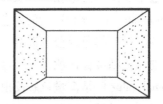
（b）小尺度花饰感觉空间增大

图4-4-4　花饰大小与视觉感受

第五章 室内色彩与采光照明设计

如今，室内色彩与采光照明成了室内设计的重要因素，也是衡量设计质量的主要标准。在室内设计中，设计师应充分满足实用与审美的要求，合理而灵活地运用色彩与采光照明设计的原理，这样才能实现较为理想的设计。下面针对这两者进行具体地阐述。

第一节 色彩的基本知识

一、色彩的起源

自古至今，人类没有停过探索颜色奥秘的脚步，难免会产生了许多错误概念。关于颜色的起源和关系问题，人们已经提出了浩繁的解释，但直到近些年才开始有人注意配色问题。

16 世纪 30 年代初期，德国理论家里·布伦发现了许多现代人可能认为是不言自明的事情：仅仅用三种基本颜色——红、黄、蓝就可以配得广泛的颜色。布伦的发现受到高度的评价。一个当时的作家对此十分认同，并发出这样的言论："尽管最初被人们视为无稽之谈，但是这个发现被全欧洲认同了。"他的发现迅速地被人们接受，尤其是印刷行业，30 年代中期，莫斯·哈里斯出版了第一个有条理的颜色配置轮盘，预期取代当时流行的对于颜色的一般理解，他将这些理解说成是"如此黑暗和怪诞"。

二、色彩的基本概念

（一）色彩的特性

任何一种色彩都有三种基本特性，具体如下：

（1）色相（Hue）就是色彩的名称，其作用是区分不同的颜色，比如红色、黄色、蓝色，或其他任何颜色，通常以循环的色相环来表示（图 5-1-1）。

（2）纯度（Chromatic Intensity）指的是色彩的鲜艳程度，又被称作彩度，用来描述颜色的饱和程度，比如鲜红色与黑色或白色混合，就会变得暗淡和昏暗。纯度高的鲜艳色彩被称作清色，纯度低的混浊色则被称作浊色。纯度高的颜色其色相对特征明显，被称作纯色。

（3）明度（Tonal value）是衡量色彩反射能力的尺度，表示出色彩的明暗程度。明度最高的颜色为白色，反之，最低为黑色。它们之间不同的灰度排列显示出明度的差别，有彩色的明度是以无彩色的明度为基准来比较和判断的。那么，无彩色则没有纯度，只有明度。

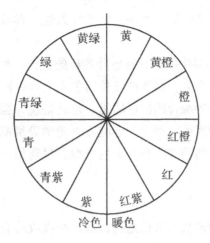

图 5 -1 -1　色相环

（二）色彩的分类

色彩一般分为三大类，具体如下：

（1）原色。原色指的是红、黄、蓝三种颜色（色料），它们之所以被称为原色是因为它们不会被其他颜色调出来，换句话说，它们是纯度最高的本色，故称三原色。

（2）间色。间色指的是两种等量原色相加调出的颜色。间色分为橙、绿、紫三种，红色与黄色能配出橙色；黄色与蓝色能配出绿色；红色与蓝色能配出紫色。

（3）复色。复色是用两种以上的色调配成的颜色，在绘画过程中，运用的大量灰色就是复色。

（三）色彩的混合

了解色彩混合的理论，其主要目的是正确地理解色彩不同类型的混合方式，以及所带来的不同视觉现象。

色彩混合有三种不同的方法：以光源为依据的色光混合（加色混合）、以颜料为依据的色料混合（减色混合）、以光与颜料同时为依据的空间混合（中性混合）。

色彩的这几种混合方法产生的结果有较大的差异性。正是这些差异性的存在，体现了它们各自的特性。

1. 色光混合

色光混合又称加色混合，是指不同色光或色料的反射光同时或在极短的时间间隔内刺激了视网膜，从而产生另一种新色调的混合形式。

（1）色光三原色。可见光谱中占据面积最大的是蓝紫（B，420~470nm）、绿（G，500~570nm）、红（R，630~700nm）三种颜色的光。而橙、黄、青、紫等色光只是上述三色光的过渡区域，占有很狭窄的一段位置。由试验发现，红、绿、蓝紫三种色光以不同比例混合，基本上可以产生自然界中全部的色彩。而这三种色光本身各自独立，即其中任何一种色光都不能由其余两种色光混合产生。所以，将红、绿、蓝紫称为色光三原色。

光谱中的红、绿、蓝紫光范围很大，但作为原色光应该是严格的单色光。经过科学家的反复实践，国际照明委员会（CIE）1931 年制定出色光三原色的波长是红光（R）700nm、绿光（G）546.1nm、蓝紫光（B）435.8nm。红光为大红，有黄；绿光比较鲜嫩；蓝紫光略带红。

（2）色光加色混合。自然界中的光有着各种各样的颜色，绝大多数是混合色光。像太阳光、白炽灯等发出的光都是复合光，由各种波长的色光混合并同时刺激人眼视网膜的三种感色细胞，在大脑中就产生了一种综合的白色感觉。也就是说，当两种或两种以上色光同时到达人眼的视网膜时，人眼视网膜的三种感色细胞分别受到等量或不等量的刺激，从而在大脑中产生一种综合的颜色感觉。两种或两种以上色光混合呈现另一种色光的效果，称为色光加色法。

2. 色料混合

颜料或染料等物质对不同波长的可见光进行选择性吸收后会呈现出各种不同的色彩，这些物质称为色料。凡是能溶于水、油、乙醇等有机溶剂的色料都称为染料，可以整体染色，主要应用于印染工业。

反之，不可以溶解的色料均被称为颜料，比如，绘画用的色彩、建筑装潢用的油漆以及印刷油墨中的色料等。

不同的色料经混合后，吸收的光波增加而体现颜色的反射光波或透射光波减少了，就以这种混合又称为减色混合，具体表现为以下两个方面：

（1）色料三原色理想的色料三原色应该是吸收一种三原色而反射另两种三原色。色料三原色是黄（Y）、品红（M）和青（C），其特点是调整色料三原色的比例可以混合出所有的色彩，但色料三原色不能由其他色料混合得到。因为吸收红光反射绿光和蓝紫光的色料呈青色，为了便于与色光三原色联系称为减红色。同样品红常称为减绿色，黄色常称为减蓝色。

（2）三原色混合三原色等量混合可得到黑色。三原色不等量混合，根据三原色等量混合形成黑色这一规律可知，三种原色的等量部分在混合色中构成消色成分，即黑色，而其余一种或两种原色调出混合色的色相。换句话说，就是三原色不等量混合的色相仍是一种或两种原色混合的色相，第三种原色参加混合不能改变这些颜色的色相，只起到降低这些颜色亮度的作用。

用公式表示为：黄＋品红＋青＝灰黑色。

品红多于黄，黄又多于青，那么它们混合之后就是枯叶色；黄多于青，青又多于品红，那么它们混合之后就是柠檬色；而青多于黄，黄又多于品红，那么它们混合之后就是橄榄色。

3. 空间混合

这种混合与前两种混合相比有很大不同，它是由色彩斑点相交并置后，形成一种反射光的混合。它是借助颜色排列而出现的色光的现象，在经过人眼视网膜信息传递过程中形成的色彩混合效果，其混合的结果，色彩既不加光也不减光，所以这种色彩混合又称中性混合。这种混合理论有其广泛的实用价值。在早期印象派的作品中，就被用来表现画面的阳光、空气的感觉。色彩印刷的原理也是利用了色彩网点的排列，使微妙的色彩成为可能复制的技术。

我们对色彩空间混合的特点做了大致的总结，主要体现为以下三个方面：

（1）近距离看的时候色彩丰富，反之则色调统一。

（2）色彩有颤动的光感，十分活泼。

（3）变化混合色比例，可使用少量色得到多色的配色效果。

（四）色的对比

根据色彩对比与协调的属性，可以进一步地了解色彩的特性。当色与色相邻时，与单独见到这种色的感觉是有很大差别的，这就是色彩的对比现象。了解和利用这个特点是很有必要的，它对室内外设计的色彩关系处理起到重要的指导作用因此对此不可小觑。

1. 色相对比

两种不同的色彩并置，通过比较而显出色相的差异，就是色相对比。例如，用湖蓝与钴蓝做对比，我们就会发现一个有趣的现象，那就是钴蓝带紫，而湖蓝带绿。对比的两个色相，总是处于色相环相反的方向上，比如：红与绿、黄与紫、蓝与橙。这样的两个色称为补色。如果补色相并置，那么其色相不变，但纯度增高。

在最简单的六色相环中，每一个原色都与一个间色构成补色对，这一间色包含着另外两个原色。由此，我们能够看出的是，一对补色总是包含三原色，进而也就包含了全部色相。

2. 明度对比

明度不同的两色并置，明度高的色看起来更加明亮，反之，明度低的色看起来更加暗一些，类似这种明度差异增大的现象就是明度对比。

一个灰色，当它置于亮底之上的时候，看起来会比之前深一些；反之，当它置于暗底之上时，看起来会比之前更亮一些。这时，我们的心中会产生一个疑问：这真的是同一个明度的灰色吗？这就是明度对比令人难以置信之处。当然，在有彩色的明度对比中，人们也同样会产生上述错觉。

在室内设计中，突出形态主要靠明度对比。若想使一个形状产生有力的影响，必须使它和周围的色彩有强的明度差。反过来讲，要削弱一个形状的影响，就应减弱它与背景的明度差。

在孟赛尔色立体中，明度色阶表是一个中心轴，是三要素的核心，它将每一个色标都严格地限定在一定的明度等级上，总之，明度控制着一切从亮到暗、从鲜艳到混浊的色彩。

3. 纯度对比

纯度不同的两个色相邻时，将形成明显的反差，这就是纯度对比。纯度高的色显得更加鲜艳，而纯度低的色则显得更加暗浊。

关于这一点，可分为强弱不同的纯度对比效果。如果位于纯度色阶两端的饱和色和中性灰色相比较，那么会产生纯度强对比。在色阶上间隔大约 3~5 个等级的对比属于纯度中间对比。间隔 1~2 个等级的对比属于纯度弱对比。

在通常的情况下，室内设计中所用的材料，其颜色均为不同程度含灰的非饱和色，而它们的颜色在纯度上的微妙变化将会产生新的相貌和情调，这为室内设计的效果增光添彩。

4. 色彩与面积

室内设计的色彩配置与其展现的面积的关系有很大的关联，甚至达到了密不可分的程度。天花板与墙面、天花板与地面、墙面与地面、家具及陈设乃至绿化等多种因素均可体现这两者的关系。因此，如果设计师想控制室内的整体效果，那么一定要充分把握它们的关系，给予高度的重视。

毋庸置疑，两种或两种以上的颜色用于同一个室内，那么它们之间将存在对比关系。不同面积的比例，可以显示色彩不同量的关系，因此可以产生不同的色彩对比效果。如果室内使用两种色相的对比，而且又是等面积出现时，那么这两种色相的冲突就达到了顶峰，然而，这种强烈色彩对比的设计具有局限性，也就是说它只能应用于某些娱乐空间或儿童空间等，其他的大部分室内设计则遵循弱对比或调和色搭配使用。如果将比例改变为2:1，一方的力量削弱，那么也就意味着整体的色彩对比也就相应地减弱了。当一方的力量扩大到足以控制室内的整体色调时，另一方只能成为主体色调的点缀。这样一来，室内色彩对比效果很弱，就可达到大效果统一、小面积对比，既协调又活泼的理想效果。

5. 色彩与形状

形状对色彩的影响可体现为很多方面，其中，形的聚散方面尤为明显，形状越集中，色彩对比的效果就越强；形状越分散，色彩对比的效果就越弱。产生这种影响的原因是分散的形状分割了整体的背景，双方的面积都缩小并且分布均匀了，因此，使对比向融合方面转化。如图5-1-2就是一个很好的例子，我们可以很直观地看出该图中两组家具的颜色对比较为明显，给人带来一种和谐而舒适的感觉。

图5-1-2　家具的色彩对比

三、色彩的物理、生理与心理效应

色彩是一种物理现象，对人引起的视觉效果表现在生理和心理的各方面，如冷暖、远近、轻重、大小等，这不但是由于物体本身对光的吸收和反射不同的结果，而且还存在着物体间相互作用的关系所形成的错觉。另一方面，色彩在对人产生各种生理反应的同时也会引起不同的心理联想，如庄严、轻快、刚强、柔和、富丽、简朴等，造成不同的心理反应。对这些不同的心理反应的现象有一个深入地认识，是做色彩设计的重要基础之一。

（一）色彩的物理效应

色彩会给人们带来一些感受，主要分为以下四个方面：

1. 冷暖感

在色彩设计中，设计师通常把不同色相的色彩分为暖色、冷色和中性色，从红紫、红、橙、到黄色为暖色，其中，橙色是最暖的。从蓝紫、蓝至青、绿色为冷色，其中，蓝色是最冷的。色彩中不仅有冷、暖色，还有夹杂在它们之间的中性色。色彩的这种特性和人类长期的感觉经验是一致的，比如红色、黄色，能给人带来一种温暖的感觉，让人似乎看到太阳、火炉等；然而，青色、绿色，给人带来凉爽的感觉，仿佛使人见到海洋、田野、森林。但是色彩的冷暖既有绝对性，也有相对性，越靠近橙色，色感越热，越靠近青色，色感越冷。

2. 远近感

不同的色彩给人带来的距离感觉有所不同。一般来讲，暖色系和明度高的色彩具有前进、凸出、接近的效果，反之，冷色系和明度较低的色彩则具有后退、凹进、远离的效果。在室内设计过程中，设计师通常利用色彩的这些特点去改变空间的大小和高低，以达到设计的最佳效果。

3. 重量感

色彩的重量感主要取决于明度和彩度，其中，明度和彩度高的显得轻，如淡红、浅黄色。在室内设计的构图中常以此达到平衡和稳定的需要，以及表现性格的需要如轻飘、庄重等。

4. 尺度感

色彩对物体大小的作用，包括色相和明度两个因素。暖色和明度高的色彩具有扩散作用，因此物体显得大。而冷色和暗色则具有内聚作用，因此物体显得小。不同的明度和冷暖有时也通过对比作用显示出来，室内不同家具、物体的大小和整个室内空间的色彩处理有密切的关系，可以利用色彩来改变物体的尺度、体积和空间感，使室内各部分之间关系更为协调。

（二）色彩引起的人的生理和心理反应

色彩对人引起的视觉效果还反映在物理性质方面，如冷暖、远近、轻重、大小等，这不但是由于物体本身对光的吸收和反射不同的结果，而且还存在着物体间的相互作用的关系所形成的错觉，色彩的物理作用在室内设计中发挥了至关重要的作用。

生理心理学表明感受器官能把物理刺激能量，如压力、光、声和化学物质，转化为神经冲动，神经冲动传达到脑而产生感觉和知觉，而人的心理过程，如对先前经验的记忆、思想、情绪和注意集中等，都是脑较高级部位以一定方式所具有的机能，它们表现了神经冲动的实际活动。费厄发现，肌肉的机能和血液循环在不同色光的照射下发生变化，蓝光最弱，随着色光变为绿、黄、橙、红而依次增强。库尔特·戈尔茨坦对有严重平衡缺陷的患者进行了实验，给该患者穿绿色与红色的衣服，比较其不同效果。当给患者穿上绿色衣服时，她走路显得十分正常，而当穿上红色衣服时，她几乎不能走路，并经常处于摔倒的危险之中。

我们对色彩治疗疾病方面做了一个总结，体现为如下对应关系：

紫色——神经错乱。

靛青——视力混乱。

蓝——甲状腺和喉部疾病。

绿——心脏病和高血压。

黄——胃、胰腺和肝脏病。

橙——肺、肾病。

红——血脉失调和贫血。

不同的实践者，利用色彩治病有复杂的系统和处理方法，选择使用色彩的刺激去治疗人类的疾病，是一种综合艺术。

有人举例说，在伦敦附近泰晤士河上的黑桥上跳水自杀者比其他桥上多，大桥改为绿色后去那里自杀者就少了。这些观察和实验虽然还不能充分说明不同色彩对人产生的各种各样的作用，但至少能证明色彩刺激对人的身心所起的重要影响。相当于长波的颜色引起扩展的反应，而短波的颜色引起收缩的反应。整个机体由于不同的颜色，或者向外胀，或者向内收，并向机体中心集结。此外，人的眼睛会很快地在它所注视的任何色彩上产生疲劳，而疲劳的程度与色彩的彩度成正比，当疲劳产生之后眼睛有暂时记录它的补色的趋势。如当眼睛注视红色后，产生疲劳时，再转向白墙上，则墙上能看到红色的补色绿色。因此，赫林认为眼睛和大脑需要中间灰色，缺少了它，就会变得不安稳。由此可见，在使用刺激色和高彩度的颜色时要十分慎重，并要注意到在色彩组合时应考虑到视觉残像对物体颜色产生的错觉，以及能够使眼睛得到休息和平衡的机会。

（三）色彩的象征意义

人们对不同的色彩表现出不同的好恶，这种心理反应，常常是因人们生活经验、利害关系以及由色彩引起的联想造成的，此外也和人的年龄、性格、素养、习惯、不同民族和地域文化分不开。例如看到红色，联想到太阳，万物生命之源，从而感到崇敬、伟大，也可以联想到血，感到不安、野蛮等等。看到黄绿色，联想到植物发芽生长，感觉到春天的来临，于是把它代表青春、活力、希望、发展、和平等等。看到黑色，联想到黑夜，丧事中的黑纱，从而感到神秘、悲哀、不祥、绝望等等。看到黄色、似阳光普照大地，感到明朗、活跃、兴奋。人们对色彩的这种由经验感觉到主观联想，再上升到理智的判断，既有普遍性，也有特殊性；既有共性，也有个性；既有必然性，也有偶然性，虽有正确的一面，但并未被科学所证实。又如不同的民族地区，人们对色彩的喜爱和厌恶也不相同，例如非洲不少民族较为喜爱彩度高和强烈的色彩，而不少西欧人视红色为凶恶和不祥。因此，我们在进行选择色彩作为某种象征和含义时，应该根据具体情况具体分析，决不能随心所欲。

第二节　室内色彩的功能与搭配

一、室内色彩的功能

色彩是室内设计中最重要的因素之一，既有审美作用，还有表现和调节室内空间与气氛的作用，它能通过人们的感知、印象产生相应的心理影响和生理影响。室内色彩运用得是否恰当，能影响人们的情绪，甚至可以影响人们的行为活动，因此，这就对设计师提出了一个很高的要求，色彩的完美设计可以更有效地发挥设计空间的使用功能，提高工作和学习的效率。我们对色彩设计的功能做了一个简单的概括，具体表现为以下五个方面：

（一）调节空间感

运用色彩的物理效应能够改变室内空间的面积或体积的视觉感，改善空间实体的不良形象的尺度。比如一个狭长的空间如果顶棚采用强烈的暖色调，两边墙体采用明亮的冷色调，就会弥补这种狭长的感觉。

（二）体现个性

色彩可以体现出一个人的性格，在一般情况下，性格活泼、开朗、热情的人，室内的选择应是暖色调；而性格内向、平静的人，室内的选择应是冷色调。对于大多数喜欢浅色调的人来说，他们的性格比较直率开朗；而大多数喜欢暗色调、灰色调的人的性格则深沉含蓄。

（三）调节心理

色彩是一种信息刺激，如果过多的高纯度色相对比，那么会使人感到过分刺激，容易烦躁，而过少的色彩对比，会使人感到空虚、无聊，过于冷清。因此，室内色彩要根据使用者的性格、年龄、性别、文化程度和社会阅历等，设计出各自适合的色彩，才能满足他们的视觉和精神上的需求，还要根据各个房间的使用功能进行合理配色，以调整心理的平衡。

（四）调节室内温感

气候温度的感觉随着不同颜色搭配的方式而有所不同。色彩在设计过程中采用不同的色彩方案主要是为了改变人对室内温度的感受。举个简单的例子，在寒冷地区，色彩方案应选择红、黄等颜色，明度可以略低一些，但彩度必须相对较高；在温暖地区，色彩方案可以选择蓝绿、蓝、蓝紫等颜色，使其明度升高，降低它相对的彩度。但是，季节和地域的气候是循环变化的，因此，设计师要因地制宜根据所在地区的常态来选择合适的色彩方案（图5－2－1）。

（a）　　　　　　　　　　　　　（b）

图5－2－1　寒冷、温暖地区的居室家居色彩倾向

（五）调节室内光线

室内色彩可以调节室内光线的强弱。因为各种色彩都有不同的反射率，如白色的反射率为70%～90%，灰色在10%～70%之间，黑色在10%以下，根据不同房间的采光要求，适当地选用反射率低的色彩或反射率高的色彩来调节进光量。

二、室内色彩的搭配

色彩的搭配，即色彩设计，必须从环境的整体性出发，色彩设计得好，可以起到扬长避短，优化空间的效果，否则会影响整体环境的效果。我们在做色彩设计时，不仅仅要满足视觉上的美观需要，而且还要关注色彩的文化意义和象征意义。从生理、心理、文化、艺术的角度进行多方位、综合性的考虑。

（一）黑白灰搭配

黑与白的搭配可以营造出强烈的视觉冲突效果，抛却另类奢华，可以营造出类似黑白老照片的经典怀旧的感觉。但是，黑白颜色分配不要过于均匀，否则会给人带来一种眼花缭乱、烦躁的感觉。黑白相配的空间不容易把握，把灰色融入其中，缓和黑与白的视觉冲突感觉，从而营造出另外一种不同的风味，这也是近年来比较流行的室内设计色彩，受到众多时尚人士的青睐。在三种颜色搭配出来的空间中，充满冷调的现代时尚感，在这种色彩情境中，会由简单而产生出理性、秩序与专业感，灰色为主调，其他颜色为辅的搭配也能渲染出时尚前卫的色彩效果。

（二）蓝白搭配

在一般情况下，很多人的想法比较保守，不太敢尝试过于大胆的颜色，认为还是使用白色比较安全。近几年流行的地中海和东南亚装饰风格改变了人们单一白色的运用，可以加上不同明度的蓝配色，就像海和白色的沙滩，体现出一种浪漫休闲的生活氛围，极具艺术性（图5-2-2）。

图5-2-2 蓝白搭配

（三）红黑搭配

我们都清楚，红色是很热烈的颜色，看到它就会有一种喜庆、火爆的感觉，因此，红色用于室内空间中能够形成强烈的视觉冲击力，但是，如果红色处理不当，那么就会使室内空间变得烦躁，针对这种情况，设计师在处理过程中要适当掺入黑色或者灰色与其搭配，从而缓解红色的艳丽，与此同时又能体现出空间的现代与时尚（图5-2-3）。

图5-2-3 红黑搭配

（四）黄绿搭配

室内墙面最容易被设计成黄色为主的色彩，因为这可以表现出空间的一种温暖柔和，也是目前居室设计比较时尚的装饰做法，再糅合一些绿色会让人的内心感觉更加平静，配合中黄色能体现出轻快的感觉，让空间看起来稍稍沉稳，这比较适合年轻人的生活方式（图5-2-4）。

图5-2-4 黄绿搭配

（五）中性暖色

中性暖色系列色彩比较含蓄，是令人愉快和平衡的颜色选择。中性暖色指的是像褐色、乳黄、土红、咖啡色等比较温和的色彩。这些色调优雅、朴素，配以白色的木质材料整洁而简约；配以深色木质材料则庄重而不失雅致。

（六）中性冷色

中性冷色指绿色或蓝色的过渡色，和夹杂它们之间的不同纯度的灰色。这些颜色通常被使用在现代材料上，如铝、不锈钢、玻璃等，这些颜色与高科技、智能化等一切与时尚、现代有关的设计联系紧密（图5-2-5）。

图5-2-5 中性冷色搭配

（七）素色

素色不是单纯地指白色，也不是说不能出现彩色，它可以是白色、黑色，甚至任何颜色，但这种颜色给人的感觉不是浓艳强烈的，而是宁静干脆的。在色彩的运用上需要突出"素"字，素色主要指颜色清淡单纯的白色、黑色、灰色、淡彩色等色系，素色空间在视觉上有扩大和延伸的效果，所以能很好地利用素色扩大空间，给人宁静感，但搭配不好，素色往往便会显得有些呆板，最好的办法是能突出"素"颜色一定要少，主体不能超过两种，作为点缀的其他色彩的面积一定要小，在整个设计中起到装饰和点睛的作用，但又不能破坏主体颜色（图5－2－6）。

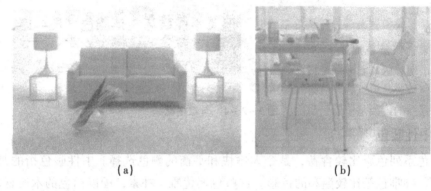

（a）　　　　　　　　　　　　　　　　（b）

图5－2－6　素色搭配

第三节　室内色彩设计的基本要求与方法

一、室内色彩设计的基本要求

设计师在做室内色彩设计时要遵循一些基本的要求，我们将这些要求做了一个大致的总结，具体表现为以下四个方面：

（一）室内样式与色彩要与其使用功能相统一

室内色彩主要应满足功能和精神需求，也就是视觉审美功能的需要。在功能要求方面，首先应认真分析每一空间的使用性质，目的在于使人们感到舒适。如儿童居室、老年人的居室、成年人的居室，由于使用对象不同或使用功能有明显区别，空间色彩的设计就必须有所区别（图5－3－1至图5－3－3）。

（二）力求符合美化空间的需要

室内色彩配置必须符合空间构成原则，正确处理协调和对比、统一与变化、主体与背景的关系，充分发挥室内色彩对空间的美化作用。

在室内色彩设计时，首先要确定空间色彩的主色调，色彩的主色调在室内气氛中起主导作用；其次要处理好色彩的明度、色度、纯度和对比度，统一与变化的关系。室内色彩设计要体现稳定感、韵律感和节奏感。为了达到色彩的稳定感，常采用上浅下深的色彩关系以及小色块的有规律地连续排列等。室内色彩的起伏变化，应形成一定的韵律和节奏感，如图5-3-4所示。

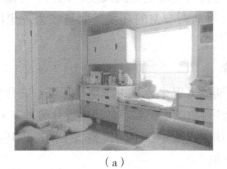

（a）　　　　　　　　　　　　　（b）

图5-3-1　儿童卧室家具色彩设计

（a）　　　　　　　　　　　　　（b）

图5-3-2　老人卧室家具色彩设计

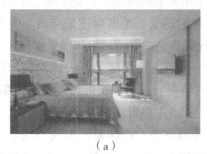

（a）　　　　　　　　　　　　　（b）

图5-3-3　成年人卧室家具色彩设计

图5-1-4　小色块经常以画框、靠枕等形式出现

（三）利用室内色彩改善空间效果

充分利用色彩对人心理的影响，可在一定程度上改变空间尺度、比例、分隔、渗透，改善空间效果营建空间环境，合适的色彩会有效地调节空间环境，取得较为理想的室内设计效果。

（四）与民族、地区和气候条件相结合

对于不同民族、不同地域、不同历史时期的人群来说，由于生活习惯、文化传统和历史沿革不同，其审美要求也有所不同。符合设计对象的审美要求是室内设计的基本要求。因此，在做室内设计时，设计师不仅要掌握一般规律，也要了解不同民族、不同地理环境的特殊习惯和气候条件，这样才能达到最终的设计目的。

二、室内色彩设计的方法

色彩的统一与变化，是色彩构图的基本原则。所采取的一切方法，均是为达到此目的而做出的选择。因此，在做室内色彩设计时，设计师要灵活运用一些方法，我们将这些方法总结为以下三个方面：

（一）主调

室内色彩应有主调或基调，冷暖、性格、气氛都是通过主调来体现的。对于规模较大的建筑，主调更应贯穿整个建筑空间，设计师要在此基础上再考虑局部的、不同部位的适当变化。那么，我们可以看出，主调的选择是一个至关重要的环节，因此必须要符合要求。反映空间的主题十分贴切，即希望通过色彩达到怎样的感受，是典雅还是华丽，安静还是活跃，纯朴还是奢华。用色彩语言来表达并不是一件比较容易的事情，设计师要在许多色彩方案中，认真仔细地去鉴别和挑选。如图 5 - 3 - 5 所示，北京香山饭店为了表达出江南民居的朴素、雅静的意境和优美的环境相协调的艺术效果，在色彩上采用了接近无彩色的体系，该体系成为了一个主题，不论墙面、顶棚、地面、家具、陈设，都贯彻了这个色彩主调，从而给人留下一种统一的、完整的、深刻的、难忘的、有强烈感染力的印象。主调一经确定为无彩系，设计者一定不要再拘泥于市场上五彩缤纷的各种织物、用品、家具，而是要大胆地将黑、白、灰系列的色彩用到平常不常用该色调的物件上去。这就要求设计者要摆脱世俗的偏见和陈规，在真正的意义上作出创造，达到最为理想的效果。

（a） （b）

图 5 - 3 - 5 北京香山饭店的黑、白、灰接近无彩色体系

（二）大部位色彩的统一协调

确定了主色调之后，设计师就应该考虑色彩的施色部位及其比例分配的问题了。在一般情况下，作为主色调，应占有较大的比例，而次色调作为主色调的配合，无疑只占较小的比例。虽然色彩的分配可以简化色彩关系，但是，这并不意味着能够代替色彩构思，因为，作为大面积的界面，在某种特定的情况下，也可能作为室内色彩的重点表现对象。举个简单的例子，在室内家具较少的时候，周边布置家具的地面，常常成为视觉的焦点，而予以重点装饰。因此，设计师可以根据设计构思，采取不同的色彩层次或缩小层次的变化，选择并确定图底关系，突出视觉的中心，例如以下四种不同图底关系（图5-3-6）：

（1）用统一顶棚、地面色彩来突出墙面和家具。

（2）用统一墙面、地面来突出顶棚、家具。

（3）用统一顶棚、地面、墙面来突出家具。

（4）用统一顶棚、墙面来突出地面、家具。

（a）　　　　　　　　　　　　　（b）

（c）　　　　　　　　　　　　　（d）

图5-3-6　四种不同图底关系

在制作大部位色彩协调时，有时可以仅突出一两件陈设，即用统一顶棚、地面、墙面、家具来突出陈设，如墙上的画、书橱上的书、桌上的摆设、座位上的靠垫以及灯具、花卉等。由于室内各物件使用的材料不同，即使色彩一致，材料质地的区别还是十分丰富的，这也可作为室内色彩构图中难得具有的色彩丰富性和变化性的有利因素。因此，无论色彩简化到何种程度也决不会单调。

色彩的统一，还可以采取选用材料的限定来获得。例如，可以用大面积木质地面、墙面、顶棚、家具等，也可以用色、质一致的蒙面织物来用于墙面、窗帘、家具等方面。某些设备，如花卉盛具和某些陈设品，还可以采用套装的办法，来获得材料的统一，我们要灵活运用。

（三）加强色彩的魅力

背景色、主体色、强调色三者之间的色彩关系绝不是孤立的、固定的，如果机械地理解和处理，必然千篇一律，变得单调。换句话说，既要有明确的图底关系、层次关系和视觉中心，但又不刻板、僵化，只有这样，才能达到丰富多彩的效果。这就需要我们用一些方法，我们对此总结了以下三种方法：

1. 色彩的重复或呼应

色彩的重复或呼应的意思是将同一色彩用到关键性的几个部位上去，从而使其成为控制整个室内的关键色。比如说，用相同色彩于家具、窗帘、地毯，使其他色彩居于次要的、不明显的地位。与此同时，也能使色彩之间相互联系，形成一个多样统一的整体，进而在色彩上取得彼此呼应的关系，这样才能取得视觉上的联系和唤起视觉的运动。例如，白色的墙面衬托出红色的沙发，而红色的沙发又衬托出白色的靠垫，这种在色彩上图底的互换性，既是简化色彩的手段，又是活跃图底色彩关系的一种有效方法，值得我们借鉴并加以运用，如图 5 - 3 - 7 所示。

图 5 - 3 - 7　空间色彩的互换性

2. 布置成有节奏的连续

色彩的有规律布置，容易引起视觉上的运动，称为色彩韵律感。色彩韵律感不一定用于大面积，也可用于位置接近的物体上。当在一组沙发、一块地毯、一个靠垫、一幅画或一簇花上都有相同的色块，从而使室内空间物与物之间的关系像"一家人"一样取得联系时，会显得更有内聚力。墙上的组画、椅子的坐垫、瓶中的花等均可作为布置韵律的地方，如图 5 - 3 - 8 所示。

3. 强烈对比

色彩由于相互对比而得到加强，一旦发现室内存在对比色，其他色彩便退居次要地位，视觉很快就集中于对比色上了。通过对比，各自的色彩更加鲜明，从而加强了色彩的表现力。色彩对比体现在很多方面，不要以为只有红与绿、黄与紫等色相上的对比，实际上明度的对比、彩度的对比、清色与浊色对比、彩色与非彩色对比，比用色相对比的频率还多一些。不论采取哪一种加强色彩方法，最终的目的都是一致的，即达到室内的统一和协调，加强色彩的孤立。

图5-3-8　空间色彩的韵律感

综上所述，解决色彩之间的相互关系，是色彩构图的核心内容。室内色彩可以统一划分为许多层次，色彩关系随着层次的增加而复杂，反之，随着层次的减少而简化，不同层次之间的关系可以分别考虑为背景色和重点色。背景色在通常情况下是大面积的颜色，宜用灰调，重点色常作为小面积的色彩，在彩度、明度上比背景色要高。在色调统一的基础上可以采取加强色彩力量的办法，即重复、韵律和对比强调室内某一部分的色彩效果。室内的趣味中心或视觉焦点重点，同样可以通过色彩的对比等方法来加强它的效果。通过色彩的重复、呼应、联系，可以加强色彩的韵律感和丰富感，使室内色彩达到多样统一，统一中有变化，不单调、不杂乱，色彩之间有主有从有中心，形成一个完整和谐的整体。

第四节　采光与照明方式

一、采光方式

室内设计师不仅是营造一个物质的环境，还是光环境的创造者，一种非物质化的形式在室内空间中发挥着至关重要的作用。光作为实用的功能，更具有精神美的表现力。光可以塑造空间，为人们带来实惠和享用，反之，也可能破坏氛围，造成光的污染。就建筑空间而言，我们前面所谈及的色彩实际上与光有着非常密切的联系，我们不妨试想一下，如果没有了光线，那我们的生活会变成什么样子呢？因此，室内光环境是室内环境质量优劣的一个度量标准，其中包括了自然光与人工光的环境营造与把握，这是室内设计的一个重要内容。

（一）自然采光

日出日落对于人们来说是一件平凡的事情，很少有人会关注它。然而太阳的运行为人类提供了唯一的自然光源，同时也使地球四季分明，拥有其自身的节奏和特点，这些都是我们每天能够亲临感受和体验的。假如有一天在我们的生活中没有了自然光，那世界将会是什么样就不想便知了。所以，太阳不只是地球上一切生命赖以生存的基础，还是传递某种象征意义和指导我们生活的一种力量。就人类建筑的历史来看，我们从来没有离开过对自然光的探求，就像路易斯·康说的那样："我们都是光的产物，通过光感受季节的变化；世界只有通过光的揭示才能被我们感知。对于我们来说，自然光是唯一真实的光，它充满性情，是人类认知的共同基础，也是人类永恒的伴侣。"因此，我们可以得知，自然光是我们生活的第一光源，是设计不可忽视的要素之一，也是室内设计必须遵守的原则。

自然光是建筑与使用者之间建立起一种和谐关系的关键，一个房间的舒适与否在很大程度上取决于自然光获取的方式及质量。对室内而言，能否和室外直接接触，拥有阳光或自然光是衡量室内环境的一个重要标准，因而采光的形式及手段就成为建筑设计着重考虑的因素之一。尽管在建筑设计阶段，自然采光的方式就已经确定，室内设计并不能改变什么，但是自然采光仍然是室内设计着重考虑的问题。例如，季节的因素使室内光线效果有所变化，而室内窗地比和那些窗棂分格及玻璃的透光率等都有可能影响室内采光的质量和整体的氛围。总的来说，保持天然光源，尊重建筑已有的采光方式，是室内设计应遵循的一个重要原则，同时也应该认识到自然光是室内设计最为生动的表现形式之一，正像贝律铭大师说过的那样，让阳光来参与设计。因此，室内的自然采光不只是功能性的，它还蕴含着设计表现的意味。

我们将室内自然采光的方式进行了总结，主要表现为三个方面，具体如下：

1. 侧向采光

建筑之所以成为实用的容器，就在于"凿户牖以为室"的原理，因而开窗就成了建筑的一个重要主题。窗户的形式在建筑立面中形成了二维的构图关系，其作用使建筑内部赢得了光线，成为室内空间与外部的过滤界面，同时也可以是取景框，还可以是人与景交流活动的一个载体。因此，侧向采光是建筑最为常规的开窗方式之一，其优点是可以在建筑良好的朝向面上开启窗户，形式及方法自由而多样，且实用便利，能够与户外取得最直接的联系。不过，窗户的形式及定位仍然是一个重要方面，其中既要兼顾与建筑立面形式完整统一，又要考虑人们在室内往外看的效果，那么室内窗台的高度就是一个可关注的设计因素。这里不仅仅是影响视觉感的问题，而且还关系到安全性，比如低窗台视野宽阔、舒适，但它的安全性就会在大程度上有所降低，为此在建筑设计规范中对窗台高度就有过专门的条款和要求。除此之外，侧向采光的窗口不能只理解为是一个单纯的洞口。其实它是一种造型语言，应该有其丰富的表现形式和变化。在满足房间光照、明朗而富有生气的同时，要充分考虑窗口形式及比例关系，包括窗扇、窗棂疏与密的关系等，这些都将会在室内产生不同的光影效果，形成一种独特而具有吸引力的光的表现（图 5-4-1）。

图 5-4-1 侧向采光

2. 高侧采光

高侧光是侧向采光的一种，其优点在于室内光线比较均匀，可以有效地控制与组织室内自然光的效果，留出大面的墙体用来布置家具、壁饰及墙上陈设品等。这种采光方式使空间围合感增强，室内光线变得柔和，但从视觉上并不感到舒适，所以只有当需要利用实墙面布置什么时，或者室外场景不理想或有特殊要求的房间时，才会采用这种采光方式。当然也不尽然，高侧窗有时是设计构思的一个亮点，它会形成与众不同的光照效果（图5－4－2）。

图5－4－2　高侧采光

3. 顶部采光

在建筑顶部开天窗。顶光照度分布均匀，影响室内照度的因素较少，适用于进深较大的室内空间。在采用顶光时，避免在天窗下方设置障碍物，否则会影响照度。此外，天窗在管理、维修方面较为困难（图5－4－3）。

图5－4－3　顶部采光

室内采光还受到室外周围环境和室内界面装饰处理的影响，比如说，室外临近的建筑物，既可阻挡日光的射入，又可从墙面反射一部分日光进入室内。此外，窗面对室内说来，可视为一个面光源，它通过室内界面的反射增加了室内的照度。

由此，我们可以看出，进入室内的日光因素主要由以下三部分组成：

（1）直接天光。

（2）外部反射光，室外地面及相邻界面的反射。

（3）室内反射光，由天棚、墙面、地面的反射。

（二）人工采光

与自然采光相对而言的就是人工采光，人工采光也称人工照明。我们生活和工作的室内环境主要依靠的是人工照明。通过人工方法得到光源，即通过照明达到改善或增加照度提高照明质量的目的，称为人工采光。人工采光可用在任何需要增强改善照明环境的地方，从而达到各种功能上和气氛上的要求。

在人工采光中，光源根据发光的原理不同，大致可以分成以下三种方式（见图5-4-4）：

（1）热辐射光源。利用电流将物体加热至白炽状态而发光的光源，主要有白炽灯、卤钨灯。

（2）气体放电发光。这类光源主要利用气体放电发光，根据光源中气体的压力，又可分为低压放电光源和高压放电光源。前者主要有荧光灯和低压钠灯，后者主要有金属卤化物灯和高压钠灯。

（3）电致发光。这类光源是将电能直接转换为光能的发光现象，主要指LED光源和激光。

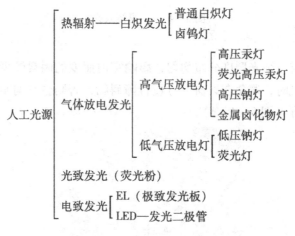

图5-4-4 人工光源的组成

二、照明方式

照明是人们夜晚空间体验的一个先决条件，好的室内灯光能够创造有利于人们工作、学习和生活的环境，也能够让人们得到更多的空间体验及享受，包括能够振奋人的精神、提高工作效率、保障人身安全和健康以及增强空间艺术表现力。因此，室内照明设计不是随意布设的，要体现合理、实用和艺术性，这也对设计师提出了一个较高的要求。要警惕照明光污染的问题，其中应该避免不恰当的且过度的照明。要以保护视力、节约用电为原则，清楚地认识到光既能为人们带来积极的影响，也能产生消极的影响。与此同时，室内照明设计是利用光的一切特性，满足于人们的实际需要，并且是创造舒适环境的有效方法之一。

（一）直接照明

能够获得很高的照度，有易于维护且费用少的特点，光通效果向下输出的光达90%～100%，其主要灯具选型有很多种，其中包括吊灯、明装荧光灯和嵌入式荧光灯、工矿灯及吸顶灯等。直接照明是人们工作、学习和生活不可或缺的人工光源，因而视觉感受及人对作业面上的光线强弱便成为照明设计中值得关注的问题。在一般情况下，作业面邻近地方的亮度应尽可能低于视觉作业面的亮度，最好不要低于作业面亮度的1/3；视觉作业周围的视野平均亮度应尽可能地不要低于视觉作业亮度的1/10，以此减轻因光线强弱的对比产生的视觉疲劳（图5-4-5）。

图5-4-5 直接照明

（二）间接照明

间接照明是90%以上的光线照射到顶或墙面上，然后再反射到工作面上。间接照明以反射光为主，它的特点是光线比较柔和，没有明显的阴影。

间接照明的形成方法主要分为两种：

（1）将不透明的灯罩装在灯的下方，光线射向顶或其他物体后再反射回来。

（2）把灯设在灯槽内，光线从平顶反射到室内成间接光线。图5-4-6就是一个很好的例子，我们能在该图中看到位于顶棚上的反光檐，其光源受到遮蔽产生了间接照明，使光线呈折射状。这种折射光源使室内光环境柔和、无阴影且消除了眩光，在一定程度上达到了较为自然的效果。

在一般情况下，此类照明方式适用于公共空间和对照度要求不太高的环境中。实际上，有很多类型的灯具都可达到间接照明的效果，比如：反射型吊装灯具、反射型壁灯等等。

图5-4-6 间接照明

（三）漫射照明

灯光射到上下左右的光线大致相同时，其照明便属于这一类。有两种处理方法：一种是光线从灯罩上口射出经平顶反射，两侧从半透明的灯罩扩散，下部从格栅扩散；另一种是用半透明的灯罩把光线全部封闭产生漫射。这类光线柔和，视感舒适（图5-4-7）。

图 5-4-7　球形灯罩的漫射照明

（四）应急照明

应急照明是正常照明故障时所使用的照明，包括疏散照明和备用照明。这种照明要在应急状态时确保疏散标志的可识别，并能够按照指示方向安全的疏散。所以，灯具装置必须要考虑上述的特性并符合相关专业的要求和条款的规定，安全性是最为重要的（图 5-4-8）。

图 5-4-8　应急照明

第五节　室内照明的作用与艺术效果

室内照明设计是一门融技术和艺术为一体的工程，属于室内设计中技术含量和艺术效果最高的部分，也是最难解决的设计问题之一。当夜幕徐徐降临的时候，就是万家灯火的世界，也是大部分人在白天繁忙工作之后希望得到休息娱乐时刻，从而可以缓解一天的压力。我们可以认识到，无论何处都离不开室内照明，也都需要用室内照明的艺术魅力来充实和丰富生活的内容。

我们将室内照明的作用与其达到的艺术效果做了一个总结，主要表现为三个方面，具体如下：

一、丰富空间内容

在现代的照明中，运用人工光源的投射、虚实、隐现等手法控制光的投射角度及光的构图秩序，可以增加空间的亮点，这是快速提高空间艺术氛围的最简单、最直接的手段，也可以通过照明限定空间、强调重点部位，从而创造出不同的空间氛围。比如时下流行的酒吧、KTV、漫摇空间，通过把色彩斑斓的灯光和室内的空间环境结合起来，可以创造出各种不同风格的酒吧情调，达到比较良好的装饰效果。反之，如果娱乐场所的灯光采用最简单的白炽灯直接照明，那么该效果会十分不理想，光顾的客人也会大大减少。因此，照明除了在满足最基本的照亮功能外，还能丰富空间内容。除此之外，空间的感觉还可以通过光的变化表现出不同的效果，一般来说，空间的开敞性与灯光的亮度成正比，亮的房间感觉大些，暗的房间感觉小些，采用漫射光作为整体照明也使空间有扩大的感觉，还可以改变空间的实和虚的感觉。

二、创造和渲染气氛

光的亮度和色彩是决定气氛的主要因素。我们知道光的刺激能影响人的情绪，一般说来，亮的房间比暗的房间更为刺激，但是这种刺激必须和空间所应具有的气氛相适应。极度的光和噪声一样都是对环境的一种破坏。据有关调查资料表明，荧屏和歌舞厅中不断闪烁的光线使体内维生素 A 遭到破坏，导致视力下降。同时，这种射线还能杀伤白细胞，使人体免疫机能下降。适度的愉悦的光能激发和鼓舞人心，而柔弱的光令人轻松而心旷神怡。光的亮度也会对人心理产生影响，有人认为对于加强私密性的谈话区照明可以将亮度减少到功能强度的1/5。光线弱的灯和位置布置得较低的灯，使周围造成较暗的阴影，顶棚显得较低，使房间似乎更亲切。

室内的气氛也由于不同的光色而变化。许多餐厅、咖啡馆和娱乐场所，常常用加重暖色如粉红色、浅紫色，使整个空间具有温暖、欢乐、活跃的气氛，暖色光使人的皮肤、面容显得更健康、美丽动人。由于光色的加强，光的相对亮度相应减弱，使空间感觉亲切（如图 5 – 5 –1）。家庭的卧室也常常因采用暖色光而显得更加温暖和睦。但是冷色光也有许多用处，特别在夏季，青、绿色的光就使人感觉凉爽。因此应根据不同气候、环境和建筑的性格要求来确定。强烈的多彩照明，如霓虹灯、各色聚光灯，可以把室内的气氛活跃生动起来，增加繁华热闹的节日气氛，现代家庭也常用一些红绿的装饰灯来点缀起居室、餐厅，以增加欢乐的气氛（图 5 – 5 – 2）。不同色彩的透明或半透明材料在增加室内光色上可以发挥很大的作用，国外某些餐厅既无整体照明，也无桌上吊灯，只用柔弱的星星点点的烛光照明来渲染气氛。

由于色彩随着光源的变化而不同，许多色调在白天阳光照耀下显得光彩夺目，但日暮以后，如果没有适当的照明，就可能变得暗淡无光。因此，德国巴斯鲁大学心理学教授马克思·露西雅谈到利用照明时说："与其利用色彩来创造气氛，不如利用不同程度的照明，效果会更理想。"

图 5 - 5 - 1　咖啡厅的照明效果

（a）

（b）

图 5 - 5 - 2　家居卧室暖、冷光的不同效果

三、光影艺术

光和影本身就是一种特殊性质的艺术，当阳光透过树梢，地面洒下一片光斑，疏疏密密随风变幻，这种艺术魅力是难以用语言表达的。又如月光下的粉墙竹影和风雨中摇晃着的吊灯的影子，却又是一番滋味。自然界的光影由太阳和月光来安排，而室内的光影艺术就要靠设计师来创造。光的形式可以从尖利的小针点到漫无边际的无定形式，我们应该利用各种照明装置，在恰当的部位，以生动的光影效果来丰富室内的空间，既可以表现光为主，也可以表现影为主，也可以光影同时表现。光影造型的千变万化要采取恰当的表现形式才能突出主题思想，丰富空间的内涵，这也是获得良好的艺术照明效果的前提。在绘画中的光影也是非常重要的，只有通过光影，才能产生立体感、空间感，并且光影也是烘托某种气氛的重要元素。

例如，大厅空间的玻璃幕墙、钢骨架在阳光照射下，投在墙面和地面上的阴影会产生丰富的视觉效果（图 5 - 5 - 3）。在室内空间的墙面上，人们经常看到优美的扇贝形光点，塑造了墙面二光的造型艺术，它不是以物质形态出现，而是以自身的光色作为造型手段，展现出迷人的视觉美感。除此之外，还有许多实例造成不同的光带、光圈、光环、光池。光影艺术可以表现在顶棚、墙面、地面，也可以利用不同的虚实灯罩把光影洒到各处。

装饰照明是以照明自身的光色造型作为观赏对象，通常利用点光源通过彩色玻璃射在墙上，产生各种色彩形状。用不同光色在墙上构成光怪陆离的抽象"光画"，是表示光艺术的又一新领域。

图 5 – 5 – 3　阳光下钢骨架投影到墙体的特效

第六节　室内常用灯具设计

灯具在室内设计中的作用不仅仅是提供照明，满足使用功能的要求，其装饰作用也为设计师们所重视和关注。仅达到光在使用上的功能要求是一件比较容易的事，只要经过严格的科学测试、分析，进行合理的分配，就可以基本上做到。但是，如何充分发挥灯具的装饰功能，配合设计的其他手段来体现设计意图则是一件艰难的工作，需要引起我们的高度重视。

设计师在设计现代灯具的时候，不仅要考虑它的发光要求和效率等方面，还要特别注重它的造型。因此，各种各样的形状、色彩、材质，无疑丰富了装饰的元素。当然，灯具的造型好坏，只是部分地反映它的装饰性，它的装饰效果只有在整个室内装修完成后才能充分地体现出来。灯具作为整体装饰设计中的一部分，它必须符合整体的构思、布置，而决不能过于强调灯具自身的装饰性。譬如，一个会议室或一个教室的照明布置，整个天棚用横条形的灯槽有序地排列，整体组成一幅很规则的图案，给人一种宁静的秩序感，这种图案式的布置本身就有很强的装饰性。由于受到空间属性、特点、风格等因素的局限，一个高级、豪华的水晶吊灯在此并不能起到它的装饰作用。而这个豪华吊灯若装在一个比较宽大的古典欧式风格的大厅里，就会使大厅富丽堂皇，起到装饰作用。灯具是装修的基本要素，犹如画家笔下的一种颜色，如何表现则需要设计师的灵感和智慧。

灯具的选用要配合整体空间，对此我们总结了三个原则，需要设计师在做设计的过程中贯彻落实，具体如下：

（1）尺度。灯具的大小体量和体积需要特别注意，尤其是一些大型吊灯，必须要充分考虑空间的大小，如果不这么做，那么就会给人带来一种十分不舒服的感觉，也会给人带来尺度上的错觉。

（2）造型。这是一个复杂性很强的问题，几句话很难概括清楚。从一般情况来看，造型的配合可以从造型本身，环境的复杂和简单，线、面、体和总体感等方面去比较，看是否有共同性。

（3）材质。材质上的共性与差异也是分析灯具与空间之间是否能够互相配合的主要因素。通常有些差别是合适的，但过大的差异，会难于协调。举个简单的例子，一个以软性材料为主的卧室装修，有布、织锦、木材等材料，给人比较温暖、亲切的感觉，假如这时装上一个不锈钢的、线条很硬的灯具造型，会打破这种亲切感，影响整体的设计效果。

实现灯具的装饰功能，除了选用合适的、有装饰效果的灯具外，同时也可以用一组或多个灯具组合成有趣味的图案，使它具有装饰性。除此之外，用灯的光影作用造成许多有意味的阴影，也是一种有效的手法。

一、室内常用的照明灯具类型

室内照明灯具按其安装方式的不同，在一般情况下可分为固定式和可移动灯具两大类，具体如下：

（一）固定式灯具

固定式灯具主要包括明装灯具和嵌入式灯具两大类。其中，明装灯具是将灯具裸露于承载面，例如，明装筒灯、明装射灯、轨道射灯、吸顶灯、吊灯、壁灯类型的灯具。嵌入式灯具是将灯具主要部分隐蔽于承载面之内，主要包括嵌入式筒灯、嵌入式射灯、格栅灯、建筑化照明等。

1. 吊灯

吊灯是悬挂于室内某一高度的灯具，广泛应用于一般照明，或用在一些大型公共空间中需要艺术处理的地方。吊灯主要适用于起居室、餐厅、大堂等室内空间。由于它处于室内空间的中心位置，其形态、质地、色彩能影响空间的气氛，具有很强的装饰性，因此，在采用时应该与室内空间的风格、尺度、环境相适应（图 5 - 6 - 1、图 5 - 6 - 2）。

图 5 - 6 - 1　花形吊灯　　　　图 5 - 6 - 2　欧式复古吊灯

2. 吸顶灯

吸顶灯是直接固定在顶棚上的灯具。它的光源一般采用白炽灯或荧光灯，可设置遮光罩，通常情况下，形状为方形、长方形以及圆形（图 5 - 6 - 3）。吸顶灯的使用功能及特性与吊灯大致相当，广泛应用于一般照明。但与吊灯不同的是，它在使用空间上一般用于较低的空间中。在使用吸顶灯的时候要注意吸顶灯的大小和数量要与室内空间相协调。

图 5-6-3　圆形吸顶灯

3. 射灯

射灯也称为投光灯或探照灯，它是将灯具安装在顶棚或墙面上，主要用于局部的照明。它本身有活动接头，可以随意调节灯具的方位和改变投光角度，与其他灯具相比，更为小巧、方便。射灯又可分为四类，分别为：天花射灯、轨道射灯、吸顶射灯以及幻影射灯（图 5-6-4）。射灯的主要特点是通过光源的集中照射来强调需要重点突出的物体或区域，它广泛应用于商业空间、展览空间和居住空间中的商品、展品和工艺品等。

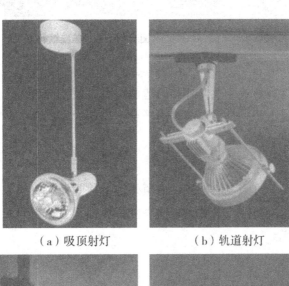

（a）吸顶射灯　　　　　　　　（b）轨道射灯

（c）天花射灯　　　　　　　　（d）幻影射灯

图 5-6-4　四种类型的射灯

4. 壁灯

壁灯是一种最常用的装饰灯具。它有很多种形式，其中包括直接照射、间接照射、向下照射以及匀散照射等。使用壁灯往往也是作为层高偏低（或过高）、不适合用吸顶灯时的一种选择。尤其在住宅、办公室等室内环境设计中，选择一些工艺形式新颖的壁灯可以充分体现出主人的修养和兴趣爱好。壁灯安装高度一般在视线高度的范围内，一般不超过1.8m。选择壁灯主要看结构、造型，铁艺锻打壁灯（图5-6-5）、全铜壁灯、羊皮纸壁灯（如图5-6-6）等都属于中高档壁灯，手工制作的壁灯价格比较贵。

图5-6-5　铁艺锻打壁灯　　　　图5-6-6　羊皮纸花型壁灯

5. 镶嵌灯

将光源嵌入顶棚中的灯具形式。根据灯具的造型特点可使光源进行定向投射或漫射。常见灯具为筒灯、格栅灯。最大特点是使顶棚表面平整、简洁大方。在举架较低的空间中使用可以减少空间的压抑感。

6. 发光顶棚

吊顶内装以白炽灯或荧光灯为主的光源，吊顶外饰半透明漫射材料或格片，此种吊顶称为发光顶棚。这种照明装置主要特点是发光表面亮度低而面积大，空间照度分布均匀，光线柔和，无强烈阴影，无眩光。

7. 发光灯槽

发光灯槽是利用在墙和顶棚交接处设置的槽板对光源进行遮挡，使光投向上方或侧方，并通过反射光使室内得到柔和、均匀的光环境，营造出平静的气氛。同时，通过发光灯槽的处理，会使顶部更具有层次感，使整个空间有增高的错觉。一般情况下，槽板距离顶棚150~300毫米。灯槽内的光源与槽边保持在200~300毫米之间距离，以避免光源暴露在人的视觉范围之内。

（二）可移动灯具

可移动灯具是指根据使用者的需要可以自由移动的灯具。最为典型的就是我们生活中必不可少的台灯（图5-6-7），还有放在地板上的落地式柱灯、杆灯和座灯（图5-6-8）。后者在庭院中常见，如果室内面积较大，结合一些雕塑造型，装饰效果会更明显。

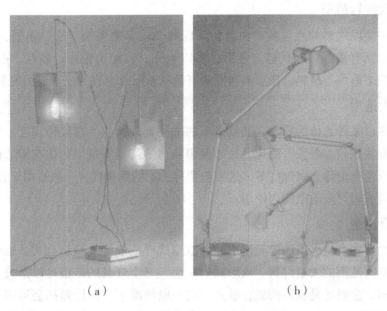

（a）　　　　　　　　　　　　（b）

图 5 – 6 – 7　台灯

图 5 – 6 – 8　钓鱼落地灯

二、灯具的造型

现今的灯具造型丰富多彩，各式各样的造型给室内设计师提供了极大的选择余地。尽管灯具的造型千变万化，品种繁多，但大体上可以分为四种类型（图 5 – 6 – 9），具体如下。

（一）传统式造型

传统式造型强调传统的文化特色，给人一种怀旧的意味。譬如，中国的传统宫灯强调的是中国式古典文化韵味，安装在按中国传统风格装修的室内空间里，的确能起到画龙点睛的作用。传统造型里还有地域性的差别，如欧洲古典的传统造型的典型代表水晶吊灯，便来源于欧洲文艺复兴时期的崇尚和追求灯具装饰的风格。尽管现今这类造型并不是照搬以前的传统式样，有了许多新的形式变化，但从总体的造型格式上来说，依旧强调的是传统特点。日本的竹、纸制作的灯具也是极有代表性的例子。传统灯具造型使用时必须注意室内环境与灯具造型的文化适配性。

（二）现代流行造型

这类造型多是以简洁的点、线、面组合而成的一些非常明快、简单明朗，趋于几何形、线条型的造型。具有很强的时代感，色彩也多以响亮、较纯的色彩，如红、白、黑等为主。这类造型非常注意造型与材料、造型与功能的有机联系同时也极为注重造型的形式美。

（三）仿生造型

这类造型多以某种物体为模本，加以适当的造型处理而成。在模仿程度上有所区别，有些极为写实，有些则较为夸张、简化，只是保留物体的基本特征。如仿花瓣形的吸顶灯、吊灯、壁灯等，以及火炬灯、蜡烛灯等。这类造型有一定的趣味性，一般适用于较轻松的环境，不宜在公共环境或较严肃的空间内使用。

（四）组合造型

这类造型是由多个或成组的单元组成的，造型式样一般为大型组合式，也就是说，它是一种适用于大空间范围的大型灯具。从形式上来说，三个灯具的造型可以是较为简洁的，也可以是较复杂的，主要还是整体的组合形式。在一般情况下，设计师都会运用一种比较有序的手法来进行处理，如四方、六角、八合等形式，总的特点是强调整体的规则性。

（a）传统式造型吊灯　　　　（b）现代流行造型吊灯

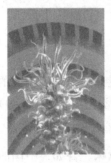 

（c）仿生造型吊灯　　　　（d）组合造型壁灯

图 5 - 6 - 9　四种灯具造型

三、灯具选型

室内设计中，照明设计应该和家具设计一样，由室内设计师提出总体构思和设计，以求得室内整体的统一。但是由于受到从设计到制作的周期和造价等一系列因素的制约，大部分灯具只能从商场购买，因此，选择灯具成为一项重要的工作，需要引起我们的高度重视。

（一）灯具的构造

为了选好灯具，设计师需要对灯具的构造有深入的认识与了解，以便更准确而合理地选择。我们就灯具的制造工艺方面，对灯具的分类做了一个总结，大致可分为以下三大类：

1. 高级豪华水晶灯具

高级豪华水晶灯具多半是由铜或铝等做骨架，进行镀金或镀铜等处理，然后再配以各种形状（粒状、片状、条状、球状等）的水晶玻璃制品。水晶玻璃含24%以上的铅，经过压制、车、磨、抛光等加工处理，使制品晶莹透彻，菱形折光，熠熠生辉，耀眼夺目。除此之外，还有一种静电喷涂工艺，水晶玻璃经过化学药水处理，也可以达到闪光透亮的艺术效果。

2. 普通玻璃灯具

普通玻璃灯具也可划分为许多种类，按制造工艺大致可以分为普通平板玻璃灯具和吹模灯具两种类型。普通平板玻璃灯具是用透明或茶色玻璃经刻花，或蚀花、喷砂、磨光、压弯、钻孔等各种工艺制作成的。吹模灯具是根据一定形状的模具，用吹制方法将加热软化的玻璃吹制成一定的造型，表面还可以进行打磨、刻花、喷砂等处理，加以配件组合成的灯具。

3. 金属灯具

金属灯具多半是用金属材料制作而成的，如铜、铝、铬、钢片等，经冲压、拉伸折角等成一定形状，表面加以镀铬、氧化、抛光等处理。筒灯就是典型的金属灯具，较为常见。

（二）选择灯具的要领

在室内环境的设计中，灯具的选择重要性十分显著。当然，满足基本的实用功能是第一步，其次要追求优美的造型，也就是要满足形式感方面的要求。灯具与室内环境的设计要相得益彰，有时甚至会起到画龙点睛的作用。

我们针对灯具选择的重要性，总结了三方面的选择要领，具体如下：

1. 灯具的选型要与整个环境的风格相协调

举个简单的例子来说，同是为餐厅设计照明，一个是西餐厅，另一个是中式餐厅，因为整体的环境风格不一样，灯具选择必然也不一样。在一般情况下，中式餐厅的灯具可以考虑具有中国传统风格的八角形挂灯或灯笼形吊灯等，而西餐厅可以考虑具有欧式风格的玻璃或水晶吊灯。

2. 灯具的尺度要与环境空间相配合

尺度感是设计中一个很重要的因素，比如一个大的豪华吊灯装在高大空间的宾馆大堂里也许很合适，这可以突出与强调空间特性。但是，如果该豪华吊灯装在一间普通客厅或卧室里，那么，它便破坏了空间的协调性，给人带来一种极为不舒服的感觉。除此之外，选择灯具的大小要考虑空间的大小，空间层高较低时，尽量不要选择过大的吊灯或吸顶灯，可以考虑用镶嵌灯或体积较小的灯具。

3. 灯具的材料质地要有助于增加环境艺术气氛

每个空间都有自己的空间性格和特点，灯具作为整体环境的一个组成部分，也发挥着十分重要的作用。无论空间强调的是朴素的、乡土气息的气氛，还是强调富丽堂皇的、宫廷的气氛，都必须选用与材料质地相互匹配的灯具。在一般情况下，强调乡土风格的可以考虑用竹、木、藤等材料制作的灯具，而豪华水晶、玻璃灯具更适用于更为豪华的空间环境。因此，设计师要酌情考虑实际情况，有的放矢地选择灯具。

第六章 室内家具、陈设与绿化设计

随着时代的不断进步，人们追求更高质量的生活，对室内的家具、陈设以及绿化都提出了更高的要求。下面，我们围绕这三个方面进行具体地阐述。

第一节 家具的作用与分类

通常情况下，室内家具的定义为供使用者坐、躺、放置、贮藏物品及从事日常活动的器具。对于设计师来说，在室内空间环境里，家具被看作为各种空间功能和关系的一种构成成分，它有着特定的空间含义。人们的特定活动要求有特定的空间，完成特定的行为、动作，要求有满足一定功能要求的家具和家具组合的方式。家具本身对其所在空间的功能质量和艺术效果有重要的影响。家具应首先具备使用功能，如桌、椅、床、柜等家具，均是人们生活、工作和休息所必备的日常用品，同时还发挥着组织人流和组织空间的重要作用。所有设计都有很多风格与流派，当然家居设计也不例外，我国每个民族都有能反映各自民族文化特点的家具。总的来说，配套合理的家具有助于室内空间形成特定的艺术氛围。

一、家具的作用

我们都清楚，家具在室内环境中发挥着至关重要的作用，我们将这些作用总结为三个方面，具体如下：

（一）明确使用功能，识别空间性质

一般情况下，只有作为交通性的通道等空间是比较容易识别与使用的，其他的室内空间（厅、室）在家具未布置前让人很难看出其性质，更谈不上其功能的实际效率。我们对此作出了一个概括，即家具是空间实用性质的直接表达者，家具的组织和布置也是空间组织使用的直接体现，是对室内空间组织、使用的再创造。良好的家具设计和布置形式，能充分反映使用的目的、规格、等级、地位以及个人特性等，从而使空间赋予一定的环境品格，我们应该从这个高度来认识家具对组织空间的作用。

（二）利用、组织空间

利用家具来分隔空间是室内设计中的主要组成部分，设计师通常利用家具进行空间的划分。比如，在景观办公室中利用家具单元沙发等进行分隔和布置空间；在住户设计中，可以利用壁柜来分隔房间；在餐厅中，可以利用桌椅来分隔用餐区和通道；在商场、营业厅中，可以利用货柜、货架、陈列柜来分划不同性质的营业区域等。因此，应该把室内空间分隔和

家具结合起来考虑，在可能的条件下，通过家具分隔既可减少墙体的面积，减轻自重，提高空间使用率，还可以通过家具布置的灵活变化达到适应不同的功能要求的目的。除此之外，某些吊柜的设置具有分隔空间的因素，并对空间作了充分的利用，如开放式厨房，常利用餐桌及其上部的吊柜来分隔空间。那么，我们可以得出这样的结论：室内交通组织的优劣，取决于家具布置的得失，布置家具圈内的工作区，或休息谈话区，不宜有交通穿越，家具布置应处理好与出入口的关系（图6-1-1）。

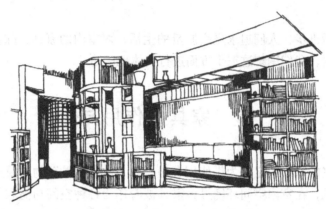

图6-1-1　利用家具组织分隔空间

（三）建立情调、创造氛围

我们都清楚，家具的体积比较大，体量十分突出，如此一来，家具就成了室内空间表现的重要组成部分。很长时间以来，人们对家具除了注意其使用功能外，还利用各种艺术手段，通过家具的形象来表达某种思想和含义。这在古代宫廷家具设计中可以充分看出，那些家具已成为封建帝王权力的象征。

从古至今，家具总是受到各种文艺思潮和流派的影响，因此才会出现各式各样的造型，家具既是实用品，也是一种工艺美术品，这已为大家所共识。家具作为一门美学和家具艺术在我国正处于起步阶段，还有很大的发展空间。家具应该是实用与艺术的结晶，那种不惜牺牲其使用功能的行为是值得批判的。

从历史上看，对家具纹样的选择、构件的曲直变化、线条的刚柔运用、尺度大小的改变、造型的壮实或柔细、装饰的繁复或简练，除了其他因素外，主要是利用家具的语言表达一种思想、一种风格、一种情调，造成一种氛围，以适应某种要求和目的，而现代社会流行的怀旧情调的仿古家具、回归自然的乡土家具、崇尚技术形式的抽象家具等，也反映了各种不同思想情绪和某种审美要求。

综上所述，现代家具应在应用人体工程学的基础上，做到结构合理、构造简洁，充分利用和发挥材料本身性能和特色。根据不同场合、不同用途、不同性质的使用要求和建筑有机结合。因此，我们要大力发扬我国传统家具的特色，进而创造出具有时代感、民族感的现代家具，为设计事业作出贡献。

二、家具的分类

我们将室内家具分为使用功能、制作材料、结构构造体系以及组成方式四大类，具体如下：

（一）按使用功能分类

也就是按家具与人体的关系和使用特点进行划分，可大致分为以下三类：

（1）坐卧类。支持整个人体的椅、凳、沙发、卧具、躺椅、床等。

（2）凭倚类。人体赖以进行操作的书桌、餐桌、柜台、作业台及几案等。

（3）贮存类。作为存放物品用的壁橱、书架、搁板等。

（二）按制作材料分类

不同的材料有不同的性能，其构造和家具造型也各具特色，家具可以用单一材料制成，也可和其他材料结合使用，从而充分发挥各自的优势，达到较为理想的效果。具体分为以下四类：

1. 木质家具

木质家具受到人们的青睐，因为木的材质轻，强度高，易于加工，而且其天然的纹理和色泽，具有很高的观赏价值和良好手感，让人们产生一种亲切感。弯曲层积木和层压板加工工艺的发明，使木质家具进一步得到发展，形式更多样，更富有现代感，更便于和其他材料结合使用，常用的木材有很多，其中包括柳桉、水曲柳、山毛榉、柚木、楠木、红木、花梨木等（图6-1-2）。

图6-1-2　木质家具

2. 藤、竹家具

藤、竹材料和木材一样具有质轻、高强和质朴自然的特点，而且更富有弹性和韧性，宜于编织，竹质家具又是理想的夏季消暑使用家具。我们都清楚，藤、竹、木都有浓厚的乡土气息，在室内别具一格，其中，常用的竹藤有很多，比如毛竹、淡竹、黄枯竹、紫竹、莉竹及广藤、土藤等。但需要我们注意的是，各种天然材料均须按不同要求进行干燥、防腐、防蛀、漂白等加工处理后才能使用（图6-1-3）。

3. 金属家具

19世纪50年代，铸铁家具在西方十分盛行，随着时代的不断发展，铸铁家具逐渐被淘汰，代之以质轻高强的钢和各种金属材料，如不锈钢管、钢板、铝合金等。金属家具常用金属管材为骨架，用环氧涂层的电焊金属丝线作座面和靠背，但与人体接触部位，即座面、靠背、扶手，常采用木、藤、叶、大麻纤维、皮革和高强人造纤维编织材料，因为这些材料能让人感到更加舒适，不仅如此，在材质色泽上也能产生较为强烈的对比效果。金属管外套软而富有弹性的氯丁橡胶管，其耐磨性更强，比较适用于公共场所（图6-1-4）。

图6-1-3 藤、竹家具

图6-1-4 金属家具

4. 塑料家具

一般采用玻璃纤维加强塑料，模具成型，它有许多特点，包括质轻高强、色彩多样、光洁度高以及造型简洁大方等。塑料家具通常与金属密不可分，用金属作骨架，成为钢塑家具（图6-1-5）。

图6-1-5 塑料家具

（三）按构造体系分类

家具按构造体系分类，可分为以下四类：

1. 框式家具

以框架为家具受力体系，再覆以各种面板，连接部位的构造以不同部位的材料而定。有榫接、铆接、承插接、胶接、吸盘等多种方式，并有固定、装拆之区别。框式家具常有木框及金属框架等。

2. 板式家具

以板式材料进行拼装和承受荷载，其连接方式也常以胶合或金属连接件等方法，视不同材料而定。板材可以用原木或各种人造板。板式家具的特点是平整简洁，造型新颖美观，广泛应用于我国的家庭中。

3. 充气家具

顾名思义，充气家具的内部是空气空腔，它的基本构造为聚氨基甲酸乙酯泡沫和密封气体，可以用调节阀调整到最理想的座位状态。此外，在1968～1969年，国外还设计有袋状坐椅（Saccular seat）。这种革新座椅的构思是在一个表面灵活的袋内，填聚苯乙烯颗粒，可成为任何形状。除此之外，还有以玻璃纤维支撑的摇椅，具有很强的独特性。

4. 注塑家具

采用硬质和发泡塑料，用模具浇筑成型的塑料家具，具有较强的整体性，是一种特殊的空间结构。如今，高分子合成材料的品种有很多，它们的性能也在随着科技的进步而不断改进，与其他材料相比，它的成本比较低，易于清洁和管理，为人们带来很大的便利，在餐厅、车站、机场中广泛应用。

（四）按家具组成分类

家具按组合式分类，可分为以下三类：

1. 单体家具

在组合配套家具产生以前，不同类型的家具，都是作为一个独立的工艺品来生产的，它们之间很少产生交集，用户可以按不同的需要和爱好单独选购。随着时代的发展，这种单独生产的家具弊端越来越明显，它不利于工业化的大批生产，不仅如此，各家具之间在形式和尺度上不易配套、统一，因此，后来被配套家具和组合家具代替。虽然如此，但是个别著名家具，如里特维尔德的红、黄、蓝三色椅等，现在仍有人愿意继续使用（图6-1-6）。

2. 配套家具

卧室中的床、床头柜、衣橱等，常是因生活需要自然形成的相
互密切联系的家具，因此，如果能在材料、款式、尺度、装饰等方

图6-1-6　红、黄、蓝三色椅

面进行统一设计，那么就能取得较为理想的室内效果。如今，配套家具已广泛应用于各种领域，比如在旅馆客房中，床、柜、桌椅、行李架……的配套，在餐室中，桌、椅的配套，在客厅中，沙发、茶几、装饰柜的配套，以及办公室家具的配套等等。需要引起我们注意的是，配套家具不等于只能有一种规格，由于使用要求和档次的不同，要求有不同的变化，从而产生了各种配套系列，使用户有更多的选择自由（图6-1-7）。

3. 组合家具

组合家具是将家具分解为一两种基本单元，再拼接成不同形式，甚至不同的使用功能，如组合沙发，可以组成不同形状和布置形式，可以适应坐、卧等要求；又如组合柜，也可由一二种单元拼连成不同数量和形式的组合柜。组合家具有利于标准化和系列化，使生产加工简化、专业化。在此基础上，又产生了以零部件为单元的拼装式组合家具。单元生产达到了最小的程度，如拼装的条、板、基足以及连接零件。这样生产更专业化，组合更灵活，也便于运输。用户可以买回配套的零部件，按自己的需要自由拼装（图6-1-8）。

图 6-1-7　配套家具　　　　图 6-1-8　组合家具（可组合叠加的茶几）

　　家具工业产品的多样化为室内设计师提供了众多的选择余地，但是，这并不意味着室内设计师在做设计时可以随便挑选家具。不同形式的家具通常适用于不同的空间类型，如果没有挑选正确的家具，那么这将对室内空间的效果产生十分消极的影响，因此，挑选家具要十分慎重，多加考虑。特别需要注意的是，批量生产的家具产品有时不一定适用于许多非标准化、模数化的内部空间，更无法适应于有特殊要求的个人。尤其是当我们坚持室内空间效果与某种统一的构造风格、某一时代特征的建筑空间相协调的时候，室内设计师就必须将家具与建筑构件统一起来考虑。那些家具与建筑构件合二为一的特定设计，是设计师在处理家具与空间关系时的重要课题。

第二节　家具的选用与布置

一、家具的布置原则

　　设计师在布置家具时，要遵循一定的原则，我们将这些原则作出了概括，具体为以下三个方面：

（一）要考虑家具的尺寸与空间环境的关系

　　在小空间中应当使用比较具有整合性的家具，如果使用过大的家具就会使整个空间显得比较狭小；而较大空间中使用比较小的家具会使得空间比较空旷，空间感觉容易产生不舒适的感受。因此在室内设计中应根据家具的尺寸与空间环境进行比较切合的搭配，使得空间与家具相得益彰。

（二）家具的风格要与室内装饰风格相一致

　　家具的风格需要与整体的室内风格相一致，使得整体风格得到比较充分的表现。在现代的设计中，有折衷主义和混搭主义，将各种风格进行综合使用的手段，但是这种风格仅限在特殊的空间环境中使用。

（三）家具要传递美的信息

　　家具也随着技术的更新发生着变化，在空间中，家具的舒适度得到不断的提升，家具的款式和造型也不断更新。人们在使用家具的同时，也享受着家具带来的视觉和使用美感。

二、家具形式与数量的确定

现代家具的比例尺度应和室内净高、门窗、窗台线、墙裙密切配合，使家具同室内装修形成统一的有机整体。

家具的形式往往涉及室内风格的表现，而室内风格的表现，除界面装饰装修外，家具起着重要作用。室内的风格往往取决于室内功能需要和个人的爱好和情趣。历史上比较成熟有名的家具，往往代表着那一时代的一种风格而流传至今。同时由于旅游业的发展，各国交往频繁，为满足不同需要，反映各国乃至各民族的特点，以表现不同民族和地方的特色，而采取相应的风格表现。因此，除现代风格以外，常采用各国各民族的传统风格和不同历史时期的古典或古代风格。

家具的数量决定于不同性质的空间的使用要求和空间的面积大小。除了影剧院、体育馆等群众集合场所家具相对密集外，一般家具面积不宜占室内总面积过大，要考虑容纳人数和活动要求以及舒适的空间感，特别是活动量大的房间，如客厅、起居室、餐厅等，更宜留出较多的空间。小面积的空间，应满足最基本的使用要求，或采取多功能家具、悬挂式家具以留出足够的活动空间。

三、家具的布置方式

应结合空间的性质和特点，确立合理的家具类型和数量，根据家具的单一性或多样性，明确家具布置范围，达到功能其分区合理。组织好空间活动和交通路线，使动、静分区分明，分清主体家具和从属家具，使相互配合，主次分明。安排组织好空间的形式、形状和家具的组、团、排的方式，达到整体和谐的效果，在此基础上进一步，应该从布置格局、风格等方面考虑。从空间形象和空间景观出发，使家具布置具有规律性、秩序性、韵律性和表现性，获得良好的视觉效果和心理效应。因为一旦家具设排好和布置好后，人们就要去适应这个现实存在。

不论在家庭还是在公共场所，除了个人独处的情况外，大部分家具的使用都处于人际交往和人际关系的活动之中，比如：家庭会客、办公交往、宴会欢聚、会议讨论、车船等候，逛商场或公共休息场所等。家具设计和布置，如座位布置的方位、间隔、距离、环境、光照，实际上往往是在规范着人与人之间各式各样的相互关系、等次关系、亲疏关系（如面对面、背靠背、面对背、面对侧），影响到安全感、私密感、领域感。形式问题影响心理问题，每个人既是观者又是被观者，人们都处于通常说的"人看人"的局面之中。

因此，当人们选择位置时必然对自己所处的地理位置作出考虑和选择，英国阿普勒登的"瞭望—庇护"理论认为，自古以来，人在自然中总是以猎人—猎物的双重身份出现，他（她）们既要寻找捕捉的猎物，又要防范别人的袭击。人类发展到现在，虽然不再是原始的猎人猎物了，但是，保持安全的自我防范本能、警惕性还是延续下来，在不安全的社会中更是如此，即使到了十分理想的文明社会，安全有了保障时，还有保护个人的私密性意识存在。因此，我们在设计布置家具的时候，特别在公共场所，应适合不同人们的心理需要，充分认识不同的家具设计和布置形式代表了不同的含义，比如，一般有对向式、背向式、离散式、内聚式、主从式等等布置，它们所产生的心理作用是各不相同的。下面从以下三方面来分类介绍家具布置的方式。

1. 从家具在空间中的位置分

（1）周边式。家具沿四周墙布置，留出中间空间位置，空间相对集中，易于组织交通，为举行其他活动提供较大的面积，便于布置中心陈设（图6-2-1）。

图6-2-1　周边式布置

（2）岛式。将家具布置在室内中心部位，留出周边空间，强调家具的中心地位，显示其重要性和独立性，周边的交通活动，保证了中心区不受干扰和影响（图6-2-2）。

图6-2-2　岛式布置

（3）单边式。将家具集中在一侧，留出另一侧空间（常成为走道）。工作区和交通区截然分开，功能分区明确，干扰小，交通成为线形，当交通线布置在房间的短边时，交通面积最为节约（图6-2-3）。

（4）走道式。将家具布置在室内两侧，中间留出走道。节约交通面积，交通对两边都有干扰，一般客房活动人数少，都这样布置（图6-2-4）。

2. 从家具布置与墙面的关系分

（1）靠墙布置。充分利用墙面，使室内留出更多的空间。

（2）垂直于墙面布置。考虑采光方向与工作面的关系，起到分隔空间的作用。

图6-2-3 单边式布置

图6-2-4 走道式布置

（3）临空布置。用于较大的空间，形成空间中的空间。

3. 从家具布置格局分

（1）对称式。显得庄重、严肃、稳定而静穆，适合于隆重、正规的场合（图6-2-5）。

图6-2-5 对称式布置

（2）非对称式。显得活泼、自由、流动而活跃，适合于轻松、非正规的场合（图6-2-6）。

图6-2-6 非对称式布置

（3）集中式。常适合于功能比较单一、家具品类不多、房间面积较小的场合，组成单一的家具组。

（4）分散式。常适合于功能多样、家具品类较多、房间面积较大的场合，组成若干家具组和家具团。

总之，设计师在进行室内设计时应当充分考虑不同的设计对象、不同的条件、不同的家具，只有这样才能真正发挥家具在室内的作用，达到预期的效果。

第三节 室内陈设的分类

室内陈设，除了家具以外，还包括日常生活用品、工艺品、室内织物、家用电器、灯具、绿化盆景等的配置与选择。总的来说，室内陈设品在整体的体量上占用空间的比重比较大，如果陈设品的选择比较合理，那么这对于一个空间功能要求和装饰要求的实现都会带来十分积极的作用，室内设计的气氛、情调，在很大程度上都取决于陈设品的设计。

室内陈设是室内装饰的延续与发展，室内陈设品的情调追求，应与室内的装饰设计一脉相承、紧密结合，利用不同陈设品的材质美、肌理美、色彩美，强化空间装饰氛围，塑造完美和谐的空间（图6-3-1）。

图6-3-1 室内陈设品的情调追求

我们将室内陈设设计在现代室内设计中的作用做了一个总结，其主要表现为以下四个方面：

（1）烘托室内气氛、创造环境意境。这里的气氛指的是内部空间环境给人的总体印象。比如欢快热烈的喜庆气氛，亲切随和的轻松气氛，深沉凝重的庄严气氛，高雅清新的文化艺术气氛等。而意境则是内部环境所要集中体现的某种思想和主题。与气氛相比较，意境不仅给人感受，还能引人联想，给人启迪，是一种精神世界的享受。意境好比人读了一首好诗，随着作者走进他笔下的其中意境。人民大会堂顶部灯具的陈设形式——以五角星灯具为中心，围绕着五星灯具布置"满天星"使人很容易联想到在党中央的领导下"全国人民大团结"的主题，烘托出一种庄严的气氛（图6-3-2）。盆景、字画、古陶与传统样式的家具相组合，创造出一种古朴典雅的艺术环境气氛。地毯、帘饰等织物的运用使天花板过高带来的空旷、孤寂感得到缓解，营造出温馨的气氛（图6-3-3）。

图6-3-2 人民大会堂　　　　　　　图6-3-3 古朴典雅的空间

（2）创造二次空间，丰富空间层次。由墙面、地面、顶面围合的空间称为一次空间，由于它们的特性，一般情况下其形状很难改变，除非进行改建，但这是一件费时费力费钱的工程。而利用室内陈设物分隔空间就是首选的好办法。我们把这种在一次空间划分出的可变空间称为二次空间。在室内设计中利用家具、地毯、绿化、水体等陈设创造出的二次空间不仅使空间的使用功能更趋合理，更能为人所用，而且使室内空间更富层次感。例如我们在设计大空间办公室时，不仅要从实际情况出发，合理安排座位，还要合理分隔组织空间，从而实现不同的用途（图6-3-4）。

图6-3-4 划分合理的大空间办公室

（3）加强并赋予空间含义。一般的室内空间应达到舒适美观的效果，而有特殊要求的空间则应具有一定的内涵，如纪念性建筑室内空间，传统建筑空间等。重庆中美合作所展览馆烈士墓地下展厅，大厅呈圆形，周围墙上是描绘烈士受尽折磨而英勇不屈的大型壁画，圆厅中央顶部有一圆形天窗，光线喷泄而下，照在一条长长的悬挂着的手铐镣上，使参观者的心为之震撼。在这里，手铐脚镣加强了空间的深刻含义，起到了教育后代的作用。

（4）强化室内环境风格。陈设设计的历史能够充分体现出人类文化的发展。陈设设计反映了人们由愚昧到文明，由茹毛饮血到现代化的生活方式。在漫长的历史进程中，不同时期的文化赋予了陈设设计不同的内容，同时也造就了陈设设计的多姿多彩的艺术特性。

我们将室内陈设大致分为室内织物陈设与室内观赏性陈设两大类，下面我们围绕这两者进行具体划分并加以阐述。

一、室内织物陈设

织物在室内的覆盖面积大，可以起到调整室内的色影、补充室内图案不足的作用，可以对室内的气氛、格调、意境等进行更深层的艺术渲染。织物具有柔软、触感舒适的特性，所以能够有效地增加舒适感。室内织物主要包括地毯、坐垫、门帘、窗帘、帷幔、靠垫、床单、床罩、台布等家具罩饰物。

（一）地毯

地毯是一种历史悠久的世界性装饰制品，最初仅为铺地、御寒湿及坐卧之用。由于民族文化的陶冶和手工技艺的发展，地毯逐步发展成为一种高级的装饰品。

地毯具有实用价值和欣赏价值，能起到抗风湿、吸尘、保护地面和美化室内环境的作用。它富有弹性、脚感舒适，且能隔热保温，降低空调费用；而且还能隔声、吸声、降噪，使住所更加宁静、舒适；并且地毯固有的缓冲作用，能防止滑倒、减轻碰撞，使人步履平稳。另外，丰富而巧妙的图案构思及配色，使地毯具有较高的艺术性，同其他材料相比，它给人以高贵、华丽、美观、舒适而愉快的感觉，是比较理想的现代室内装饰材料。

地毯按材料划分，可分为以下五大类：

1. 混纺地毯

混纺地毯是指将羊毛与合成纤维混纺后再织造的地毯，其性能介于纯毛地毯和化纤地毯之间。由于合成纤维的品种多，且性能也各不相同，当混纺地毯中所用纤维品种或掺量不同时，混纺地毯的性能也不尽相同，如在羊毛中掺加15%的锦纶纤维，织成的地毯比纯毛地毯更耐磨损。在羊毛纤维中加入20%的尼龙纤维，可使地毯的耐磨性提高5倍，装饰性能不亚于纯毛地毯且价格下降。

2. 化纤地毯

化纤地毯也称为合成纤维地毯，是以各种化学纤维为主要原料，经过机织法或簇绒法等加工成面层织物后，再与麻布背衬材料复合处理而成的一种地毯。用于制作地毯的化学纤维，主要有锦纶、腈纶、丙纶及涤纶等数种。

3. 剑麻地毯

剑麻地毯是植物纤维地毯的代表，它以剑麻纤维（西沙尔麻）为原料，经过纱纺、编织、涂胶和硫化等工序制成。产品分素色和染色两类，有斜纹、螺纹、鱼骨纹、帆布平纹、半巴拿马纹和多米诺纹等多种花色品种，幅宽 4m 以下，卷长 50m 以下，可按需要裁切。剑麻地毯具有耐酸碱、耐磨、尺寸稳定、无静电现象等特点。较羊毛地毯经济实用，但弹性较其他类型的地毯差，可用于楼、堂、馆、所等公共建筑地面及家庭地面。

4. 塑料地毯

塑料地毯是以聚氯乙烯树脂为基料，加入填料、增塑剂等多种辅助材料和添加剂，然后经混炼、塑化、并在地毯模具中成型而制成的地毯，是近几年才广泛流行的。这种地毯具有质地柔软、色泽美观、脚感舒适、经久耐用、易于清洗及质量轻等特点。塑料地毯一般是方块地毯，常见规格有 500mm×500mm、400mm×600mm、1000mm×1000mm 等多种。用于一般公共建筑和住宅地面的铺装材料，如宾馆、商场、舞台等公用建筑及高级浴室等。

5. 橡胶地毯

橡胶地毯是以天然橡胶为原料，用地毯模具在蒸压条件下模压而成的，所形成的橡胶绒长度一般为 5~6mm。橡胶地毯的供货形式一般是方块地毯，常见产品规格有 500mm×500mm、1000mm×1000mm。橡胶地毯除具有其他材质地毯的一般特性，如色彩丰富、图案美观、脚感舒适、耐磨性好等之外，还具有隔潮、防霉、防滑、耐蚀、防蛀、绝缘及清扫方便等优点，适用于各种经常淋水或需要经常擦洗的场合，如浴室、走廊、卫生间等。

(二) 窗帘、帷幔

随着时代的不断发展，窗帘帷幔已成为室内装饰不可或缺的组成部分。窗帘帷幔除了调节室内环境色调、装饰室内之外，还有遮挡外来光线、提供私密性、保护地毯及其他织物陈设不因日晒褪色、防止灰尘进入、保持室内清静、隔声消声等作用。若窗帘采用厚质织物，尺寸宽大、折皱较多，其隔声效果最佳。同时还可以起到调节室内湿度的作用，给室内创造出舒适的环境。窗帘帷幔原料也已从棉、麻等天然纤维纺织品发展为人造纤维纺织品或混纺织品。其主要品种有棉布、混纺麻织品、黏胶纤维（人造丝）织品、醋酸纤维织品、三酸纤维织品和聚丙烯腈纤维织品等。

窗帘帷幔按材质一般分为四大类，具体如下：

（1）粗料，包括毛料、仿毛化纤织物和麻料编织物等，属厚重型织物。粗料的保温、隔声、遮光性好，风格朴实大方或古典厚重。

（2）绒料，含平绒、条绒、丝绒和毛巾布等，属柔软细腻织物。纹理细密、质地柔和、自然下垂，具有保暖、遮光、隔声等特点，且华贵典雅、温馨宜人，可用于单层或双层窗帘中的厚层。

（3）薄料，含花布、府绸、丝绸、的确良、乔其纱和尼龙纱等，属轻薄型织物。质地薄而轻、品种繁多，打褶后悬挂效果好，且便于清洗，但遮光、保暖和隔声等性能较差。可单独用于制作窗帘，也可与厚窗帘配合使用。

（4）网扣及抽纱。

窗帘的悬挂方式很多，从层次上分为单层和双层；从开闭方式上分为单幅、双幅平拉、整幅和上下两段竖拉等；从配件上分设置窗帘盒，有暴露和不暴露窗帘杆；从拉开后的形状分有自然下垂和半弧形等。

合理选择窗帘的颜色及图案是达到室内装饰目的重要环节之一。其中，窗帘颜色的选择要根据室内的整体性及不同气候、环境和光线而定，举个简单的例子来说，随着季节的变化，夏季选用淡色薄质的窗帘为宜，冬天选用深色和质地厚实的窗帘为最佳。窗帘颜色的选择还应同室内墙面、家具、灯光的颜色配合，并与之相协调。图案是在选择窗帘时要考虑的另一重要因素。竖向的图案或条纹会使窗户显得窄长，水平方向图案或条纹使窗户显得短宽。碎花条纹使窗户显得大，大图案窗帘使窗户显得小（图 6 - 3 - 5）。

图 6 - 3 - 5　地毯、窗帘

（三）靠垫和罩饰物

靠垫是沙发或床头的装饰性与功能性的附属物，它在室内设计中的作用也是十分重要的，我们对此不可小觑。它的作用主要是借助对比的效果，使家具的艺术效果更加丰富多彩（图 6 - 3 - 6）。

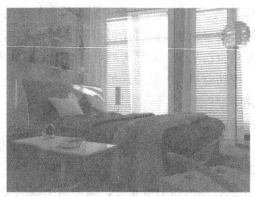

图 6 - 3 - 6　靠垫和罩饰物

二、室内观赏性陈设

观赏性陈设品可以分为两大类，一类是摆设饰品，一类是悬挂饰品。观赏品的陈设不仅着眼于其本身的艺术价值，而且着眼于它们在室内陈设艺术中的装饰作用，具体表现为以下六个方面：

（一）雕塑

瓷塑、铜塑、泥塑、竹雕、石雕、晶雕、木雕、玉雕、根雕等都是我国传统工艺品，题材广泛，内容丰富，巨细不等，流传于民间和宫廷，是常见的室内摆设，有些已是历史珍品。现代雕塑的形式更多，材质有石膏、合金等（图6-3-7）。

雕塑有玩赏性和偶像性（如人、神塑像）之分，它反映了个人情趣、爱好、审美观念、宗教意识和崇拜偶像等，它属三度空间，栩栩如生，其感染力常胜于绘画的力量。雕塑的表现还取决于光照、背景的衬托以及视觉方向。

图6-3-7　雕塑

（二）盆景

盆景在我国有着悠久的历史，是植物观赏的集中代表，被称为有生命的绿色雕塑。盆景的种类和题材十分广阔，它像电影一样，既可表现特写镜头，如一棵树桩盆景，老根新芽，充分表现植物的刚健有力、苍老古朴、充满生机；又可表现壮阔的自然山河，如一盆浓缩的山水盆景，可表现崇山峻岭、湖光山色、亭台楼阁、小桥流水，千里江山，尽收眼底，可以得到神思卧游之乐（图6-3-8）。

图6-3-8　盆景

（三）工艺美术品、玩具

工艺美术品的种类和用材更为广泛，有竹、木、草、藤、石、泥、玻璃、塑料、陶瓷、金属、织物等。有些本来就是属于纯装饰性的物品，如挂毯之类（图6-3-9）。有些是将一般日用品进行艺术加工或变形而成，旨在发挥其装饰作用和提高欣赏价值，而不在实用。这类物品常有地方特色以及传统手艺，如不能用以买菜的小篮，不能坐的飞机，常称为玩具。

图 6 - 3 - 9　挂毯

（四）日用装饰品

日用装饰品是指日常用品中，具有一定观赏价值的物品，它和工艺品的区别是，日用装饰品，主要还是在于其可用性。这些日用品的共同特点是造型美观、做工精细、品味高雅，在一定程度上，具有独立欣赏的价值。因此，不但不必收藏起来，而且还要放在醒目的地方去展示它们，如餐具、烟酒茶用具、植物容器、电视音响设备、日用化妆品、古代兵器、灯具等。我们主要围绕以下几类进行阐述：

1. 陶瓷器具

陶瓷器具是指陶器与瓷器两类器具，包括有瓦器、缸器、砂器、窑器、琉璃、炻器、瓷器等等，均是以黏土为原料加工成型、经窑火的焙烧而制成的器物。其风格多变，有的简洁流畅，有的典雅娴静，有的古朴浑厚，有的艳丽夺目，是在室内日常生活中应用广泛的陈设物品，并有日用陶瓷、陈设陶瓷与陶瓷玩具等类型。我国的陶器以湖南醴陵与江苏宜兴最为著名，瓷器则首推江西景德镇。陶瓷器具不仅用途较广，而且富有艺术感染力，常作为各类室内空间的陈设用品（图 6 - 3 - 10）。

图 6 - 3 - 10　陶瓷器具

2. 金属器具

金属器具主要指以银、铜为代表制成的金属实用器具，一般银器常用于酒具和餐具，其光泽性好，且易于雕琢，可以制作得相当精美。铜器物品包括红铜、青铜、黄铜、白铜制成的器物，品种有铜火锅、铜壶等实用品，钟磬、炉、铃、佛像等宗教用品，炉、熏、卤、瓢、爵、鼎等仿古器皿，各种铜铸动物、壁饰、壁挂，铜铸纪念性雕塑等。这些铜器物品往往端庄沉着、表洁度好、精美华贵，可以在室内空间中显示出良好的陈设效果（图6-3-11）。

图6-3-11　金属酒具

3. 玻璃器具

室内环境中的玻璃器具包括有茶具、酒具、灯具、果盘、烟缸、花瓶、花插等等，具有玲珑剔透、晶莹透明、闪烁反光的特点，在室内空间中，往往可以加重华丽、新颖的气氛。目前国内生产的玻璃器具主要可以分为以下三类：

（1）普通的钠钙玻璃器具。

（2）高档铝晶质玻璃器具。其特点是折光率高、晶莹透明，能制成各式高档工艺品和日用品。

（3）稀土着色玻璃器具。其特点是在不同的光照条件下，能够显示五彩缤纷、瑰丽多姿的色彩效果（图6-3-12）。

在室内环境中布置玻璃器具，应着重处理好它们与背景的关系，尽量通过背景的烘托反衬出玻璃器具的质感和色彩，同时应该避免过多的玻璃器具堆砌陈列在一起，以免产生杂乱的印象。

图6-3-12　玻璃果盘

4. 书籍杂志

书籍杂志也是不少空间的陈设物品，有助于使室内空间增添文化气息，达到品位高雅的效果。通常书籍都存放在书架上，但也有少数自由散放。为了取得整洁的效果，一般按书籍的高矮和色彩来分组，或把相同包装的书分为一组；有时并非所有的书都立放，部分横放的书也许会增添生动的效果。书架上的小摆设，如植物、古玩及收藏品都可以间插布置，以增强陈设的趣味性，且与书籍相互烘托产生动人的效果。

5. 文体用品

文体用品包括文具用品、乐器和体育运动器械。文具用品是室内环境中最常见的陈设物品之一，如笔筒、笔架、文具盒和笔记本等。乐器除陈列在部分公共建筑中以外，主要陈列在居住空间之中，如：音乐爱好者可将自己喜欢的吉他、电子琴、钢琴等乐器陈列于室内环境，既可怡情遣性、陶冶性情，又可使居住空间透出高雅的艺术气氛。此外，随着人们对自身健康的关注，体育运动与健身器材也越来越多地进入人们生活与工作的室内环境，且成为室内空间中新的亮点。特别是造型优美的网球拍、高尔夫球具、刀剑、弓箭等运动健身器材，常常可以给室内环境带来勃勃生机和爽朗活泼的生活气息。

6. 家用电器

如今家用电器已经成为室内环境的重要陈设物品，常见的包括：电视机、收音机、收录机、音响设备、电冰箱等。家用电器造型简洁、工艺精美、色彩明快，能使空间环境富有现代感，它们与组合柜、沙发椅等现代家具相配合，可以达到和谐的效果。

在室内空间，电视机应放在高低合适的位置，电视机屏幕与收看者的距离要合适，以便既能看清画面，又能保护人们的视力。而收音机、收录机，特别是大型台式、落地式收音机、收录机，宜与沙发等结合布置在空间的一侧或一角，使此处成为欣赏音乐、接待客人的场所。另外设置音箱时，其大小和功率要与空间的大小相配合，两个音箱与收听者的位置最好构成三角形，以便取得良好的音响效果。

电冰箱在冷冻时会散发出一定的热量，并有轻微的响动，在厨房面积较小的情况下，最好放在居室与厨房之间的过厅内，洗衣机应放在卫生间或其他空间内（图 6 - 3 - 13）。

图 6 - 3 - 13　家用电器

（五）字画

我国传统的字画陈设表现形式，有楹联、条幅、中堂、匾额以及具有分隔作用的屏风、纳凉用的扇面、祭祀用的祖宗画像等（可代替祠堂中的牌位）。所用的材料也丰富多彩，有纸、锦帛、木刻、竹刻、石刻、贝雕、刺绣等。字画篆刻还有阴阳之分、漆色之别，十分讲究。书法中又有篆隶正草之别。画有泼墨工笔、黑白丹青之分，以及不同流派风格，可谓应有尽有。我国传统字画至今在各类厅堂、居室中广泛应用，并作为表达民族形式的重要手段。西洋画的传人以及其他绘画形式，丰富了绘画的品类和室内风格的表现。字画是一种高雅艺术，也是广为普及和为群众喜爱的陈设品，可谓装饰墙面的最佳选择。

字画的选择全在内容、品类、风格以及幅画大小等因素，例如现代派的抽象画和室内装饰的抽象风格十分协调（图6-3-14）。

图6-3-14　字画

（六）摄影作品

摄影作品是一种纯艺术品。摄影和绘画不同之处在于摄影只能是写实的和逼真的。少数摄影作品经过特技拍摄和艺术加工，也有绘画效果，因此摄影作品的一般陈设和绘画基本相同，而巨幅摄影作品常作为室内扩大空间感的界面装饰，意义已有不同。摄影作品制成灯箱广告，这是不同于其他绘画的特点。

由于摄影能真实地反映当地当时的情景，因此某些重要的历史性事件和人物写照，常成为值得纪念的珍贵文物，因此，它既是摄影艺术品又是纪念品（图6-3-15）。

图6-3-15　摄影作品

（七）观赏动、植物

能够在室内环境作为陈设品的观赏动物主要有鸟和鱼，观赏植物的种类则非常繁多。一般在室内放置适当的观赏动物往往能取得良好的效果，例如鸟在笼中啼鸣，鱼在水中游动，这些均可给室内空间注入生动活泼的气息（图 6-3-16）。

观赏植物作为室内陈设不仅能使室内充满生机与活力，而且有助于静心养神缓解人们的心理疲劳，具有其他室内陈设品不可比拟的功效。

图 6-3-16 鱼缸

第四节 室内陈设的选择与布置

一、室内陈设的选择

陈设的选择应遵循以实用为主导，以美化为辅助的设计原则。所选陈设品，应对室内空间形象的塑造、气氛表达、渲染起重要的烘托点睛作用，从而表露出一定的思想内涵和文化精神，此外，还可以从中看到生活与时代变化的节奏、韵律。同时，在陈设品的选择上还要从家具装饰陈设的文化品位去考虑，如从室内环境中体现主人的修养、喜好甚至学识；从宾馆的陈设中辨别它的档次、星级与价格；从办公陈设中感受企业的文化、企业的业务性质与企业整体的形象；从餐饮陈设中品味它的主题与独特的餐饮环境；从娱乐陈设中体验不同层次的休闲、轻松与娱乐的情趣等。

二、室内陈设的布置原则

我们将室内陈设的布置原则总结为四个方面，具体如下：

（一）陈设品要与室内的基本风格和使用功能相协调

一幅画、一件雕塑、一副对联，它们的线条、色彩，不仅为了表现本身的题材，也应和空间场所相协调。只有这样才能反映不同的空间特色，形成独特的环境气氛，赋予深刻的文化内涵，而不流于华而不实、千篇一律（图 6-4-1）。

图6-4-1 自然风格的起居室，挂画、绿化植物、雕塑等与其相协调

（二）陈设品的形式、大小和色彩要与空间的大小尺度和色调相一致

室内陈设品过大，常使空间显得小而拥挤，过小又可能产生室内空间过于空旷，局部的陈设也是如此。例如，沙发上的靠垫做得过大，使沙发显得很小，而过小则又如玩具一样很不相称。陈设品的形状、形式、线条更应与家具和室内装修取得密切的配合，运用多样统一的美学原则达到和谐的效果（图6-4-2）。

图6-4-2 靠垫与沙发的比例、颜色相称

（三）考虑陈设品材质的选择

不同材质和肌理的陈设品会带来不同的视觉和心理感受。在色彩上，可以采取对比的方式以突出重点，或采取调和的方式，使家具和陈设之间、陈设和陈设之间，取得相互呼应、彼此联系的协调效果。

色彩又能起到改变室内气氛、情调的作用。例如，以无彩系处理的室内色调，偏于冷淡，常利用一簇鲜艳的花卉，或一对暖色的灯具，使整个室内气氛活跃起来（图6-4-3）。

图6-4-3 鲜花盆景为大厅的视觉中心，渲染室内气氛

（四）考虑陈设品的民族特色和文化特征

不同地域、不同职业和不同文化程度的人对陈设品的民族文化特征的选择是各不相同的。可以说，对室内陈设品民族文化特征的选择最能体现主人的个性品质和精神内涵（图6-4-4）。

图6-4-4 具有民族特色的卫生间中，鱼形雕塑与鲜花为空间增添活力

总的来说，目前的装饰市场比较单一，其目的以装修为主，很少涉及陈设与装饰这方面内容。不过，随着时代的发展，人们对生活的品质要求越来越高，室内装饰市场将日益完善。

三、室内陈设的陈列方式

我们将陈设品的陈列方式总结为墙面陈列、台面陈列、橱架陈列及其他各类陈列方式，具体如下：

（一）墙面陈列

墙面陈列是指将陈设品张贴、钉挂在墙面上的陈列方式。其陈设物品以书画、编织物、挂盘、木雕、浮雕等艺术品为主，也可悬挂一些工艺品、民俗器物、照片、纪念品、嗜好品、个人收藏品、乐器以及文体娱乐用品等。在一般情况下，书画作品、摄影作品是室内最重要的装饰陈设物品，悬挂这些作品应该选择完整的墙面和适宜的观赏高度（图6-4-5）。

　　墙面陈列需注意陈设品的题材要与室内风格一致；还需注意陈设品本身的面积和数量是否与墙面的空间、邻近的家具以及其他装饰品有良好的比例协调关系；悬挂的位置也应与近处的家具、陈设品取得活泼的均衡效果。墙面宽大适宜布置大的陈设品以增加室内空间的气势，墙面窄小适宜布置小的陈设物品以留出适度的空隙，否则再精彩的陈设品也会因为布置不当而逊色。

　　作为陈设的位置，如果要取得庄重的效果，那么可以采用对称平衡的手法；反之，如果希望取得活泼、生动的效果，那么可以采用自由对比的手法。

图 6 - 4 - 5　墙面陈列

（二）橱架陈列

　　橱架陈列是一种兼有贮藏作用的陈列方式，可以将各种陈设品进行统一的集中陈列，这使得空间显得较为整齐有序，对于陈设品较多的场所来说，是最为实用有效的陈列方式。适合于橱架展示的陈设品有很多，比如：书籍杂志、陶瓷、古玩、工艺品、奖杯、奖品、纪念品以及一些个人收藏品等等。对于较为珍贵的陈设物品，比如收藏品等，可将橱架用玻璃门封闭起来，使其中的陈设品不受灰尘的污染，而且也不影响它的观赏效果。橱架还可做成开敞式，分格可采用灵活形式，以便根据陈设品的大小灵活调整（图 6 - 4 - 6）。

图 6 - 4 - 6　橱架陈列

橱架陈列可分为两类，即单独陈列和组合陈列。橱架的造型、风格与色彩等都应视陈列的内容而定，如陈列古玩，则橱架以稳重的造型、古典的风格、深沉的色彩为宜；若陈列的是奖杯、奖品等纪念品，则宜以简洁的造型，较现代感的风格为宜，色彩则深、浅皆宜；除此之外，还要考虑橱架与其他家具以及室内整体环境的协调关系，力求整体上与环境统一，局部则与陈设品协调。

(三) 台面陈列

台面陈列主要是指将陈设品陈列于水平台面上的陈列方式。其陈列范围包括各种桌面、柜面、台面等，比如：书桌、餐桌、梳妆台、茶几、床头柜、写字台、画案、角柜台面、钢琴台面、化妆台面、矮柜台面等等。陈设物品也有许多，比如：床头柜上的台灯、闹钟、电话；梳妆台上的化妆品；书桌上的文具、书籍；餐桌上的餐具、花卉、水果；茶几上的茶具、食品、植物等等。除此之外，电器用品、工艺品、收藏品等都可陈列于台面之上（图 6 - 4 - 7）。

图 6 - 4 - 7　台面陈列

需要引起我们注意的是，台面陈列必须与人们的生活行为相配合，如家中的客人一般习惯在沙发上就座、谈话、喝茶、吃水果、欣赏台面陈设物，所以茶具、果盘、烟缸等物均应放置在附近的茶几上，供人们随手方便地取用。事实上，室内空间中精彩的东西不需要多，摆设恰当，就能让人赏心悦目。台面陈列一般需要在井然有序中求取变化，并在许多陈设品中寻求和谐与自然的节奏，以让室内环境显得丰富生动，融合而情浓。

(四) 其他陈列方式

上述三种陈列方式比较普遍，除了这三种方式外，还有一些方式，比如：地面陈列、悬挂陈列、窗台陈列（图 6 - 4 - 8）等。对于有些尺寸较大的陈设品，设计师可以直接将它们陈列于地面，比如灯具、钟、盆栽、雕塑艺术品等。有的电器用品，如音响、大屏幕电视机等，也可以采用地面陈列的方式。悬挂陈列的方式主要应用在公共室内空间中，比如大厅内的吊灯、吊饰、帘幔、标牌以及植物等等。然而，在居住空间中也有不少悬挂陈列的例子，比如吊灯、风铃、垂帘以及植物等。窗台陈列方式以布置花卉植物为主，当然也可陈列一些其他的陈设品，如书籍、玩具、工艺品等等。窗台陈列应注意窗台的宽度是否足够陈列，否则陈设品易坠落摔坏，同时要注意陈设品的设置不应影响窗户的开关使用。

图 6 - 4 - 8　窗台陈列

第五节　室内绿化设计

　　室内绿化指的是把自然界中的绿色植物和山石水体经过科学的设计、组织所形成的具有多种功能的内部自然景观，室内绿化能够带来一种生机勃发、盎然的环境气氛，作用十分重大，不可忽视。

　　在现代城市生活的繁杂喧嚣声中，人们向往自然界所带来的生机与活力。在室内设计中，人们巧妙地把自然景观、绿色植物、山石水景以及中国园林的设计元素引进室内，似清凉剂，给向往回归自然的都市人提供了一片理想的家园，并满足了人们对大自然意境追求的心理与生理的需求。同时，将绿化引进室内，与空间的装饰设计、陈设布置等牵连在一起，营造诗情画意，也表现出对中国传统文化意识与风格继承的含义。

　　中国古代哲人"天人合一"的哲学观至今影响看我的，其反映的不仅仅是一种文化内涵，更重要的是深层次地表露人向往自然的本性内涵。

　　古人讲的"天"，从环境艺术的观念上来理解能看成是除自身群体以外的客观自然环境或人工环境，"人"能视为自我与群体，即审美主体。"天人合一"应看作是人与物的共生，人与自然的共存，人与环境的"对话"、沟通和融合。过去那些"要向大自然去索取"的口号与观点，已遭到人们越来越多的厌弃，现在人们更乐于听取"与自然为友"的呼吁。现代人的这一觉醒意识，落实到室内环境设计上，便体现在不管是大型公共空间，如商场、宾馆、饮食业等，还是家居环境设计中，都竭力地将自然中的绿色植物、山水花石等绿化审美元素引入进来，融会于极端非自然的人造环境中，以求得心灵的慰藉与平衡，愉悦与安适。

　　室内空间的绿化的生态效应是室内自然调节器，它可以澄新空气，改善气候，有益于室内环境的良性循环。同时，室内绿化可在建筑中用分层建构这样一种独特的空间利用方式，在目前城市人口密度偏大，生活用地偏紧，公共绿地偏少的情况下，这成为增加绿化覆盖率的有效途径。

　　绿化一旦引入室内空间环境，便获得与大自然异曲同工的胜境。植物、水、石所形成的空间美、形态美、色彩美、时空美、音响美、极大地丰富了室内空间设计艺术表现力。使人心境得以净化，怡情养性，徜徉于物外之意、景外之境的美好氛围之中。

随着城市化进程的加快，人与自然日趋分离，今天人们更加渴望能在室内空间中欣赏到自然的景象，享受到绿色植物带来的清新气息，因此，室内绿化日益走进千家万户之中。室内绿化已经超出其他一切室内陈设物品的作用，成为室内环境中具有生命活力的设计元素（图6-5-1）。

图6-5-1 公共空间中的绿色布置

一、室内绿化设计的功能与意义

绿色植物引入室内环境已有数千年的历史，是当今室内设计中的重要内容，它通过植物（尤其是活体植物）、山石、水体在室内的巧妙配置，使其与室内诸多要素达到统一，进而产生美学效应，给人以美的享受。室内绿化在室内空间中的作用主要表现为四个方面，具体如下：

（一）改善空气环境

绿化的生态功能是多方面的，在室内环境中有助于调节室内的温度、湿度，净化室内空气质量，改善室内空间小气候。据分析，在干燥的季节，绿化较好的室内环境的湿度比一般室内的湿度约高20%；到梅雨季节，由于植物具有吸湿性，其室内湿度又可比一般室内的湿度低一些；花草树木还具有良好的吸声作用，有些室内植物能够降低噪声的能量，若靠近门窗布置绿化，还能有效地阻隔传入室内的噪声；绿色植物还能吸收二氧化碳，放出氧气，净化室内空气。

（二）美化环境、陶冶情操

绿色植物，不论其形、色、质、味，或其枝干、花叶、果实，所显示出蓬勃向上、充满生机的力量，引人奋发向上，热爱自然，然爱生活。植物生长的过程，是争取生存及与大自然搏斗的过程，其形态是自然形成的，没有任何掩饰和伪装。不少生长于缺水少土的山岩、墙垣之间的植物，盘根错节，横延纵伸，广布深钻，充分显示其为生命斗争的无限生命力，在形式上是一幅抽象的天然图画，在内容上是一首生命赞美之歌。它的美是一种自然美，洁净、纯正、朴实无华，即使被人工剪裁，任人截枝斩干，仍然显示其自强不息、生命不止的顽强生命力。因此，树桩盆景之美与其说是一种造型美，倒不如说是一种生命之美。

（三）组织与引导空间

利用绿化组织室内空间、强化空间，大致表现为三个方面，具体如下：

1. 分隔空间

以绿化分隔空间的范围是十分广泛的，如在两厅室之间、厅室与走道之间以及在某些大的厅室内需要分隔成小空间的，如办公室、餐厅、旅店大堂、展厅，此外在某些空间或场地的交界线，如室内外之间、室内地坪高差交界处等，都可用绿化进行分隔。某些有空间分隔作用的围栏，如柱廊之间的围栏、临水建筑的防护栏、多层围廊的围栏等，也均可以结合绿化加以分隔。

对于重要的部位，比如正对出入口，可以起到屏风作用的绿化，还必须要作出重点的处理，分隔的方式大都采用地面分隔方式，如有条件，也可采用悬垂植物由上而下进行空间分隔。

2. 联系引导空间

联系室内外的方法是很多的，如通过铺地由室外延伸到室内，或利用墙面、顶棚或踏步的延伸，也都可以起到联系的作用。但是相比之下，都没有利用绿化更鲜明、更亲切、更自然、更惹人注目和喜爱。

许多宾馆常利用绿化的延伸来联系室内外的空间，这种做法可以起到过渡和渗透作用，通过连续的绿化布置，强化室内外空间的联系和统一。图6-5-2为珠海石景山庄入口，把室外草坪延伸至室内，再用两盆栽连续布置引向大门进口。因此，大凡在架空的底层，入口门廊开敞形的大门入口，常常可以看到绿化从室外一直延伸进来，它们不但加强了入口效果，而且这些被称为模糊空间或灰空间的地方最能吸引人们在此观赏、逗留或休息。

图6-5-2　珠海石景山庄入口

3. 突出空间的重点

在大门入口处、楼梯进出口处、交通中心或转折处、走道尽端等处，既是交通的要害和关节点，也是空间中的起始点、转折点、中心点、终结点等，是必须引起人们注意的位置，因此，常放置特别醒目、更富有装饰效果甚至名贵的植物或花卉，使其起到强化空间、突出重点的作用。

布置在交通中心或尽端靠墙位置的，也常成为厅室的趣味中心而加以特别装点。这里应说明的是，位于交通路线的一切陈设，包括绿化在内，必须以交通和紧急疏散时不致成为绊脚石，并按空间大小形状选择相应的植物。如放在狭窄的过道边的植物，不宜选择低矮、枝叶向外扩展的植物，否则，既妨碍交通又会损伤植物，应选择与空间更为协调的修长的植物。

（四）柔化空间

树木花卉以其千姿百态的自然姿态、五彩缤纷的色彩、柔软飘逸的神态、生机勃勃的生命，恰巧和冷漠、刻板的金属、玻璃制品及僵硬的建筑几何形体和线条形成强烈的对照。例如，乔木或灌木可以以其柔软的枝叶覆盖室内的大部分空间；蔓藤植物，以其修长的枝条，从这一墙面伸展至另一墙面，或由上而下吊垂在墙面、柜、橱、书架上，仿佛一串翡翠般的绿色枝叶装饰着，并改变了室内的空间形态；大片的宽叶植物，可以在墙隅、沙发一角，这在很大程度上改变了家具设备的轮廓线，从而给予人工的几何形体的室内空间一定的柔化和生气。这是其他任何室内装饰、陈设所不能代替的（图6-5-3）。

图6-5-3　树木花卉柔化室内空间

二、室内绿化设计的形式

1. 自然式

自然式也称不规则式。在室内空间中，随空间结构的变化而布置协调的花卉、植物、山石小景，浓缩大自然的美景于室内有限的空间当中。自然式的布置绿化，常给人以自然、清新的感觉，花草、假山、小桥、流水、声、色、香构成欢乐的曲调，是人们最喜爱的方式（图6-5-4）。

2. 规则式

规则式又被称为整齐式、对称式。这种方式主要运用在室内绿化景观本体设计上，呈左右对称式。规则式的景观设计，总是能给人带来庄严、整齐的感觉，适合较为严肃的公共环境（图6-5-5）。

3. 综合式

在室内绿化设计中，设计师往往根据所绿化空间的大小、具体的功能作用来决定采用何种设计形式。顾名思义，综合式是兼有以上提及的自然式与规则式两种特点的绿化设计形式，应用得最为广泛。

图6-5-4　自然式绿化设计　　　　　图6-5-5　规则式绿化设计

三、室内绿化设计的构成

室内绿化设计是由植物、水景、石景三者组成的，我们将这三者进行了总结，具体如下：

（一）室内植物

室内植物是室内绿化的核心元素。可以说，没有植物就无所谓室内绿化，所以，研究室内植物的布置与设计不仅要考虑周围的美学效果，更应考虑植物的生长环境，尽可能地满足植物正常生长的物质条件，需要注意以下六个方面：

1. 光照与室内植物的生存关系

光是生命之源，更是植物生长的直接能量来源。植物利用叶中的叶绿素吸收空气和水分，在光的驱动下转变为葡萄糖并释放出氧气，从而维持正常的生命活力。室内植物的健康成长，受光因素的三个特性影响，即光的照度、光照时间和光质。

2. 温度与室内植物的生存关系

植物属于变温生物，其体温常接近于气温（根部温度接近于土温），并随环境温度的变化而变化。温度对植物的重要性在于，植物的生理活动、生化反应都必须在一定的温度条件下进行。

3. 水与室内植物的生存关系

植物的体内绝大部分是水，占植物鲜重的75%～90%以上，因此植物离不开水。在室外，水以气态水（湿度）、液态水（露、雾、云和雨）及固态水（霜、雪和冰雹）对植物产生影响；而在室内，除了水生植物的基质水外，主要以湿度的形式影响植物。生态学研究表明，水分对植物的生长影响也有最高、最低和最适三基点。低于最低点，植物萎蔫，生长停止、枯萎；高于最高点，根系缺氧，窒息、烂根；只有处于最适范围内才能维持植物的水分平衡，以保证其正常生长。

4. 土壤与室内植物的生存关系

虽然现在已有无土栽培技术，但土壤仍然是绝大部分植物的生长基质。土壤对植物最显著的作用之一就是提供根系的生长环境。

5. 常用于室内栽种的主要植物种类

我们都清楚，植物以它丰富的形态和色彩为室内环境增添了不少情趣。它还与家具等其他陈设一起，组成室内的一道变化无穷的风景线。目前，适合室内栽培的植物按观赏特点，可分为观叶植物、观花植物；按植物学分类，可分为木本植物、草本植物、藤本植物等。

（1）木本植物常见以下几种：

①垂榕。该植物的特点为：喜温湿，枝条柔软，叶互生，革质，卵状椭圆形，丛生常绿。自然分枝较多，盆栽成灌木状，对光照没有较高的要求，常年置于室内也能生长，5℃以下可越冬。它的原产地是印度，我国已有引种。

②假槟榔。该植物的特点为：喜温湿，耐阴，有一定耐寒抗旱性，树体高大，干直无分枝，叶呈羽状复叶。在我国广东、海南、福建、台湾广泛栽培。

③印度橡胶树。该植物的特点为：喜温湿，耐寒，叶密厚而有光泽，终年常绿，树型高大，3℃以上可越冬，应置于室内明亮处。原产印度、马来西亚等地，现在我国南方已广泛栽培（图6－5－6）。

图6－5－6　印度橡胶树

④鹅掌木。常绿灌木，该植物的特点为：耐阴喜湿，多分枝，叶为掌状复叶，一般在室内光照下可正常生长。原产我国南部热带地区及日本等地。

⑤广玉兰。常绿乔木，喜光，喜温湿，半耐阴，叶长椭圆形，花白色，大而香。室内可放置1~2个月。

⑥海棠。落叶小乔木，该植物的特点为：喜阳，抗干旱，耐寒，叶互生，花簇生，花红色转粉红，品种有贴梗海棠、垂丝海棠、西府海棠、木瓜海棠，为我国传统名花，可制作成桩景、盆花等观花效果，宜置室内光线充足、空气新鲜之处。该花在我国广泛栽种。

⑦棕榈。常绿乔木，该植物的特点为：极耐寒，耐阴，圆柱形树干，叶簇生于茎顶，掌状深裂达中下部，花小黄色，根系浅而须根发达，寿命长，耐烟尘，抗二氧化硫及氟的污染，有吸收有害气体的能力，室内摆设时间：冬季可1~2个月轮换一次，夏季半个月就需要轮换一次。棕榈在我国分布很广。

⑧蒲葵。常绿乔木，该植物的特点为：喜温暖，耐阴，耐肥，干粗直，无分枝，叶硕大，呈扇形，叶前半部开裂，形状与棕榈相似，在我国广东、福建广泛栽培（图6－5－7）。

⑨桂花。常绿乔木，该植物的特点为：喜光，耐高温，叶有柄，对生，椭圆形，边缘有细锯齿，革质深绿色，花黄白或淡黄，花香四溢，树性强健，树龄长，在我国各地普遍种植。

⑩山茶花。该植物的特点为：喜温湿，耐寒，常绿乔木，叶质厚亮，花有红、白、紫或复色，是我国传统的名花，花叶俱美，倍受人们喜爱。

图6-5-7 蒲葵

（2）草本植物常见以下几种：

①文竹。多年生草本观叶植物，该植物的特点为：喜温湿，半耐阴，枝叶细柔，花白色，浆果球状，紫黑色。原产南非，现世界各地均有栽培。

②火鹤花。该植物的特点为：喜温湿，叶暗绿色，红色单花顶生，叶丽花美。原产中、南美洲。

③白掌。多年生草本，观花观叶植物，该植物的特点为：喜湿耐阴，叶柄长，叶色由白转绿，夏季抽出长茎，白色苞片，乳黄色花序。原产美洲热带地区，现在我国南方均有栽植（图6-5-8）。

图6-5-8 白掌

④金边五彩。多年生观叶植物，该植物的特点为：喜温，耐湿，耐旱，叶厚亮，绿叶中央镶白色条纹，开花时茎部逐渐泛红（图6-5-9）。

⑤斑背剑花。该植物的特点为：喜光耐旱，叶长，叶面呈暗绿色，叶背有紫黑色横条纹，

花茎呈绿色，由中心直立，红色似剑。原产地为南美洲的圭亚那（图6－5－10）。

图6－5－9　金边五彩　　　　　　图6－5－10　斑背剑花

⑥广东万年青。该植物的特点为：喜温湿，耐阴，叶卵圆形，暗绿色。原产我国广东等地。

⑦菠叶斑马。多年生草本观叶植物，该植物的特点为：喜光耐旱，绿色叶上有灰白色横纹斑，中央呈环状贮水，花红色，花茎有分枝。

⑧虎尾兰。该植物的特点为：多年生草本植物，喜温耐旱，叶片多肉质，纵向卷曲成半筒状，黄色边缘上有暗绿横条纹似虎尾巴，称金边虎尾兰。原产美洲热带，现在我国各地普遍栽植。

⑨兰花。多年生草本，该植物的特点为：喜温湿，耐寒，叶细长，花黄绿色，香味清香，品种繁多，为我国历史悠久的名花。

⑩吊兰。常绿缩根草本，该植物的特点为：喜温湿，叶基生，宽线形，花茎细长，花白色，品种有很多。非洲是其原产地，现在我国广泛栽植。

（3）藤本植物常见以下几种：

①大叶蔓绿绒。蔓性观叶植物，该植物的特点为：喜温湿，耐阴，叶柄紫红色，节上长气生根，叶戟形，质厚绿色，攀缘观赏。原产美洲热带地区。

②黄金葛。又称绿萝，蔓性观叶植物，该植物的特点为：耐阴，耐湿，耐旱，叶互生，长椭圆形，绿色上有黄斑，攀缘观赏（图6－5－11）。

图6－5－11　黄金葛

③薜荔。常绿攀缘植物，该植物的特点为：喜光，贴壁生长，生长快，分枝多。现在我国已广泛栽培。

④绿串珠。蔓性观叶植物，该植物的特点为：喜温，耐阴，茎蔓柔软，绿色珠形叶，悬垂观赏。

6. 室内植物的布局形式

室内空间中布置绿色植物，首先要考虑室内空间的性质、用途，然后根据植物的尺度、形状、色泽、质地，充分利用墙面、顶面、地面来布置植物，达到组织空间、改善空间和渲染空间的目的。近年来许多大中型公共建筑常辟有高大宽敞、具有一定自然光照的"共享空间"，这里是布置大型室内景园的绝妙场所，如广州白天鹅宾馆就设置了以"故乡水"为主题的室内景园。宾馆底层大厅贴壁建成一座假山，山顶有亭，山壁瀑布直泻而下，壁上种植各种耐湿的蕨类植物、沿阶草、龟背竹等等。瀑布下连曲折的水池，池中有鱼、池上架桥，并引导游客欣赏珠江风光。池边种植旱伞草、艳山姜、棕竹等植物，高空悬吊巢蕨。绿色植物与室内空间关系处理得水乳交融，优美的室内园林景观使游客流连忘返（图6-5-12）。

图6-5-12 广州白天鹅宾馆中庭

室内植物布局的方式有很多种，我们将这些方式做了一个总结，具体表现为以下四个方面：

（1）点状布局。点状布局是指独立或组成单元集中布置的植物布局方式。这种布局常常用于室内空间的重要位置，除了能加强室内的空间层次感以外，还能成为室内的景观中心，因此，在植物选用上更加强调其观赏性。点状绿化既可以是大型植物，也可以是小型花木。其中，大型植物通常放置于大型厅堂之中；而小型花木，则可置于较小的房间里，或置于几案上或悬吊布置。点状绿化是室内绿化中运用最普遍、最广泛的一种布置方式。

（2）线状布局。线状布局指的是绿化呈线躞排列的形式，又划分为两类，分别为直线式和曲线式。其中，直线式是指用数盆花木排列于窗台、阳台、台阶或厅堂的花槽内，组成带式、折线式，或呈方形、回纹形等，直线式布局能起到区分室内不同功能区域、组织空间、调整光线的作用；而曲线式则是指把花木排成弧线形，如半圆形、圆形、曲线形等多种形式，且多与家具结合，并借以划定范围，组成较为自由流畅的空间。另外利用高低植物创造有韵律、高低相间的花木排列，形成波浪式绿化也是垂面曲线的一种表现形态。

（3）面状布局。面状布局指的是成片布置的室内绿化形式。它通常由若干个点组合而成，多数用作背景，这种绿化的体、形、色等都应以突出其前面的景物为原则。有些面状绿化可能用于遮挡空间中有碍观瞻的东西，这个时候它就不是背景了，而成为了空间内的主要景观节点。在一般情况下，植物的面状布局形态分为规则式和自由式两种，它常用于大面积空间和内庭之中，其布局一定要有丰富的层次，并达到衬托主题、美观耐看的艺术效果。

（4）综合布局。综合布局是指由点、线、面有机结合构成的绿化形式，是室内绿化布局中采用最多的方式。它既有点、线，又有面，且组织形式多样，层次丰富。布置中应注意高低、大小、聚散的关系，并需在统一中有变化，以传达出室内绿化丰富的内涵和主题。

（二）室内水景

水是室内环境绿化的另一审美景素。室内设计师可以借水景来调节室内的气氛，可用水景来形成绿化合成的纽带，也可成为室内绿化的构景中心。设置水景，会使室内空间环境富于生命力。水景具有形质美感、流动美感、音响美感。水可以使环境融入时空观念，水可以在室内妙造神境，在有限的室内空间中，水景可以让人们联想到浩渺江湖，"尺波勺水以尽沧溟之势"。

1. 室内水景的类型

从一般情况来看，室内水景主要分为四大类，具体如下：

（1）静态水体。在室内空间环境中，没有动态变化的特定区域水体景观，称之为静态水体。静态水体给人以清静幽雅之感（图6-5-13）。

（2）动态水体。利用可循环装置，使水面生成一定的波动或流动的效果称为动态水体。动态的水体会给人以生动轻快的感觉，同时也是创造室内音响美的重要因素（图6-5-14）。

图6-5-13　静态水体　　　　　　　　图6-5-14　动态水体

（3）喷泉。利用机械原理使水面出现不同高度、花形的喷涌，称之为喷泉（图6-5-15），它最主要的特点是活泼，分为人工与自然两大类。

（4）瀑布。从高处向下飞泻流动的水体，称为瀑布（图6-5-16），它与其他水景相比动感最强，可使空间变得有声有色，静中有动。

图6-5-15　室内喷泉　　　　　　　　图6-5-16　室内瀑布

2. 室内水景的配置形式

我们将室内水景的配置形式做了一个总结，具体表现为以下三个方面：

（1）构成主景。瀑布、喷泉等水体，在形状、声响、动态等方面具有较强的感染力，能使人们得到精神上的满足，从而能构成环境中的主要景点。

（2）作为背景。室内水池多数作为山石、小品、绿化的背景，突出于水面的亭、廊、桥、岛，漂浮于水面的水草、莲花，水中的游鱼等都能在水池的衬托下格外生动醒目。水池一般多置于庭中、楼梯下、道路旁或室内外交界空间处，在室内可起到丰富和扩大空间的作用。

（3）形成纽带。在室内空间组织中，水池、小溪等可以沟通空间，成为内部空间之间、内外空间之间的纽带，使内部与外部紧紧地融合成整体，同时还可使室内空间更加丰富、更加富有情趣。

（三）室内山石景观

自古以来人们对自然界中的山石景观就抱有浓厚的观赏兴趣，山石景观以其自身所独具的形状、色泽、纹理和质感，被人们选择并运用在室内空间中与植物、水景共同构成一曲室内绿化的交响乐章。室内山石景观的塑造来源于大自然，但又高于大自然，是纳自然山川之势，造内庭仙境之俊美，是人工美与自然美的高度结合。

1. 室内山石的类型

从选材的角度来看，室内山石景观包含以下几种：

（1）湖石。也被称为太湖石，因盛产于太湖一带而取其名。它的成分富含石灰质，属于石灰类。岩石中的石灰质由于水的溶解，蚀面凹凸多变，剔透穿孔，如天势造化。色灰、灰白、灰黑都有。质坚硬，不吸水分。湖石是中国园林中、室内内庭中经常使用的石材。

（2）房石。也称房山石，房山位于北京之南。其蚀面比湖石的凹凸浅，外形比湖石浑厚。

（3）黄石。是沉积岩的一种，属于砂岩。砂岩硬度高，外形浑厚方正，具纹理及多种色彩，有紫红、灰白、黑灰、灰红等色。长江下游一带出产。

（4）石笋。又名锦川石、松皮石。石笋是"喀斯特"地形的产物，属沉积岩类。喀斯特指可溶性岩石的地区与地貌。地下水与地面水沿着可溶性岩石的各种裂缝进行溶蚀，逐渐形成了溶洞。石笋是溶洞中的沉积物，即渗出的水滴落洞底，碳酸钙发生沉积作用，并由下而上成形。石笋通常为锥状，中间是实心的，十分美丽。广西桂林一带为主要出产地。

（5）青石。也是沉积岩类中的一种，该岩石的特点很明显，有平行节理，用作山石的青石常呈棱状，因而又名剑石，硬度中上，颜色以灰青色、灰绿色为多见。产地主要在北京一带。

（6）宣石。是变质岩石中的石英岩，常由沉积岩中石英砂石变质而成，空隙少，质地坚硬，表面凹凸少，呈块状。宣石越旧越白，像"云山"一样，可作小块陈设。产地安徽宣城。

（7）英石。是沉积岩类中一种石灰岩，蚀面细碎，凹凸多变，以形状玲珑为特点。英石中有种颜色为淡青色的，敲之有声，可叠成小景；另一种色白，石质坚而润，形多棱角，略透明，面上有光，小块可置于几案品玩。石英产于广东英德。

（8）斧劈石。该石是变质岩的一种，属于板岩，质地均匀细密，若用手敲击它，则会发出清脆的声音，有明显的平行成行的板状构造。因如神斧鬼劈，造型坚峭，故称斧劈石。产地分布甚广。

2. 室内山石的配置形式

构筑室内山石景观的常用手法大致分为两种，分别为散置和叠石。其中，叠石的手法应用较多，有卧、蹲、挑、飘、洞、眼、窝、担、悬、垂、跨等形式（图 6 – 5 – 17、图 6 – 5 – 18）。通过散置和叠石处理后形成的山石配置形式主要分为四大类，具体如下：

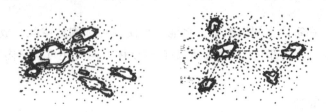

图 6 – 5 – 17　散置的室内山石配置形式

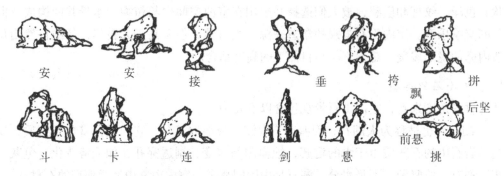

图 6 – 5 – 18　叠石的室内山石配置形式

（1）假山。若想在室内布置假山，必须以空间高大为条件。我们平常都或多或少了解到，室内的假山大都作为背景存在。假山一定要与绿化配置相结合才有利于远观近看，并有真实感，否则就会失去自然情趣。石块与石块之间的垒砌必须考虑呼应关系，使人感到错落有致，相互顾盼。

（2）石壁。依山的建筑可取石壁为界面，砌筑石壁应使壁势挺直如削，壁面凹凸起伏，如顶部悬挑，就会更具悬崖峭壁的气势。

（3）石洞。石洞构成空间的体量根据洞的用途及其与相邻空间的关系决定。洞与相邻空间应保持若断若续，从而形成浑然一体的效果。石洞如果能引来一股水流，那么就会更有情趣。

（4）峰石。单独设置的峰石，应选形状和纹理优美的，一般按上大下小的原则竖立，以形成动势。

（5）散石。配置散石，在室内庭园中可起到景观的点缀作用。在组织散石时，要注意大小相间、距离相宜、三五聚散、错落有致，力求使观赏价值与使用价值相结合，使人们依石可以观鱼、坐石可以小憩、扶石可以留影。

设计师在配置散石时要符合形式美的基本法则，在统一之中求变化，在对比之中讲和谐。散石之间、散石与周围环境之间要有整体感，粗纹的要与粗纹的相组合，细纹的要和细纹的搭配，色彩相近的最好成一组。当成组或连续布置散石时，要通过连续不断地、有规律地使用大小不等、色彩各异的散石，形成一种起伏变化秩序，做到有韵律感，有动势感。

四、室内绿化的布置方式

室内绿化的布置在不同的场所，如酒店宾馆的门厅、大堂、中庭、休息厅、会议室、办公室、餐厅以及住户的居室等，均有不同的要求，应根据不同的任务、目的和作用，采取不同的布置方式，随着空间位置的不同，绿化的作用和地位也随之变化，应根据不同部位，选好相应的植物品色。但室内绿化通常总是利用室内剩余空间，或不影响交通的墙边、角隅，并利用悬、吊、壁龛、壁架等方式充分利用空间，尽量少占室内使用面积。同时，某些攀缘、藤萝等植物又宜于垂悬以充分展现其风姿。因此，室内绿化的布置，应从平面和垂直两方面考虑，使形成立体的绿色环境。

我们将室内绿化的布置方式总结为五个方面，具体如下：

（一）重点装饰与边角点缀

1. 重点装饰

把室内绿化作为主要陈设并成为视觉中心，以其形、色的特有魅力来吸引人们，是许多厅室常采用的一种布置方式，它可以布置在厅室的中央。如图6-5-19所示，为某星级酒店的会客大厅，很明显，它是以绿化为室内主要陈设的。除此之外，还可以布置在室内主立面，如某些会场中、主席台的前后以及圆桌会议的中心、客厅中心，或设在走道尽端中央等，成为视觉焦点。

2. 边角点缀

边角点缀的布置方式更为多样，如图6-5-20所示，为布置在墙角的黄金葛，发挥了点缀的作用。此外，还可以布置在客厅中沙发的转角处，靠近角隅的餐桌旁、楼梯背部，布置在楼梯或大门出入口一侧或两侧、走道边、柱角边等部位。这种方式是介于重点布置和边角布置之间的一种形态，其重要性次于重点装饰而高于边角布置。

图6-5-19　某星级酒店会客大厅的绿化　　　　图6-5-20　黄金葛的边角点缀

（二）组成背景、形成对比

绿化的另一作用，就是通过其独特的形、色、质，不论是绿叶或鲜花，不论是铺地或是屏障，集中布置成片的背景（图6-5-21）。

图 6 - 5 - 21 某餐厅的绿化墙，烘托艺术与自然的氛围

（三）垂直绿化

垂直绿化通常采用顶棚上悬吊方式。如图 6 - 5 - 22、图 6 - 5 - 23 所示，分别为厨房和卫生间的绿化布置，也可利用每层回廊栏板布置绿化等，这样可以充分利用空间，不占地面，并造成绿色立体环境，增加绿化的体量和氛围，并通过成片垂下的枝叶组成似隔非隔，虚无缥缈的美妙情景；如图 6 - 5 - 22 所示，这是一个比较有趣的实例，将绿化布置在楼梯的两侧，并一直延伸至二层，设计得十分巧妙，值得借鉴。

图 6 - 5 - 22 厨房的垂直绿化

图 6 - 5 - 23 卫生间的垂直绿化

图 6 - 5 - 24 楼梯的垂直绿化

（四）结合家具、陈设等布置绿化

室内绿化除了单独落地布置外，还可与家具、陈设、灯具等室内物件结合布置，相得益彰，形成一个有机的整体。如图6－5－25所示，为结合组合柜布置的绿化；如图6－5－26所示，为洛杉矶北山"色拉多"餐厅，该餐厅结合吊灯而布置绿化，别具一格，艺术气息浓厚。

图6－5－25　结合组合柜布置绿化

图6－5－26　"色拉多"餐厅结合吊灯布置绿化

（五）沿窗布置绿化

靠窗布置绿化有很多好处，比如可以使植物更好的接受光照，同时可以形成良好的室内绿色景观。除此之外，还可以作成花槽或在低台上置小型盆栽等方式。图6－5－27就是一个比较典型的例子，值得我们借鉴。

图6－5－27　沿窗布置绿化

第七章　室内装饰材料设计

自然界给了我们赖以生存的物质环境，在这个大环境中，我们能获得一切我们想要的原料，无论是纯天然的，还是经过人类开发加工的，总之，自然界赋予我们无穷无尽的资源，让我们得以在不断的发展过程中，创造属于我们的更美好的家园。在这个家园中，空间是由物质材料包围和限定的，因而到处流露着物质材料的材质之美，更传达着设计者独到的匠心和创意之美。

第一节　室内装饰材料概述

室内装饰材料是室内装饰工程的物质基础，装饰设计必须通过一定的材料制作加工才能成型，材料的存在是实现使用功能和装饰效果的必要条件。室内装饰材料，不仅能改善室内的艺术环境，使人们得到美的享受，同时还兼有绝热、防潮、防火、吸声、隔音等多种实用功能，可延长建筑物的使用寿命以及满足某些特殊功能，是现代建筑室内外装饰不可缺少的物质元素。

所谓的室内装饰材料是指用于建筑空间内部墙面、天棚、柱面、地面等界面的基层及饰面材料。室内装饰工程中常使用的装饰装修材料也可以称为室内建筑装饰材料。

一、建筑材料分类

建筑装饰材料是指在环境艺术工程中所采用的各种材料的总称，门类品种极多。可以从不同的角度进行分类：

（一）按材料的化学组成分类

按化学组成建筑材料可以分为有机材料和无机材料两大类，以及这些材料的复合材料。下面我们来看一下这边两种材料各有什么特点。

1. 无机材料

无机材料指由无机物单独或混合其他物质制成的材料。无机材料一般可以分为传统的和新型的无机材料两大类。传统的无机材料是指以二氧化硅及其硅酸盐化合物为主要成分制备的材料，因此又称硅酸盐材料。新型无机材料是用氧化物、氮化物、碳化物、硼化物、硫化物、硅化物以及各种非金属化合物经特殊的先进工艺制成的材料。无机材料又可以分为金属材料和非金属材料，下面我们就来看看它们各自包括哪些材料类型。

（1）金属材料。金属材料一般包括两大类，即黑色金属和有色金属。其中，黑色金属包括铁、非合金钢、合金钢；有色金属包括铝、铜及其合金。

（2）非金属材料。非金属材料可以分为以下几种类型：

天然石材：毛石、料石、石板、碎石、卵石、砂。

烧土制品：粘土砖、粘土瓦、陶、炻、瓷。

玻璃及熔融制品：玻璃、玻璃棉、矿棉、铸石。

胶凝材料：石膏、石灰、菱苦土、水玻璃、各种水泥。

砂浆及混凝土：砌筑砂浆、抹面砂浆、普通混凝土、轻骨料混凝土。

硅酸盐制品：灰砂砖、硅酸盐砌块。

2. 有机材料

植物质材料：木材、竹藤材。

沥青材料：石油沥青、煤沥青。

合成高分子材料：塑料、合成橡胶、胶粘剂、有机涂料。

3. 复合材料

金属—非金属：钢纤混凝土、钢筋混凝土。

无机非金属—有机：玻纤增强塑料、聚合物混凝土、沥青混凝土。

金属—有机：PVC 涂层钢板、轻质金属类芯板。

（二）按材料的使用功能分类

按使用功能建筑材料可以分为结构材料、墙体材料、功能材料、建筑砌材和饰面材料。装饰材料品种繁多，性能各异，价格相差悬殊，材料的选用直接关系到建筑的坚固性、实用性、耐久性、美观和经济要求。设计师应对各种建筑装饰材料的性能进行充分的了解。

二、室内装饰材料分类

室内装饰材料种类繁多，市场的多元化带动着建筑装饰材料科技化的新时代，装饰材料已经脱离早期装饰工程的以满足简单装修所需的材料阶段，虽说新材料生产研发日新月异，但材料的基本性能还是不变的，按照不同角度具体分类如下：

（1）按装饰部位分为墙面装饰材料、顶棚装饰材料、地面装饰材料。

（2）按功能分为吸声、隔热、防水、防潮、防火、防霉、耐酸碱、耐污染等种类。

（3）按材质分为塑料、金属、陶瓷、玻璃、木材、无机矿物、涂料、纺织品、石材等种类。

以上装饰材料的功能都不是单一的，需要互相搭配使用，才能体现出效果，因此设计师要处理好设计与施工的关系，把握设计思想与客观现实及施工环境的相互统一。要求设计必须结合装饰材料的性能才能灵活设计，通过材料的搭配使用，来实现功能设计、形式设计、个性设计、效果设计，最终来展现材质设计的完整性。材料的实施是材质设计的表现，材质是室内设计的美丽外衣。

三、室内装饰材料的基本性质和特征

材料的性质来源于材料的内部结构，所谓材料的内部结构是指包括原子以及原子在晶体中、分子中与邻近的原子的结合方式与显微结构。不同的内在结构决定着材料不同的物理与化学性能。如金属的分子结构决定着金属的刚性和延展性，生漆的内在结构决定着它的液体质和覆盖性。材料的特性决定了它一定的加工工艺和艺术方法，材料的加工工艺是建立在材料的客观属性上的，所以我们必须能动地把握材料的各种属性。建筑材料种类繁多，室内装饰材料作为材料的分支，也包含在这些范围里，这里我们就将可能涉及的材料从物理和力学两个方面的性质进行一个详细的总结归纳。

（一）材料的物理性质

材料的物理性质包括：材料的密度、表面密度和堆积密度，孔隙率与空隙率，材料的亲水性与憎水性，材料的吸水性与吸湿性，材料的耐水性，材料的抗渗性，材料的抗冻性，材料的导热性。

1. 材料的密度、表面密度和堆积密度

密度是指材料在绝对密实状态下，单位体积的重量。绝对密实状态下的体积是指不包括孔隙在内的体积，在测定有孔材料的实体积时，须将材料磨成细粉，干燥后用李氏瓶（排液置换法）测定。表面密度原称容重，也称体积密度，是指材料在自然状态下，单位体积的质量。材料的表面密度的大小与其含水情况有关，应予以注明，通常材料的表面密度是指气干状态下的表面密度。堆积密度仅适用于散粒材料（粉状或粒状材料）的一个指标，为在堆积状态下单位体积的质量。

2. 孔隙率与空隙率

孔隙率是指材料中孔隙体积占总体积的比例。材料中固体体积占总体积的比例，称为密实度。材料的密实度加上孔隙率等于一。材料的孔隙率的大小直接反映了材料的致密程度。孔隙率的大小及孔隙本身的特征（孔隙构造与大小）对材料的性质影响很大。通常，对于同一种材质的材料，如其孔隙率在一定范围内变化，则这种材料的强度与孔隙率有显著的关系，即材料的孔隙率越小，则它的强度越高。空隙率的大小反映了散粒材料的颗粒互相填充的致密程度。在混凝土中，空隙率可以作为控制砂石级配及计算混凝土砂率的依据。

3. 材料的耐水性

材料长期在饱和水作用下不破坏，其强度也不明显降低的性质称为耐水性。材料的耐水性用软化系数表示。即软化系数材料在吸水饱和、状态下的抗压强度材料在干燥状态下的抗压强度。软化系数的大小表示材料浸水泡后强度降低的程度，其范围波动在 0 至 1 之间，软化系数越小，说明材料吸水饱和后的强度降低越多，耐水性越差。对于经常处于水中或受潮严重的重要结构物的材料，其软化系数不宜小于 0.85；受潮较轻或次要结构物的材料，其软化系数不宜小于 0.7。

4. 材料的抗渗性

材料抵抗压力水渗透的性质称为抗渗性（或不透水性）。材料的抗渗性常用渗透系数表示。渗透系数越大，表明材料渗透的水量愈多，抗渗性愈差。材料抗渗性的好坏，与材料的孔隙率及孔隙特征有关。孔隙率大且开口连通的孔隙材料，其抗渗性较差。抗渗性是决定材料耐久性的主要指标，对于地下建筑及水工构筑物，因常受到压力水的作用。所以要求材料具有一定的抗渗性。对于防水材料，则要求具有更高的抗渗性。材料抵抗其他液体渗透的性质也属于抗渗性。

5. 材料的导热性

在建筑中，除了满足必要的强度及其他性能的要求外，建筑材料必须具有一定的热工性质，以达到降低建筑物的使用能耗、创造适宜的生活与生产环境的目的。导热性是材料的一项重要热工性质。导热性是指当材料两侧存在温度差时，热量从温度高的一侧向温度低的一侧传导的性质。材料的导热性通常用导热系数表示。导热系数的物理意义是：单位厚度的材料，当两侧的温度差为1℃时，在单位时间内通过单位面积传导的热量。它是评定材料保温绝热性能好坏的主要指标。导热系数越小，材料的保温绝热性能越好。影响建筑材料导热系数的主要因素有以下几个方面：

（1）材料的组织与构成。通常金属材料、无机材料、晶体材料的导热系数分别大于非金属材料、有机材料、非晶体材料。

（2）孔隙率。孔隙率大，含空气多，则材料表观密度小，其导热系数也就小。这是由于空气的导热系数小的缘故。

（3）孔隙特征。在同等孔隙率的情况下，细小孔隙、闭口孔隙组织的材料比粗大孔隙、开口孔隙的材料导热系数小，因为前者避免了对流传热。

（4）含水情况。当材料含水或含冰时，材料的导热系数会急剧增大。

6. 材料的抗冻性

材料在吸水饱和的状态下，能经受多次冻融循环（冻结与融化）作用而不破坏，强度也无显著降低的性质，称为材料的抗冻性。材料受冻融破坏是由于材料孔隙中的水结冰造成的。水在结冰时体积约增大10%，当材料孔隙中充满水时，由于水结冰对孔壁产生很大的压力，使孔壁开裂。一般规定材料经受若干次冻融循环后，质量损失不超过5%，强度损失不超过25%时，认为抗冻性合格。对于水工及冬季气温较低的地区施工应考虑材料的抗冻性。材料抗冻性的高低，取决于材料孔隙中被水充满的程度和材料因水分结冰体积膨胀所产生压力的抵抗能力。抗冻性良好的材料，对于抵抗大气温度变化、干湿交替风化作用的能力较强，所以抗冻性常作为考查材料耐久性的一项指标。温暖地区的建筑物，虽无冰冻作用，为抵抗大气作用，确保建筑物的耐久性，有时对材料也提出一定的抗冻性要求。

7. 材料的吸水性与吸湿性

材料在水中能吸收水分的性质称为吸水性，吸水性的大小用吸水率表示。吸水率是指材料浸水后在规定时间内吸入水的质量占材料干燥质量或材料体积的百分率。工程用建筑材料一般均采用质量吸水率。质量吸水率：（材料吸水饱和状态下的质量－材料干燥状态下的质量）/材料干燥状态下的质量。

材料的吸水性与材料的亲水、憎水性有关，还与材料的孔隙率的大小、孔隙特征有关。对于细微连通孔隙、孔隙率大，则吸水率大。封闭孔隙，水分不能进入，粗大开口孔隙、水分不能存留，吸水率均较小。因此，具有很多微小开口孔隙的亲水性材料，其吸水性特别强。材料在潮湿空气中吸收水分的性质称为吸湿性。常用含水率表示。材料的含水率随空气的湿度和环境温度变化而变化，也就是水分可以被吸收，又可以向外界扩散，最后与空气湿度达到平衡。与空气湿度达到平衡时的含水率称为材料的平衡含水率。材料的吸水性与吸湿性均会导致材料其他性质的改变，如材料的自重增大，绝热性、强度及耐水性等产生不同程度的下降等。

8. 材料的亲水性与憎水性

材料表面与水或空气中水汽接触时，会产生不同程度的湿润。材料表面吸附水或水汽而湿润的性质与材料本身的性质有关。材料能被水湿润的性质称为亲水性，材料不能被水湿润的性质称为憎水性。一般可以按湿润边角的大小将材料分为亲水性材料与憎水性材料两类。湿润边角指在材料、水和空气的交点处，沿水滴表面的切线与水和固体接触面所成的夹角。亲水性材料水分子之间的内聚力小于水分子与材料分子间的相互吸引力，表面易被水湿润，且水能通过毛细管作用而被吸入材料内部。建筑材料大多为亲水性材料，如砖、混凝土、木材等；少数材料如沥青、石蜡等为憎水性材料。憎水性材料有较好的防水效果。

（二）材料的力学性质

材料的力学性质主要是指材料的宏观性能，如弹性性能、塑性性能、硬度、抗冲击性能等。它们是设计各种工程结构时选用材料的主要依据。主要包括：材料的强度、等级与标号，材料的弹性与塑性，材料的脆性与韧性，硬度。

1. 材料的硬度

材料的硬度是指材料抵抗较硬物质压入其表面的能力，通过硬度可大致推知材料的强度。各种材料硬度的测试方法和表示方法不同。如石料可用刻痕法或磨耗来测定；金属、木材及混凝土等可用压痕法测定；矿物可用刻划法测定，矿物硬度分为十个等级，最硬的 10 级为金刚石，最软的 1 级为滑石及白垩石。常用的布式硬度可用来表示塑料、橡胶及金属等材料的硬度。

（1）材料的化学性质。指材料与它所处外界环境的物质进行化学反应的能力或在所处环境条件下保持其组成及结构稳定的能力。如胶凝材料与水作用，钢筋的锈蚀；沥青的老化；混凝土及天然石材在侵蚀性介质作用下受到腐蚀等。

（2）材料的耐久性。指的是材料在使用过程中抵抗周围各种介质的侵蚀而不破坏的性能。耐久性是材料的一个综合性质，诸如抗渗性、抗冻性、抗风化性、抗老化性、耐化学腐蚀性、耐热性、耐光性、耐磨性等均属耐久性的范围。

（3）材料的性质与材料的内部组成结构之间的关系。材料的性质除与试验条件有关外，主要是与材料本身的组成及结构有关。材料的组成包括化学组成和矿物组成等。化学组成是指构成材料的化学元素及化合物的种类与数量，矿物组成则是指构成矿物的种类（硅酸盐水泥熟料中的硅酸三钙、铝酸三钙等矿物）和数量。材料的组成不仅影响材料的化学性质，也是决定材料物理性质的重要因素。材料的结构包括微观结构（如晶体、玻璃体及胶体等）、细观结构（如钢铁中的铁素体、渗碳体等基本组织）以及宏观结构（如孔隙率、孔隙特征、层理、纹理等）。材料的结构是决定材料性质极其重要的因素。

原子晶体：中性原子是以共价键结构结合而成的晶体，如石英。

离子晶体：正负离子以离子键结合而成的晶体，如 NaCl。

分子晶体：以范德华力，即分子间力结合而成的晶体，如有机化合物。

金属晶体：以金属阳离子与自由电子间的金属键结合而成的晶体，如钢铁。

晶体具有一定的几何外形、各向异性、有固定熔点和化学稳定性等特点，但金属材料如钢材却是各向同性的，因为钢材由众多细小晶粒组成，而晶粒是杂乱排布而成（晶格随机取向）的。

玻璃体的特点是各向同性、导热性较低、无固定熔点、其化学活性较高。例如，高炉炼铁熔融状态的矿渣，经缓慢冷却后即得，侵冷矿渣（重矿渣），为化学稳定性材料；但熔融物若经急冷，则质点来不及按一定规则排列，就凝固成固体，即为粒化高炉矿渣，磨细后能与水在石灰存在的条件下起水化硬化作用，因此可作为活性混合材料使用。

胶体是由胶粒（粒径 1 – 10mm 固体粒子）分散在连续介质中而成。胶体具有良好的吸附力与较强的黏结力；胶体脱水、凝聚，即成凝胶；凝胶完全脱水即为干凝胶，具有固体性质。如硅酸盐水泥完全硬化后，水化硅酸钙凝胶占 70%，其胶凝能力强，且强度较高（凝胶粒子间存在范德华力与化学结合键）。材料的宏观结构，如孔隙率与孔隙特征，对材料的强度、吸水性及绝热性等都有密切的关系。

2. 材料的强度、等级与标号

材料在外力的作用下，抵抗破坏的能力成为材料的强度。当材料承受外力作用时，内部就产生应力。外力逐渐增加，应力也相应地加大，直到质点间作用力不再能够承受时，材料就会破坏，此时极限应力值就是材料的强度。根据外力作用方式的不同，材料强度有抗压强度、抗拉强度、抗弯强度和抗剪强度等。

3. 材料的脆性与韧性

当外力达到一定的限度后，材料突然破坏，而破坏时并无明显的塑性变形，材料的这种性质称为材料的脆性。具有这种性质的材料称为脆性材料，如混凝土、玻璃、砖石等。脆性材料的抗压强度远远大于它的抗拉强度，所以脆性材料不能承受振动和冲击荷载，只适用于作承压构件。通常脆性材料的抗拉比很小，即抗拉强度明显低于抗压强度。在中击、振动荷载的作用下，材料能够吸收较大能量，同时还能产生一定的变形而不致破坏的性质称为韧性（冲击韧性）。一般以测定其冲击破坏时试件所吸收的功作为指标。建筑钢材、木材等属于韧性材料。

4. 材料的弹性与塑性

在外力作用下，材料产生变形，外力取消后变形消失，材料能完全恢复原来形状的性质称为弹性。这种外力去除后即可恢复的变形称为弹性变形，属可逆变形，其数值大小与外力成正比，比例系数成为材料的弹性模量。在弹性变形范围内，弹性模量为常数。弹性模量是衡量材料抵抗变形能力的一个指标，弹性模量愈大，材料愈不易变形。

材料在外力的作用下变形，当外力取消后，有一部分变形不能恢复，这种性质称为材料的塑性，这种不能恢复的变形称为塑性变形，属不可逆变形。实际上纯粹意义上的弹性材料是没有的，大部分固体材料在受力不大时，表现为弹性变形，当外力达到一定值时，则呈现塑性变形。有的材料受力后，弹性变形和塑性变形同时发生，当卸载后，弹性变形会恢复，而塑性变形不能消失，这类材料称为弹塑性材料。

（三）室内装饰材料的基本特征

室内装饰材料能体现出空间的意境与氛围，但要通过材料的质感、线条、色彩才能表现出来的，材料的功能与效果也是要通过材料的基本特征来展现，作为室内装饰的材料一般都需要具备一定的特征，在选具体部位的材料时，需要综合考虑以下几方面的特征：

（1）表面组织。

（2）平面花饰。

（3）形状和尺寸。

（4）颜色、光泽、透明性。

（5）立体造型。

（6）基本使用性。

四、室内装饰材料的作用

不同的材料具有不同的功能和特性，在选择室内装饰材料时，人们一定会综合室内各部位的使用特点及自身的要求，因此，室内装饰材料一般具有以下几方面的作用：

（1）实用功能。装饰材料能起到绝热、防潮、防火、吸声、隔音等多种功能，并能保护建筑主体结构，满足建筑室内的基本功能。

（2）改善室内环境。用于室内装饰工程的材料，使人们得到美的享受，通过材料的质感、纹理、花纹、颜色的搭配，能使建筑空间获得艺术价值和文化价值。

（3）材料是由设计到工程实施过程中的有效途径和基本手段。材料为装饰的表现起到强化、丰富的作用。材料是装饰艺术的载体，设计理念的更新，促进了装饰材料的发展，以此来满足人们猎奇、追新、求异等需求。

第二节　材料的材质与质感设计

一、材料的材质与质感

室内一切物体除了形、色以外，材料的质地即它的肌理（或称纹理）与线、形、色一样传递信息。室内的家具设备，不但近在眼前而且许多和人体直接接触，可说是看得清、摸得到的，使用材料的质地对人引起的质感就显得格外重要。初生的婴儿首先是通过嘴和手的触觉来了解周围的世界，人们对喜爱的东西，也总是喜欢通过抚摸、接触来得到满足。材料的质感在视觉和触觉上同时反映出来，因此，质感给予人的美感中还包括了快感，比单纯的视觉现象略胜一筹。

1. 冷与暖

质感的冷暖表现在身体的触觉、座面、扶手、躺卧之处，都要求柔软和温暖，金属、玻璃、大理石都是很高级的室内材料，如果用多了可能产生冷漠的效果。但在视觉上由于色彩不同，其冷暖感也不一样，如红色花岗石、大理石触感冷，视感还是暖的；而白色羊毛触感是暖，视感却是冷的。选用材料时应两方面同时考虑。木材在表现冷暖软硬上有独特的优点，比织物要冷，比金属、玻璃要暖，比织物要硬，比石材又较软，可用于许多地方，既可作为承重结构，又可作为装饰材料，更适宜做家具，又便于加工，从这点上看，可称室内材料之王。

2. 光泽与透明度

许多经过加工的材料具有很好的光泽，如抛光金属、玻璃、磨光花岗石、大理石、搪瓷、釉面砖、瓷砖，通过镜面般光滑表面的反射，使室内空间感扩大。同时映出光怪陆离的色彩，是丰富活跃室内气氛的好材料。光泽表面易于清洁，保持明亮，具有积极意义，用于厨房、卫生间是十分适宜的。

透明度也是材料的一大特色。透明、半透明材料，常见的有玻璃、有机玻璃、丝绸，利用透明材料可以增加空间的广度和深度。在空间感上，透明材料是开敞的，不透明材料是封闭的；在物理性质上，透明材料具有轻盈感，不透明材料具有厚重感和私密感，例如在家具布置中，利用玻璃面茶几，由于其透明，使较狭隘的空间感到宽敞一些。通过半透明材料隐约可见背后的模糊景象，在一定情况下，比透明材料的完全暴露和不透明材料的完全隔绝，可能具有更大的魅力。

3. 肌理

材料的肌理或纹理，有均匀无线条的、水平的、垂直的、斜纹的、交错的、曲折的等自然纹理。暴露天然的色泽肌理比刷油漆更好。某些大理石的纹理，是人工无法达到的天然图案，可以作为室内的欣赏装饰品，但是肌理组织十分明显的材料，必须在拼装时特别注意其相互关系，以及其线条在室内所起的作用，以便达到统一和谐的效果。在室内肌理纹样过多或过分突出时也会造成视觉上的混乱，这时应更替匀质材料。

4. 软与硬

许多纤维织物都有柔软的触感，如纯羊毛织物虽然可以织成光滑或粗糙质地，但摸上去都是很愉快的。棉麻为植物纤维，它们都耐用和柔软，常作为轻型的蒙面材料或窗帘，玻璃纤维织物从纯净的细亚麻布到重型织物有很多品种，它易于保养，能防火，价格低，但其触感有时是不舒服的。硬的材料如砖石、金属、玻璃，耐用耐磨，不变形，线条挺拔。硬材多数有很好的光洁度、光泽。晶莹明亮的硬材，使室内很有生气，但从触感上说，一般喜欢光滑柔软，而不喜欢坚硬冰冷。

5. 粗糙和光滑

表面粗糙的有许多材料，如石材、未加工的原木、粗砖、磨砂玻璃、长毛织物等等。光滑的如玻璃、抛光金属、釉面陶瓷、丝绸、有机玻璃。同样是粗糙面，不同材料有不同质感，如粗糙的石材壁炉和长毛地毯，质感完全不一样，一硬一软，一重一轻，后者比前者有更好的触感。光滑的金属镜面和光滑的丝绸，在质感上也有很大的区别，前者坚硬，后者柔软。

6. 弹性

人们走在草地上要比走在混凝土路面上舒适，坐在有弹性的沙发上比坐在硬面椅上要舒服。因其弹性的反作用，达到力的平衡，从而感到省力而得到休息的目的，这是软材料和硬材料都无法达到的。弹性材料有泡沫塑料、泡沫橡胶、竹、藤，木材也有一定的弹性，特别是软木。弹性材料主要用于地面、床和座面，给人以特别的触感。

二、光环境对材质的影响

同种材料在不同光照下，其显示出来的效果有很大的色彩差别，因此在搭配室内色彩时，不仅要考虑材料本身的固有色，还要细致处理光源的色彩对材料质感效果的影响，在不同光照情况下，材料会显现出不同的质地与色彩。光照条件对材质的影响主要表现在以下几个方面：

1. 不同的材质对光的吸收效果不同

光滑坚硬的材料如玻璃、镜子、金属、瓷器等反光效果较强，能使室内空间扩大；粗糙的材质则会吸收光，如砖、泥土等没有明显高光点，反射光效果较弱（图7-2-1）。

（a）光滑材质的吸光效果　　　　（b）粗糙材质的吸光效果

图7-2-1　不同材质对光的吸收效果

2. 不同光源颜色对材料色彩的影响

暖色材质受冷光源的影响，会感觉明亮；冷色材质受暖光源照射，会改变生冷的感觉。不同光源对色彩变化影响程度各不相同，一般情况下，红光最强，白光最弱，其次为绿、蓝、青、紫等（图7-2-2）。

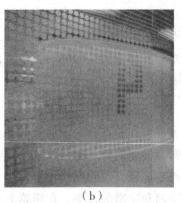

（a）　　　　　　　　　（b）

图7-2-2　不同颜色的光源对材料色彩的影响

3. 不同光源性质对材料色彩的影响

就算是同一种质感的材料，在人工光源和自然光源的照射下产生的视觉效果也是不一样的，在不同的材质下这种特性表现得更加明显（图7-2-3）。

（a）人工光源对材料色彩的影响　　　（b）自然光源对材料色彩的影响

图7-2-3　不同性质的光源对材料色彩的影响

4. 光照位置不同，对材料的质地有影响

正面受光，对材料起到强调作用；侧面受光，材料会产生彩度，明度，粗糙与细腻上的变化；背面受光，材料色彩与质地处于模糊状态，起到特殊的逆向效果（图7-2-4）。

（a）阳光从正面照射　　　　　（b）阳光从侧面照射

图7-2-4　不同位置的光照对材料质地的影响

三、装饰材料质感的组合

1. 相似质感的组合

同属木材种类的桃木、梨木、柏木的纹理有差异，这些相似肌理的材料组合，在环境效果上可起到渐变和过渡作用（图7-2-5）。

图7-2-5　相似质感的组合

2. 同一质感的组合

采用同一材质的饰面板装饰墙面或家具，可以采用对缝、拼角、压线手法，通过肌理的横直纹理设置、纹理的走向、肌理的微差、凹凸变化来实现组合构成关系（图7-2-6）。

3. 对比质感的组合

几种质感差异较大的材料组合，会得到不同的空间效果，能充分地体现出材料的材质美，如软硬材料对比、光滑粗糙材料对比等。除了材料质感对比组合手法，设计中还常用平面与立体、大与小、粗与细、横与竖、藏与露等设计方法，也能产生相互对比的作用（图7-2-7）。

图7-2-6　同一质感的组合　　　图7-2-7　对比质感的组合

第三节　室内装饰工程常用材料

室内装饰的目的是为了美化空间环境，创造较好的使用性与欣赏性的空间效果，装饰效果的好坏，在很大程度上取决于材料的选择与应用。通过材料的色调与质感、形状与尺寸、工艺与手段，来打造不同的室内装饰效果。因此材质及其配套产品的选择应用与整体空间环境要相协调，在功能内容上与室内艺术形成统一，要充分考虑到整体环境空间的功能划分、材料的外观效果、材料的功能性以及材料的价格等综合性问题。接下来这节内容我们就来探讨一下一般室内设计中都会使用哪些装饰材料。

一、木材和板材

（一）木材

木材在室内的设计中经常被使用，除了木材自身色彩和花纹装饰效果好的特点之外，木材易于加工、取材方便的特点也使木材成为室内装饰中的重要材料。木材的种类很多，特别是一些有特殊纹理的木材。对于不同的空间可以选择不同的木材。下面我们简单讨论几种室内装饰中常用的木材种类。

1. 胡桃木

胡桃属木材中较优质的一种，在国内又称之为"卡斯楠"或"核桃木"，主要产自北美和欧洲。国产的胡桃木，颜色较浅。黑胡桃呈浅黑褐色带紫色，弦切面为美丽的大抛物线花纹（大山纹）。黑胡桃非常昂贵，做家具通常用木皮，极少用实木。因为其本身价格过高，所以大多数是胡桃木贴皮家具。在美国的室内装饰装修风格中，家具和地板经常会使用胡桃木（图7-3-1）。

图7-3-1　胡桃木在室内装饰中的应用

2. 樱桃木

樱桃木是室内设计中的高级木料，木纹是直木纹。樱桃木主要分布于美国东部各地区。樱桃木的心材颜色由艳红色至棕红色。市场上有偏红色和偏褐色的樱桃木，樱桃木天生含有棕色树心斑点和细小的树胶窝，纹理细腻、清晰，抛光性好，涂装效果好，适合做高档家居用品（图7-3-2）。

图7-3-2　樱桃木在室内装饰中的应用

3. 楠木

楠木为中国和南亚特有，是驰名中外的珍贵用材树种。由于楠木颜色美丽，色彩均匀，木质坚硬，从古至今一直被用作室内装饰装修中的重要材料。由于历代对楠木的砍伐利用，楠木资源在近现代近于枯竭。金丝楠由于木材纹理经阳光照射，有金丝的效果，价格昂贵（图7-3-3）。

图7-3-3　楠木家具

4. 橡木

橡木树心呈黄褐至红褐，生长轮明显，略成波状，质重且硬。广泛分布于美国东部地区，机加工性能良好，干燥缓慢。红橡木的颜色、纹理、特征及性质会随产地变化，南方红橡比北方红橡生长迅速且木质较硬、较重，南方材颜色偏红，有色差，适合做较深色的涂装产品；北方材颜色偏浅红或偏白，且颜色均匀，适合做浅色产品，南北方差价大(图7-3-4)。

（a）橡木材质　　　　　　　　　　　　（b）橡木室内装饰

图7-3-4　橡木在室内装饰中的作用

5. 枫木

枫木颜色呈乳白色，木材分软枫和硬枫两种，年轮不明显，官孔多而小，分布均匀。枫木纹理交错，质量较轻，花纹图案优良。容易加工，但干燥时易翘曲。油漆涂装性能好，胶合性强。主要用于板材类贴薄面和地板材质（图7-3-5）。

（a）枫木材质　　　　　　　　　　　　（b）枫木地板

图7-3-5　枫木在室内装饰中的应用

6. 花梨木

花梨木又称为花榈木，木材边材色淡，心材红褐色，质略疏松，木质坚硬，纹理精致美丽，适于雕刻和家具之用（图7-3-6）。

图7-3-6　花梨木地板　　　　图7-3-7　榉木在室内装饰中的应用

7. 榉木

榉木并不属于昂贵的木材，但在明清传统家具中使用较为广泛。榉木不仅可以作为家具的制作材料，在地面的装饰中，由于其材质重、坚固，抗冲击，蒸汽下易于弯曲，可以制作造型，抱钉性能好等特点被广泛使用。榉木纹理清晰，木材质地均匀，色调柔和、流畅，比多数普通硬木都重（图7－3－7）。

（二）板材

板材常用规格为长2.44米，宽1.22米。常用厚度有3毫米、5毫米、6毫米、9毫米、12毫米、15毫米、16毫米、18毫米、25毫米。市场上比较常见的板材有以下几种类型：

1. 细木工板

细木工板俗称大芯板，是由两片单板中间压胶拼接木板而成。细木工板的两面胶粘单板的总厚度不得小于3毫米。中间木板是由优质自然的木板方经热处理（即烘干室烘干）以后，加工成一定规格的木条，由拼板机拼接而成。拼接后的木板两面覆盖1~2层优质单板，再经冷、热压机胶压后制成。细木工板是室内装饰中经常使用的材料。

细木工板握螺钉力好，强度高，具有质坚、吸声、绝热等特点，由于板材含水率偏低，板材加工简便，用途较为广泛，家具、门窗及套、隔断、假墙、暖气罩、窗帘盒等均可使用。再加上细木工板内部为实木条，所以对加工设备的要求不高，方便现场施工。

细木工板在生产过程中使用大量尿醛胶，甲醛释放量较高，并有刺鼻的气味，其环保标准普遍偏低。目前市面上的很多木工板生产时偷工减料，在拼接实木条时缝隙较大，板材内部普遍存在空洞，如果在缝隙处打钉，板材的握钉力较弱。木工板内部的实木条为纵向拼接，故竖向的抗弯压强度差，长期受力会导致板材明显横向变形。木工板内部的实木条材质不一样，密度大小不一，只经过简单干燥处理，易起翘变形；结构发生扭曲、变形，影响外观及使用效果（图7－3－8）。

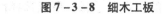

图7－3－8 细木工板　　　图7－3－9 刨花板

2. 刨花板

刨花板是由木材或其他木质纤维素材料制成的碎料，是天然木材粉碎成颗粒状后，再经黏合压制而成，因其剖面类似蜂窝状，所以称为刨花板，又称碎料板。刨花板绝热、吸声，板材高度可以达到2.7米，主要用于家具和建筑工业及火车、汽车车厢制造等。目前，很多厂家生产出的家具都采用刨花板，也是橱柜的主要材料。刨花板表面常以三聚氰胺饰面双面压合，经封边处理后与中密度板的外观相同，采用专用的连接件组装，可拆卸（图7－3－9）。

3. 密度板

密度板也称纤维板，是以木质纤维或其他植物纤维为原料，施加脲醛树脂或其他适用的胶黏剂，经热磨、铺装、热压成型等工序制成的人造板材。按其密度的不同，分为高密度板、中密度板和低密度板。密度板表面光滑平整、材质细密、性能稳定、边缘牢固，质软耐冲击，也容易再加工，而且板材表面的装饰性好，在国外是制作家私的一种良好材料。但密度板耐潮性较差且相比之下，密度板的握钉力较刨花板差，螺钉旋紧后容易发生松动。由于密度板的强度不高，很难再次进行固定，如果用密度板制作柜子，柜子的高度只能达到2.1米，否则容易出现柜体开裂等问题（图7-3-10）。

图7-3-10　密度板　　　　　　　图7-3-11　集成材

4. 集成材

集成材的叫法在英语和德语中曾经被译作积层材，也称胶合木。集成材是将经过深加工处理过的实木小块像"手指头"一样拼接而成的板材，由于木板间采用锯齿状接口，类似两手手指交叉对接，也称指接板。由于原木条之间是交叉结合的，这样的结合构造本身有一定的结合力，又因不用在上下粘表面板，其使用的胶量小。实木接板的连接处较少，环保系数相对较高。集成材具有易加工性，可切割、钻孔、锯加工和成型加工的特点，缺点是容易变形、开裂，集成材的成本较高（图7-3-11）。

5. 多层实木板

由三层或多层单板或薄板的胶合板胶贴热压而成，表面以优质实木贴皮或科技木为面料，经冷压、热压、砂光、养生等数道工序制作。夹板一般分为3厘板、5厘板、9厘板、12厘板、15厘板和18厘板六种规格（1厘即为1毫米）。环保等级达到E1，是目前手工制作家具最为常用的材料，也是目前市面上性价比最高的材料。由于多层实木板纵横胶合、高温高压，从内应力方面解决了实木板易变形的缺陷，具有不易变形的特点及良好的调节室内温度和湿度的优良性能，面层实木贴皮材料又具有自然真实木质的纹理及手感，所以选择性更强，备受消费者的青睐（图7-3-12）。

6. 实木颗粒板

所谓的实木颗粒板，其实是以刨花板的工艺生产的板材，也算是刨花板的一种，属于均质刨花板。实木颗粒板是由木材或其他木质纤维素材料制成的碎料，经干燥、施胶和专用的设备将表芯层刨片纵横交错定向铺装后，经热压成型后的一种人造板，是以刨花板的工艺生产的板材。板材进行干燥处理后，膨胀系数小，防潮性能非常好，其刨片实行的是定向层层铺装，所以它的内部质地均匀，比普通刨花板和粉状的密度板握钉力、抗弯压性、稳定性都要强。定向结构刨花板作为一种高档环保的基材被欧美国家家具生产商所广泛采用，国内高档板式家具市场也开始大面积采用该种板材（图7-3-13）。

图7-3-12　多层实木板　　　　　图7-3-13　实木颗粒板

7. 石膏板和矿棉板

石膏板常用作吊顶材料，也用作棚线材料、墙面装饰材料。另外还有一种防水石膏板，该板是在石膏心材里加入定量的防水剂，使石膏本身具有一定的防水性能。石膏板纸亦用防水处理，能够用于湿度较大的区域，如洗手间、浴室和厨房等（图7-3-14）。

矿棉板是以矿物纤维棉为原料制成，最大的特点是具有很好的吸声、隔热效果。其表面有滚花和浮雕等效果，图案矿棉板不含石棉，对人体无害，并有抗下陷功能（图7-3-15）。

图7-3-14　石膏板　　　　　　　图7-3-15　矿棉板

8. 防火板

防火板是采用硅质材料或钙质材料为主要原料，与一定比例的纤维材料、轻质骨料、黏合剂和化学添加剂混合，经蒸压技术制成的装饰板材。防火板具有更好的耐高温性、耐磨性、耐腐蚀性。防火板不能单独使用，一般要把它粘贴在人造板材或木材的表面。由于防火板有干缩性，贴时不注意工艺，容易开胶，所以在施工时，对于粘贴胶水的要求比较高，有的防火板是加温后可以弯曲的。防火板的厚度一般为0.8毫米、1毫米和1.2毫米（图7-3-16）。

装修中甲醛经常出现在板材和地板的使用中，甲醛是一种无色、具有辛辣刺激性气味的气体。气体密度为1.067千克/立方米，易溶于水和乙醇。在常温下是气态，通常以水溶液形式出现，是一种极强的杀菌剂，具有防腐、灭菌和稳定功效，35%～40%的甲醛水溶液俗称"福尔马林"，被世界卫生组织确定为致癌和致畸形物质。甲醛在空气中的含量，每立方米空气中达到0.06～0.07毫克/立方米时，儿童就会发生轻微气喘。当室内空气中甲醛含量为0.1毫克/立方米时，就有异味和不适感；达到0.5毫克/立方米时，可刺激眼睛，引起流泪；达到 0.6 毫克/立方米，可引起咽喉不适或疼痛；浓度更高时，可引起恶心呕吐，咳嗽胸闷，气喘甚至肺水肿；达到 30 毫克/立方米时，会立即致人死亡。

产生甲醛的原因很多，主要原因为：木材本身在干燥时，会因为内部分解而产生甲醛。木材密度越小，甲醛散发能力越强；用于板材基材粘接的胶水是产生甲醛的主要原因，胶水成分主要为尿醛胶和三聚氰胺胶。尿醛胶的制作工艺简单，对设备要求不高，多为许多小作坊生产，但甲醛释放量较大，可因其价格低廉，主要被木工板以及中、低密度纤维板这些在基材粘接时用胶量大的板材采用，而三聚氰胺胶是一种新型环保胶水，其生产工艺和设备要求都比较高，甲醛含量较低，但价格较尿醛胶贵很多，一般为高档板材选用。

图 7-3-16　防火板

二、石材

饰面石材分为天然石与人造石两类，天然石又主要分为大理石和花岗石两种。下面我们就来一一论述它们的特性和用途。

（一）天然石材

1. 大理石

广义上来说，凡是有纹理的石材统称为大理石，图案以点斑为主的称为花岗石。狭义上来说，大理石指的是云南大理出产的石材，但事实上，受各种条件限制，现在全国各地的大理石很少是产自云南大理的。概括来说，也就是现在市场通俗的说法是一般有纹理的都是变质岩，通称大理石了，而显点斑结晶颗粒的，也就通称花岗石了。

从地质形成来区分，花岗石是火成岩，大理石是变质岩。花岗石也叫酸性结晶深成岩，是火成岩中分布最广的一种岩石，由长石、石英和云母组成，其成分以二氧化硅为主，约占 65%~75%，岩质坚硬密实。大理石是变质岩，是地壳中原有的岩石经过地壳内高温高压作用形成的。大理石主要由方解石、石灰石、蛇纹石和白云石组成。其主要成分以碳酸钙为主，约占 50% 以上。其他成分还有碳酸镁、氧化钙、氧化锰及二氧化硅等。

大理石一般都含有杂质，而且碳酸钙在大气中受二氧化碳、碳化物、水汽的作用，也容易风化和溶蚀，而使表面很快失去光泽。大理石一般性质比较软，表面有细孔，所以在耐污方面比较弱。除少数的品种，如汉白玉、艾叶青等质纯，杂质含量少的比较稳定耐久。这些可用于室外，其他品种不宜用于室外，一般只用于室内装饰。大理石在室内装修中常用在电视机台面、窗台台面、公共场所室内墙面、柱面、栏杆、窗台板和服务台面等部位。大理石是中硬石板，板材的硬度较低，如在地面上使用，磨光面易损失，所以尽可能不要将大理石板材用于地面，但在装饰等级比较高的住宅或酒店、宾馆等局部空间，地面可以用大理石板材铺装客厅的地面，常用拼花的装饰手法，大理石给人高贵典雅的视觉效果，但在住宅装饰中很少用；大理石板材做墙面装饰，主要是因为在墙面装饰中大理石的施工操作技术要求很高。另外，大理石还可制作各种装饰品，如壁画、屏风、座屏、挂屏、壁挂等，还可用来拼镶花盆和镶嵌高级硬木雕花家具。

2. 花岗石

花岗石属于硬石材，质地坚硬、耐酸碱、耐腐蚀、耐高温、耐光照、耐冻、耐摩擦、耐久性好，外观色泽可保持 100 年以上。花岗石材色彩丰富，晶格花纹均匀细致，经磨光处理后光亮如镜，质感强，有华丽高贵的装饰效果。花岗石板材的表面加工程度不同，有的质感粗糙，有的质感细腻。一般来说镜面板材和饰面板材表面光滑，多用于室内墙面和地面，也用于部分建筑的外墙面装饰，铺贴后形影倒映，整齐厚重，富丽堂皇。麻面板材表面质感粗糙、主要用于室外墙基础和墙面装饰，有一种古朴、回归自然的亲切感。

花岗石不易风化变质，多用于墙基和外墙饰面，也用于室内墙面、柱面、窗台板等。常见于高级建筑装饰工程大厅的地面，如宾馆、饭店、礼堂等的大厅。花岗石板材色彩花纹种类繁多，在设计施工的选择中，应考虑整个室内空间的装饰要求及整体效果是否与其他部位的材料色彩、风格相协调。

下面，我们通过一个表来看看常见的一些大理石和花岗石品种，如表 7 - 3 - 1 所示。

表 7 - 3 - 1　常见大理石与花岗石品种对比

大理石品种	大理石图片	花岗石品种	花岗石图片
爵士白		山东白麻	
紫罗红		玫瑰红	
墨玉		黑金砂	
浪花白		樱花红	
珊瑚红		贵妃红	
大花白		芝麻白	
深咖网		印度红	
米线金黄		金钻麻	

（二）人造石材

人造石材是以不饱和聚酯树脂为黏结剂，配以天然大理石或方解石、白云石、硅砂、玻璃粉等无机物粉料，再加入适量的阻燃剂和颜料等，经配料混合、浇铸、振动压缩、挤压等方法成型固化，制成一种具有色彩艳丽、光泽如玉的酷似天然大理石的人造石材。人造石材是人们根据实际使用过程中，针对天然石材的性能不足而研究出来的，它在防潮、防酸、防碱、耐高温、拼凑性方面都有很大的改进。

1. 常见种类

按照所使用黏结剂不同，人造石材可分为有机类和无机类两种。按其生产工艺过程的不同，又可分为复合型人造石、亚克力型人造石、聚酯板型人造石三种常见的类型，复合型人造石，韧性较好，自然开裂的现象较少；亚克力型人造石，具有更高的硬度，更好的韧性，温差大的情况下不会产生自然开裂，但价位偏高；聚酯板型人造石的韧性差，温度变化易开裂，表面硬度差，易刮伤。其中聚酯型最常用，其物理化学性能亦最好。

2. 特点及性能

与天然石材相比，人造石材也有很多优点，下面我们就其特点及性能列举一些：

（1）属于环保型材料、无毒、无辐射。

（2）具有足够的强度、刚度、硬度，特别是耐冲击性、抗划痕性更好，坚固耐用，不变形，对水、油、污渍、细菌等有很强的抵抗力，容易清洗。

（3）外表光洁，没有气孔、麻面等缺陷，实体面材不渗透，色彩多样，基体表面有颗粒悬浮感，具有一定的透明度。

（4）柔韧性好、可塑性强，可加热弯曲成型，拼贴可以使用与其配色的胶水，接缝处施工简便，接缝处不明显，表面整体性强。

（5）耐久性较好，具有耐气候老化，抗变形和骤冷骤热性好。

3. 主要用途

常用于厨柜台面、卫生间洗手台、窗台台面、门窗套、茶几、餐桌、窗套、装饰墙、腰线、踢脚线、吧台、浴盆、游泳池、隔断板、浴室墙面、LOGO 墙立柱、灯箱、楼梯扶手、电视柜台面等，还可应用于酒店、银行、医院、机场、餐厅、学校等公共场所，也可以浇铸成各种雕塑装饰品、工艺品、礼品牌、招牌、展示牌等，是替代天然大理石和木材的新型绿色环保建材，也是比较受欢迎的装饰材料。

（三）微晶石

微晶石也称微晶玻璃、玉晶石、水晶石、结晶化玻璃、微晶陶瓷，是一种采用天然无机材料，运用高新技术经过两次高温烧结而成的新型环保高档建筑装饰材料。它集中了玻璃与陶瓷的特点，但性能却超过它们，在机械强度、耐磨损、耐腐蚀、电绝缘性、介电常数、热膨胀系数、热稳定和耐高温等方面均大幅度优于现有的工程结构材料，如陶瓷、玻璃、铸石、钢材等。比起天然花岗石、大理石有更好的装饰效果。微晶石是近年来在建筑行业流行的装饰材料，它华贵典雅、色泽美观、耐磨损、不褪色、无放射性污染等优秀的性能，经常在大型建筑物内外装饰中闪亮登场，成为现代建筑装饰首选之石。图 7-3-17 所示就是常见的一些微晶石的种类。

图 7 - 3 - 17　微晶石的常见种类

1. 主要用途

建筑物外墙干挂，内墙铺贴或地面装饰，是星级酒店、宾馆、机场、写字楼和家庭的顶级装饰材料，逐步代替了天然石材和陶瓷的高档墙地装饰材料并且代表地方形象与风格，其装饰效果典雅、豪华气派。此产品价格高低差异较大，白色微晶石价格比较便宜，颜色越深越贵，常用尺寸为 1200mm × 2400mm × 18mm，微晶石地砖价格比较贵，每平方米 100 - 400元之间，一般常用在高档装修场所。

2. 特点及性能

（1）无色差，色纯净，有白、黄、蓝、绿、灰、黑、红等系列，又以白、米、灰三个色系最为设计师所喜爱，也能生产一些天然石材没有的颜色。

（2）光泽度 100%，经久耐用、耐酸、耐碱、不变色，几乎不吸水。

（3）抗冻性、抗热、抗震性好，耐急冷急热性能良好。

（4）密度高、强度大、折晶度好、结构致密均匀，比天然石材更坚硬、更耐磨。

（5）无辐射性，无污染，不会像天然石材那样产生对人体有害的放射性元素，是新一代的绿色环保型建材产品。

（四）水磨石

水磨石是以水泥作凝聚材料，大理石粒为骨料，掺入不同色彩，经过搅拌、养护、研磨等工序，制成的一种具有装饰效果的人造石材。图 7 - 3 - 18 所示就是常见的水磨石。这种石材原料丰富，价格较低，施工工艺简单，装饰效果好，广泛用于室内外装饰工程中。现今，普遍使用防静电水磨石，此类别水磨石性能优于传统水磨石，其成本低、工艺简易、施工灵活、在防静电性能和建筑性能上表现更为优良。

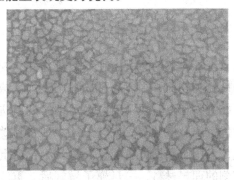

图 7 - 3 - 18　水磨石

水磨石的特点及运用如下：

（1）花色样式很多，色泽艳丽光亮，

（2）不燃烧、不起尘、不吸潮、无异味，无任何环境污染，可做地面、台板、台面等，常用在公共空间大面积的地面，如学校教室的地面，工厂车间地面等。

（3）施工方便，可以现场整体浇制，

（4）装饰分格用铜分格条，打普通地板蜡即可维护保养，不影响其防静电性能。

（5）地坪表面平整、光滑、清洁、坚硬、耐老化、耐污损、耐腐蚀。

三、金属

金属材料是指一种或几种的金属或金属元素与某些非金属元素组成的合金的总称。与其他材料相比，金属具有较高强度、优良的力学性能，坚固耐用这一优势使得金属既可以做成极细的断面，又可以保持较高强度。金属表面具有独特外观，通过不同的加工方式，可形成具有光泽感和夺目的亮面、亚光面以及斑驳的锈蚀感。金属的加工性能良好，可塑性、延展性好，可制成任意形状，也许除了塑料，没有其他材料可以被塑造成如此多的形状。金属具有极强的传导热、电的能力。大多数暴露在潮湿空气中的金属需作保护（喷漆、烤漆、电镀、电化覆塑等），否则很快即会生锈、腐蚀。金属还可通过铸锻、焊接、穿孔、弯曲、抛光、染色等多种工艺对其进行加工，赋予其多样的外观。

人类使用金属已有几千年的历史，远在古代的建筑中就开始以金属作为建筑材料，至于大量的应用，特别是以钢铁作为建筑结构的主要材料则始于近代。1775 年至 1779 年，第一座生铁桥建造于英国塞文河上，而真正以铁作为房屋的主要材料，起初是应用于屋顶上，如 1786 年巴黎的法兰西剧院，后来，1851 年由英国的帕克斯顿设计的"水晶宫"，1889 年法国巴黎世博会中的埃菲尔铁塔与机械馆，都成功地将铁运用在建筑领域。现在，钢铁与木材、水泥、塑料被并称为现代建筑的四大建材。金属一般分为黑色金属（包括铁及其合金）和有色金属（即非铁金属及其合金）两大类。用于建筑装饰的金属材料主要有钢、铁、铜、铝及其合金，特别是钢铁和铝合金被广泛用于建筑工程，这些金属材料多被加工成板材、型材来使用。

（一）黑色金属材料

黑色金属材料基本可以分为两类，即铁材和钢材。下面我们来看一下它们各自有着什么样的特性。

1. 铁材

铁的使用在人类历史上具有划时代的意义，在铁被用作建筑材料之前，就已被制成各种工具及武器。铁材有较高的韧性和硬度，主要通过铸锻工艺加工成各种装饰构件，对于铁在建筑装饰及结构上的运用，在维多利亚时期及新艺术运动时期就进行过积极探索，常被用来制作各种铁艺护栏、装饰构件、门及家具等。含碳 2% ~5% 的称为铸铁，铸铁是一种历史悠久的材料，硬度高，熔点低，多用于翻模铸造工艺，将其熔化后倒入型砂模可以铸成各种想要的形状，是制造装饰、雕刻的理想材料，一旦模子做好后，重复一个复杂的设计既廉价又高效便捷；含碳 0.05% ~0.3% 的铁称为锻铁，硬度较低，熔点较高，多用于锻造工艺。

2. 钢材

钢材是由铁和碳精炼而成的合金，和铁比较，钢具有更高的物理和机械性能，具有坚硬、韧性，较强抗拉力和延展性，大型建筑工程中钢材多用以制成结构框架，如各种型钢（槽钢、工字钢、角钢等）、钢板等。钢在冶炼过程中，加入铬、镍等元素，会提高钢材耐腐蚀性，这种以铬为主要元素的合金钢就称为不锈钢。目前，建筑装饰工程中常见的不锈钢制品主要有不锈钢薄板及各种管材、型材。不锈钢板厚度在2mm以下的使用最多，其表面经不同处理可形成不同的光泽度和反射性，如镜面、雾面、拉丝、镀钛以及花纹板等。为提高普通钢板的防腐和装饰性能，近年来又开发了彩色涂层钢板、彩色压型钢板等新型材料，表面通过化学制剂浸渍和涂覆以及辊压（由彩色涂层钢板、镀锌钢板辊压加工成纵断面呈"V"或"U"形及其他类型，由于断面为异形，故比平板增加了刚度，且外形美观）等方式赋予不同色彩和花纹，以提高其装饰效果。不锈钢制品多用于建筑屋面，门窗、幕墙、包柱及护栏扶手，不锈钢厨具、洁具、各种五金件、电梯轿厢板的制作等。吊顶中大量使用的轻钢龙骨、微穿孔板、扣板也多是由薄钢板制成。

（二）有色金属材料

1. 铝合金

铝属于有色金属中的轻金属，银白色，重量极轻，具有良好的韧性、延展性、塑性及抗腐蚀性，对热的传导性和光的反射性良好。纯铝强度较低，为提高其机械性能，常在铝中加入铜、镁、锰、硅、锌等一种或多种元素制成铝合金。对铝合金还可以进行阳极氧化及表面着色以及轧花等处理，可提高其耐腐及装饰效果。

铝合金广泛用于建筑装饰和建筑结构。铝合金管材、型材，多用于门窗框、护栏、扶手、顶棚龙骨。屋面板、各种拉手、嵌条等五金件的制作；铝合金装饰板多用于墙体和吊顶材料，包括铝塑复合板、铝合金扣板、微孔板、压型板、铝合金格栅等。

2. 铜

铜是人类最早使用的金属材料之一，同时也是一种古老的建筑材料。商代及西周（约公元前18世纪～前16世纪）是我国历史上青铜冶铸的辉煌时代，当时人们利用青铜熔点低、硬度高、便于铸造的特性，为我们留下大量造型优美、制作精良的艺术精品。铜耐腐蚀，塑性、延展性好，也是极好的导电、导热体，广泛用于建筑装饰及各种零部件的制造。铜是一种高雅华贵的装饰材料，它的使用会使空间光彩夺目，富丽堂皇，多用于室内的护栏、灯具、五金的制造。纯铜较软，为改善其力学性能，常会加入其他金属材料，如掺加锌、锡等元素可制成铜合金，根据合金的成分铜合金主要有黄铜、青铜、白铜等。

纯铜表面氧化后呈紫红色，故称紫铜；铜与锌的合金，呈金黄色或黄色，称黄铜，不易生锈腐蚀，硬度高，机械强度、耐磨性、延展性好，用于加工成各种建筑五金、镶嵌和装饰制品、水暖器材等；另外，加入锡和铝等金属制成的青铜，也具有较高机械性能和良好的加工性能。

四、织物

织物是以纤维为主要原料，用手工或机械手段编织或通过挤压成型等方式制成的柔性材料。织物材料基本分为天然纤维和化学纤维两大类，天然纤维主要来自植物和动物，包括棉、麻、丝、毛等，由于天然纤维不易获得，所以加工成本较高；化学纤维包括人造纤维和合成纤维，人造纤维是从一些经过化学变化或再生过程的天然产物中提取出来。合成纤维则主要来自石油化工制品，如尼龙等。织物可由一种纤维制成，也可以由两种或多种纤维混纺而成，以扬长避短，改善纺织品的特性。增加强度以及抗污能力，织物的艺术感染力来自材料的质感、纹路（织物通过印花、织花、刺绣、编织、抽纱等工艺创造出不同的外观）、色彩和图案等特征以及通过打褶、折叠、拉伸等方式形成的松软、自然的独特外观，织物不但会带给我们轻柔、亲切感，柔化室内空间，还具有控制噪音以及保暖等作用（图 7 - 3 - 19）。

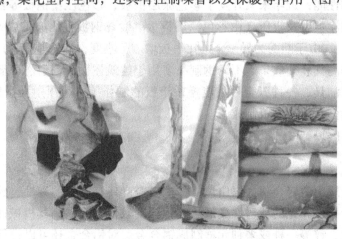

图 7 - 3 - 19　形色各异的织物

在中国，从宫廷到民居，从神殿到庙宇等室内空间，纺织物的运用由来已久，《周礼·天宫》中就已有幕人"掌帷、幕、幄、帘、绶"的记载，其中帷、幕、幄都是围合空间的帐幕，帘是用于承尘的平幕，绶是系帷幕的丝带。室内空间中的织物主要用于室内墙面、地面、天花及门窗帘、家具蒙面、床上用品等处。像婚丧喜庆时张灯结彩，寺庙中的旗幡、佛帐，官邸、宫殿中的幔帐、床帐，可以相当容易地填补、分隔空间，改变空间层次，供烘托、渲染环境的气氛。

下面我们以地毯为例来看看室内装饰中常用的各种织物各有什么特点。

地毯具有保温、隔热、吸音、柔软舒适、高贵华丽的特点，是地面装饰中的主要材料之一。按编织工艺地毯可以分为手工编织地毯、无纺地毯和簇绒地毯。手工编织地毯是用人工统织而成，做工精细，图案丰富多彩，多用于制作纯毛地毯。无纺地毯采用无纺织物制造技术，即原料不经传统的纺纱工艺，用织造方法直接制成织物。因此，无纺地毯是无经纬编织的短毛地毯，如针刺地毯、黏合地毯等。这种地毯将绒毛粘在胶皮或麻底的衬底上。工艺简单、造价低，但地毯薄、脚感较差，耐久性和弹性也差。簇绒地毯用簇绒编织法编织，分为平绒地毯和圈绒地毯。圈绒地毯不将编织中的绒毛圈剪开，表面一圈一圈的，绒高 5～10 毫米。经割绒处理后，即为平绒地毯，绒毛高度多在 7～10 毫米。

按照材质分类，羊毛地毯弹性好，不易污染、变形、磨损，隔热性好，容易腐蚀、虫蛀，价格较高；锦纶地毯耐磨性好，易清洗、不腐蚀、无虫蛀、无霉变，但易变形，易产生静电，遇火会局部溶解；涤纶地毯耐磨性仅次于锦纶，耐热、耐晒，无霉变、无虫蛀，染色困难；

丙纶地毯质轻、弹性好、强度高，原料丰富、生产成本低；腈纶地毯柔软、保暖，弹性好，在低伸长范围内的弹性回复力接近于羊毛，比羊毛质轻，无霉变、不腐蚀、无虫蛀，缺点是耐磨性差。除此之外，还有主要原料为聚氯乙烯树脂、加增剂等助剂制成的塑料地毯以及用羊毛与合成纤维，如尼龙、锦纶等混合编织而成的混纺地毯（图7-3-20）。

从地毯面层纤维的密度来区别的地毯优劣，标准是0.3048平方米地毯中的经线数量，俗称道数，道数越高，质量越好。一般家庭用地毯为90~150道，高档装饰中所用地毯应为200道以上，甚至可达400道。地毯的耐磨性与原材料的品种有关，也与地毯编织厚度有关，越厚越耐磨。

（a）手工地毯　　　　　　　　　　（b）羊毛地毯

图7-3-20　常见室内装饰中的地毯类型

五、陶瓷

（一）陶瓷的种类

（1）按工艺不同通常分为釉面砖和通体砖。

（2）按照工程中常用的陶瓷制品分：釉面砖、陶瓷面砖、陶瓷锦砖、琉璃制品、卫生陶瓷等。陶瓷面砖又分为内墙面砖、外墙面砖、地面砖。

（二）室内装饰常见的陶瓷运用

1. 墙砖

墙砖按花色可分为玻化墙砖、印花墙砖等。现流行花片和腰线与瓷砖配套的形式贴拼，腰线砖和花片砖多为印花砖、浮雕砖。施工时采用横竖贴拼或斜拼、环绕拼贴，能够贴出很多图案，是个性设计常用的方法。

2. 内墙釉面砖

内墙釉面砖俗称瓷砖，其表面光滑，图案丰富多彩，有单色、印花、高级艺术图案等。釉面砖具有不吸污、耐腐蚀、易清洁的特点，多用于厨房、卫生间等。近年来，彩色釉面陶瓷墙地砖种类繁多，大多砖表面施有美观艳丽的釉色和图案，可用于地面，也可用于墙面。釉面砖吸水率较高，吸湿膨胀小的表层釉面处于压力状态下，长期冻融，会出现剥落掉皮现象，所以不能用于室外。

3. 外墙面砖

外墙面砖用于外墙装饰的板状陶瓷建筑材料。可分为有釉和无釉两种。无釉外墙贴面砖又称墙面砖，有时也可用于建筑物地面装饰，多数情况下作为建筑物外墙装饰的一类常见的建筑材料（图 7-3-21）。

4. 地面砖

地面砖可以分为以下四种类型：

（1）仿古砖：也称耐磨砖，高温烧制，质地坚硬，釉面耐磨，适合各种场所的装饰，能体现典雅、幽静、自然的怀旧风格。

（2）釉面砖：是由瓷土经高温烧制成坯，并施釉二次烧制而成，产品表面色彩丰富、光亮晶莹、吸水率大，在表面层没有破坏之前其抗污能力较高，花色丰富，价格便宜。目前用作地面材料的越来越少，作内墙墙砖使用的较多。

（3）玻化砖：在抛光砖的基础上解决抛光砖出现的易脏问题，玻化砖也叫全瓷砖。其表面光洁但又不需要抛光，所以不存在抛光气孔的问题，上下材质一样，砖的烧结温度高，瓷化程度好。表面光洁像镜面，吸水率小，防滑耐磨，耐酸碱、不变色、寿命长。适合家居室内装修，宾馆、酒店、商场等公众场所都更多地选择玻化砖，是比较流行且实用的地面装饰材料（图 7-3-21）。

（a）玻化砖的运用　　　　　　　（b）仿古砖的运用

图 7-3-21　玻化砖和仿古砖的运用

（4）抛光砖：是指通体砖坯体的表面经过打磨而成的一种光亮砖，属于通体砖的一种。质地坚硬耐磨，适合在除洗手间、厨房以外的多数室内空间中使用。但是抛光砖抛光时会留下凹凸气孔，这些气孔会藏污纳垢，装修时也有在施工前打上水蜡以防粘污的做法。

5. 陶瓷锦砖

陶瓷锦砖也称马赛克，一般分为陶瓷马赛克、玻璃马赛克、熔融玻璃马赛克、烧结玻璃马赛克、金属马赛克等。马赛克除正方形外还有长方形和异形品种，体积是各种瓷砖中最小的。马赛克给人一种怀旧的感觉，用于浴室地面、厨房、卫生间、星级酒店等处。

六、竹材和藤材

藤竹均为热带、亚热带常见植物，生长快，韧性好，可加工性强，被广泛用于民间家具、建筑上。现代常用在民间风格的装修和园林绿化中的小景中。另外，用竹皮加工的竹材刨花板、竹皮板、竹木地板等也被广泛用于建筑装修中。藤材、竹编的家具在近年来受到广泛的喜爱，甚至成为回归自然的象征。接下来我们来看看它们分别有什么特征，又是怎样被运用于室内装饰中的呢？

（一）竹材

竹材是亚洲的特产，特别是在我国分布最广，有毛竹、淡竹、苦竹、紫竹、青篱竹、麻竹、四方竹等。竹材的可利用部分是竹竿，圆筒状的竹竿，中空有节，两节间的部分称为间节。其节间的距离，在同一根竹竿上也不一样，一般根部处和梢部处密而短，中部较长。竹竿有很强的力学强度，抗拉、抗压能力较木材更优，且有韧性和极好的弹性。抗弯强度好，但缺乏刚性。竹材纵向的弹性模量抗拉为 $132000kg/m^2$ 青后的竹竿，在空气中氧化逐渐加深至黄褐色；喷漆就是可用硝基漆、清漆、大漆等刷涂竹材表面，或涂刷经过了刮青处理的竹材表面。经上述处理后的竹材即可用来建造房屋和加工竹制品，竹制品的加工，工艺简单、易行，成为我国南方主要的家具及建筑材料之一。常见的工艺做法有：锯口弯接、插头榫固定、尖角头固定、槽固定、钻孔穿线固定、劈缝穿带、压头、剜口作榫、斜口插榫、四方围子、斜口插榫、尖头插榫等作法。

竹材的加工，因受到材质的限制，遇水容易腐蚀，因此，在加工之前首先要进行防霉防蛀处理，一般用硼砂溶液浸泡，或在明矾溶液中蒸煮。其后还要进行防裂处理，即在未用之前，先浸泡在水中数月，再取出风干，以减少开裂现象，这就是常见的水中放竹的情景。另外，经水浸泡的竹材可以将其中所含的糖分去掉，减少了虫害。此外用明矾或石炭溶液蒸煮，也可防裂。竹材的表面还需进行处理，一般分为为油光、刮青或喷漆几种方式。

油光是将竹竿放在火上烤，全面加热，至竹液溢满整个表面后，用竹绒或布片反复擦磨，至竹油亮即可；刮青，就是用篾刀将竹表面绿色蜡衣刮去，使竹青显露，经刮青后的竹杆，在空气中氧化逐渐加深至黄褐色；喷漆就是可用硝基漆、清漆、大漆等刷涂竹材表面，或涂刷经过了刮青处理的竹材表面。

经上述处理后的竹材即可用来建造房屋和加工竹制品，竹制品的加工简单易行，成为我国南方主要的家具及建筑材料之一。常见的工艺做法有：锯口弯接、插头榫固定、尖角头固定、槽固定、钻孔穿线固定、劈缝穿带、压头、剜口作榫、斜口插榫、四方围子、斜口插榫、尖头插榫等作法。

（二）藤材

藤为椰子科蔓生植物，盛产于热带和亚热带，分布于我国的广东、台湾等地区。此外，在印度、东南亚及非洲等地均有出产，种类有二百余种，其中产于东南亚的藤材质量最佳。藤的茎是植物中最长的，质轻而韧，极富有弹性，一般长至 2 米左右的都是笔直的。藤材种类丰富，常用的有产于南亚及我国云南的土厘藤、红藤、白藤，以及产于我国广东的白竹藤和香藤等。藤材有很多优点：一是质地坚韧，富有弹性，便于弯曲；二是表面润滑光泽；三是纤维组织成无数纵直的毛管状；四是易于纵向割裂，表皮可纵剖成极薄的小皮条，供编织使用；五是有吸湿性；六是抗挫力强（对抗压强度和抗弯强度而言）。因此常用来制作藤制家具和具有民间风格的室内装饰用材料。

藤材在精细加工前要经过防霉、防蛀、防裂和漂白处理，原料藤材经加工后可成为藤皮、藤条和藤芯三种半成品原料，为深加工做准备。藤皮是割取藤茎表皮有光泽的部分，加工成薄薄的一层，可用机械和手工获得。藤芯是藤茎去掉藤皮后剩下的部分，根据断面形状的不同，可分为圆芯（扁芯）、扁平芯、方芯和三角芯等数种。藤材首先要经过日晒，在制作家具前还必须经过硫磺烟熏处理，以防虫蛀。对色泽及质量差的藤皮、藤芯还可以进行漂白处理。

利用藤材制作家具，是我国具有悠久历史的传统技艺。在明代仇十洲的画中就可以找到藤材做成的圆凳。这是充分利用藤材可以弯曲的特点，发挥其材料的特性，作连续环状的交错连接，形成一个玲珑轻巧的框架。由于环状的连续结构，发挥和巩固了藤材的强度；同时，上下两端联结着圆形的板面，构成了一个虚实相间的柱体。

七、玻璃

室内设计中的玻璃制品按照其形状、色彩、外形特征等可分为多种类型，这里我们主要探讨其三种类型，即常见的平板玻璃、玻璃砖和玻璃马赛克。

（一）平板玻璃

平板玻璃就是薄片状玻璃制品，是现代建筑工程中应用量较大的一种材料，也是玻璃深加工的基础材料。平面玻璃的种类也十分繁多，下面我们就其中的几种进行简单的论述。

1. 透明玻璃

透明玻璃又称白色玻璃或净片玻璃，大量用于建筑采光。主要用于装配建筑门窗，制造工艺有垂直引上法、平拉法、对辊法、浮法等，目前国内外主要使用浮法生产玻璃。

2. 镜面玻璃

镜面玻璃就是我们日常生活中使用的镜子，是玻璃表面通过化学或物理等方法形成反射率极强的镜面反射玻璃制品。用于装饰工程中的镜子，为提高装饰效果，在镀镜之前可对原片玻璃进行彩绘、磨刻、喷砂、化学蚀刻等加工处理，形成具有各种花纹图案或精美字画的镜面玻璃。在装饰工程中常利用镜子的反射和折射来增加空间距离感，或改变光照的强弱效果（图 7 - 3 - 22）。

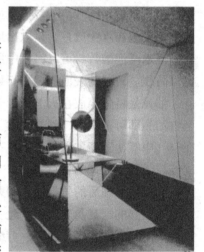

图 7 - 3 - 22　镜面玻璃

3. 毛玻璃

经研磨、喷砂或氢氟酸溶蚀等加工方式，使表面成为均匀粗糙的平板玻璃。用硅砂、金刚砂、石榴石粉等作研磨材料，加水研磨而成的称磨砂玻璃；用压缩空气将细砂喷射到玻璃表面，产生毛面的玻璃称喷砂玻璃；用酸溶蚀的称酸蚀玻璃。由于其表面粗糙，会使透过的光线产生漫射，虽然透光但不透视，既保持私密性，还使室内光线柔和而不致炫光刺眼。多用于办公空间、医院、卫生间的门窗、隔断等处及灯具玻璃的制造（图7-3-23）。

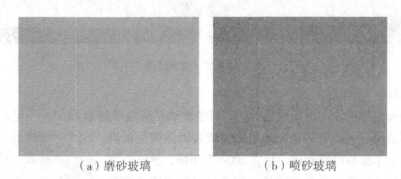

（a）磨砂玻璃　　　　　　　　　（b）喷砂玻璃

图7-3-23　毛玻璃

4. 压花玻璃

压花玻璃是将熔融的玻璃液在急冷中通过带图案花纹的辊轴滚压而成的，也称花纹玻璃或滚花玻璃，其表面有各种图案花纹且凹凸不平，当光线通过时产生漫反射，具有透光不透视的特点，压花玻璃表面花纹丰富，具有一定的艺术效果。一般规格为800mm×700mm×3mm，多用于办公室、会议室、浴室以及公共场所分隔空间的门窗和隔断等处。

5. 刻花玻璃

刻花玻璃是由平板玻璃经涂漆、雕刻、围蜡、酸蚀、研磨而成。与压花玻璃制作工艺类似，但图案立体感要比压花玻璃强，似浮雕一般，刻花玻璃主要用于高档场所的室内隔断或屏风。刻花玻璃一般是按用户要求定制加工，最大规格为2400mm×200mm（图7-3-24）。

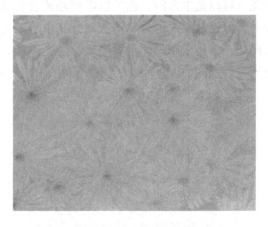

图7-3-24　刻花玻璃

6. 镶嵌玻璃

镶嵌玻璃是用铜条或铜线与玻璃镶嵌加工，组合成具有强烈装饰效果的艺术镶嵌玻璃。可以将各种性质类似的玻璃任意组合，再用金属丝条加以分隔，合理地搭配，呈现不同的美感。镶嵌玻璃最初用于教堂装饰，如今彩色镶嵌玻璃多用在欧式豪华风格的装饰造型中，广泛用于门窗、隔断、屏风、采光顶棚等处（图7-3-25）。

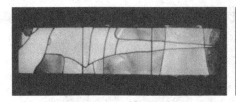

图 7 - 3 - 25　镶嵌玻璃

7. 彩色玻璃

彩色玻璃分为透明和不透明两种，透明彩色玻璃是将玻璃熔解后加入一定的金属化合物使其带色，不透明彩色玻璃则是在无色的玻璃表面涂敷色釉烘烤，或利用高分子涂料涂刷制成。早在 2000 多年前，就已出现彩色玻璃。中世纪以来，彩色玻璃就一直是基督教建筑的重要组成部分．在 12 世纪和 13 世纪时已得到高度发展，它们是被镶嵌在工字形的有槽的铅或铁的框架之中，用于装饰性的窗户上．铅条本身则形成图形的轮廓，或是粘贴于混凝土底层作为装饰。19 世纪晚期的维多利亚时期和新艺术运动时期，建筑的窗子和灯罩等照明装置以及花瓶等饰物中，也广泛地运用了彩色玻璃（图 7 - 3 - 26）。

图 7 - 3 - 26　彩色玻璃

（二）玻璃砖

玻璃砖在问世时的 20 世纪 30 年代时非常流行，现在又再度兴起，玻璃砖的外观有正方形、矩形和各种异形，分空心和实心两种，空心玻璃砖由两块凹型玻璃相对融接或胶结而成，中间空腔充有干燥空气。玻璃砖具有强度高、耐火、隔热、隔声、防水等多种优良性能。可以是平光的，也可以内或外铸有花纹，由于内部铸有花纹或凹凸起伏而使光线产生漫射，可控制视线透过和防止眩光。由于是合模数制的材料，玻璃砖也可以像砖块那样用灰浆砌筑，多用来砌筑非承重隔墙、透光隔墙，根据需要还可砌筑成曲线，如酒店、浴室、办公等多种空间的内外隔墙、隔断等处（图 7 - 3 - 27）。

图 7 - 3 - 27　玻璃砖

（三）玻璃马赛克

玻璃马赛克是以玻璃为基料制成的一种小规格的彩色饰面玻璃，我国现用名称为玻璃锦砖。一般尺寸为 20mm×20mm、40mm×40mm，厚度为 4mm～6mm 左右，背面四周呈楔形斜面，并有锯齿或阶梯状的沟纹，以利粘贴。有透明、半透明、不透明，颜色丰富，有的还有金银斑点，质地坚硬、性能稳定。由于出厂时已成联按设计要求铺贴在纸衣或纤维网格上，因而施工方便，对于弧形墙面、圆柱等处可连续铺贴，可镶拼成各种色彩、图案，可用于内、外墙和地面的铺贴（图 7-3-28）。

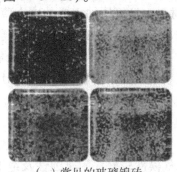

（a）常见的玻璃锦砖　　　（b）玻璃马赛克的应用

图 7-3-28　玻璃锦砖（玻璃马赛克）及其应用

随着科技的发展，各种各样的玻璃形式相继涌现，出现了很多新型玻璃制品，如金银质感玻璃、视飘玻璃、镭射玻璃等等，这里我们就不一一详述了，需要了解的读者可以借鉴相关文献资料。

八、塑料

塑料是指以合成树脂或天然树脂为主要原料，与其他原料在一定条件下经混炼、塑化、成型，且在常温下保持其形状不变的材料。塑料具有许多优于其他材料的性能，如原料的来源丰富，耐腐蚀性强，电、热绝缘，质轻等优点。塑料可呈现不同的透明度，还容易赋予其丰富色彩，在加热后可以通过模塑、挤压或注塑等手段而相对容易地形成各种复杂的形状、肌理表面。通过密度的控制还可使其变得坚硬或柔软。但塑料普遍也有易老化、耐热性差、易燃和含有毒性（尤其燃烧时会释放出致命的有毒气体，这往往是建筑火灾造成人员伤亡的主要原因）、韧度较低等缺点。

塑料作为建筑材料使用可以追溯到 20 世纪 30 年代，那时使用的是被称作"电木"的酚醛树脂。通过添加填料及改性制成灯头、插座、开关等绝缘材料。50 年代后，随着石油化工的发展，产品的品种和产量不断增加，塑料开始显示出巨大的生命力和开发潜力，并形成了庞大的聚合物材料家族，应用到众多的领域，逐渐被加工成各种建筑材料制品，特别是建筑装饰材料。当今的建筑工程中塑料被广泛地加以应用，几乎遍及各个角落，并逐渐成为今后建材发展的重要趋势之一，成为传统木材、金属等材料的替代品。

在这里我们列举了几种生活中常见的装饰塑料制品，详情如下所示：

（1）塑胶地板。塑胶地板是聚氯乙烯树脂加增塑剂、填充料及着色剂经搅拌、压延、切割成块或不切而卷成卷。以橡胶为底层时，成双层；面层或底层加泡沫塑料时则成三层。

（2）阳光板。阳光板又称 PC 板、玻璃卡普隆板，以聚碳酸酯为基材制成，有中空板、实心板、波形板。阳光板具有重量轻、透光性好、刚性大、隔热保温效果好、耐气候性强等优点，多用于采光天花的使用。

（3）塑料贴面板。塑料贴面板是由多层浸渍合成树脂的纸张层压而成的薄板，面层为聚氨酯树脂浸渍过的印花纸，经干燥后叠合，并在热压机上热压而成。因面层印花纸可有多种多样颜色和花纹，因而形式丰富，其化学性能稳定，耐热、耐磨，在室内装饰及家具上用途极广。

（4）PVC隔墙板。是以聚氯乙烯钙塑材料，经挤压加工成的中空薄板，可作室内隔断、装修及搁板。具有质轻、防霉、防蛀、耐腐、不易燃烧、安装运输轻便等特点。

（5）人造皮革。人造皮革是指以纸板、毛毡或麻织物为底板，先经氯、乙烯浸泡，然后在面层涂以由氯化乙烯、增韧剂、颜料和填料组成的混合物，加热烘干后再以压辗压的方式出仿皮革花纹，有各种颜色和质地。处理上可平贴、打折线、车线等。

（6）有机玻璃。有机玻璃是一种具有良好透光率的热塑性塑料。它是以甲基丙烯酸甲酯为主要原料，加入引发剂、增塑剂等聚合而成。有机玻璃的透光率较好，可透过光线的99%，机械强度较高，耐热性、抗寒性及耐气候性较好；耐腐蚀性及绝缘性能良好；在一定的条件下，尺寸稳定，并容易成型加工。其缺点是质地较脆，易溶于有机溶剂中，表面硬度不大，容易擦毛等。有机玻璃分无色透明有机玻璃、有色有机玻璃、珠光玻璃等。

九、油漆

室内装饰漆分为木器漆及特殊效果漆。下面我们分别来看一下它们各有什么特点。

（一）木器漆

木器漆按照装饰效果可分为清水漆、浑水漆和半浑水漆三种。

（1）清水漆。指的是在涂刷完毕后仍可以见到木材本身的纹路及颜色，这类产品适用于高级木纹、地板、木门、窗、家具等的装饰。涂刷完毕后的漆膜幼滑饱满，外观晶莹剔透，施工更简单、轻松。

（2）半浑水漆。指的是在涂刷完毕后木材本身的纹理清晰可见并且还有着色的效果。这类产品适用于木纹清晰且木质比较疏松的木门、窗、家具等。

（3）浑水漆。就是一般人们所说的色漆，即在涂刷以后会完全遮盖木材本身的颜色只体现色漆本身的颜色。这类产品适用于夹板或密度板类门、窗、家具装饰。它们的漆膜柔韧饱满，有上千种颜色可供选择。

（二）特殊效果漆

室内装饰漆的另一大类特殊效果的漆指的是涂刷在特殊表面上的、涂刷在特定环境中的或者对装饰效果有特殊要求的油漆。

1. 瓷漆

瓷漆和调和漆一样，也是一种色漆，是在清漆的基础上加入无机颜料制成。因漆膜光亮、平整、细腻、坚硬，外观类似陶瓷或搪瓷。瓷漆色彩丰富，附着力强。常用的品种有酚醛瓷漆和醇酸瓷漆，适用于涂饰室内外的木材、金属表面、家具及木装修等。

2. 木纹漆

木纹漆又称美术漆，与有色底漆搭配，可逼真地模仿出各种效果，能与原木家具木纹媲美，可以制造出不同木材的木纹效果，能使刨花板、中纤板、树脂压模板、实木板等材料经过艺术的加工仿制成实木家具，也是个性设计中不可缺少的材料（图7－3－29）。

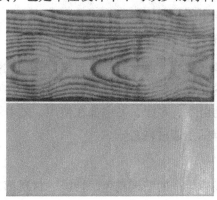

图7－3－29　木纹漆

3. 皮纹漆

皮纹漆刷出的质感像天然的动物的皮纹，具有仿真效果，可反馈底色，皮革感强。

4. 裂纹漆

裂纹漆是由硝化棉、颜料、体质颜料、有机溶剂，辅助剂等研磨调制而成的，可形成各种颜色的硝基裂纹漆，无须加固化剂，干燥速度快。由于裂纹漆粉性含量高，溶剂的挥发性大，因而它的收缩性大，柔韧性小，喷涂后能产生较高的拉扯强度，形成良好、均匀的裂纹图案，增强涂层表面的美观（图7－3－30）。

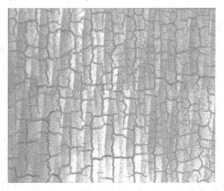

图7－3－30　裂纹漆

5. 环氧玻璃清漆

环氧玻璃清漆是以树脂为成膜物的一种玻璃专用油漆产品，油漆成膜干燥后，硬度高，附着力非常优秀，柔软性极佳。主要适用各种装饰玻璃表面的喷涂。

除了上述品种外，装饰漆还有很多种类，如水纹漆、镜面银漆、橡胶漆、石斑漆、纳米漆等很多新品种。

十、墙面装饰材料

壁纸属于室内内墙裱糊材料，品种花色样式繁多，也被人们经常使用在各种空间场所，它既能起到美化室内环境的作用，也能起到吸声、防潮、防火等功能。可用于墙面的装饰材料有很多，前面我们所说的如木材、石材、陶瓷、织物等都可作为墙面的装饰品，这里我们简单叙述一下壁纸在室内装饰中所起的使用。

（一）壁纸的特性及运用

壁纸在质感、装饰效果和实用性方面有着其他材料没有的优势，它具有耐磨性、抗污染性，便于保洁等特点，不同的花色、款式、风格的壁纸搭配往往可以营造出不同感觉的个性空间，目前家庭装饰装修中的卧室、客厅、书房都在使用，随着人们环保意识和审美能力的增强，壁纸将会成为家庭装修的主选材料之一。

（二）壁纸分类

目前市场上知名的壁纸品牌生产的壁纸花色、性能、材质都是比较先进的，为装饰工程的实现提供好的素材，新品种的出现，也在逐步代替着传统壁纸的使用。但是无论是新品种，还是旧品种，壁纸的种类都十分繁多，下面我们从不同角度来对其进行一个分类和归纳。

1. 按所使用的材料不同分类

（1）纸面壁纸。直接在纸面上印花，压花，是使用最早的一种壁纸。其材质轻、薄、花色多，质感自然、舒适、亲切，但不耐擦洗、易破裂，其他壁纸的性能优于此种壁纸，故室内工程中基本不使用此种壁纸。

（2）胶面壁纸。壁纸表面为 PVC 材质的壁纸，质感浑厚，可以仿制出各种纹理，如石纹、土砖的效果，具有耐水、防火、防毒等功能，重要的是耐刮磨，是目前市场上使用最广泛的一种产品。

（3）金属壁纸。将金、银、铜、锡、铝等金属，经特殊处理后，制成薄片装饰于壁纸表面，以金色、银色为主要色系。其材质成本较高，故此种壁纸市场占有率小（图 7 - 3 - 31）。

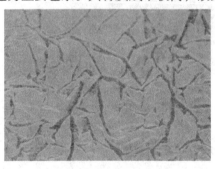
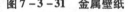

图 7 - 3 - 31　金属壁纸　　　　图 7 - 3 - 32　植绒壁纸

（4）织物壁纸。也称壁布，重材质表现，表面为麻、棉、毛、丝等天然纺织品类的材料，给人亲切的视觉柔和感，吸音、透气性能较高，能够渲染出典雅、高贵的氛围。目前，织物壁纸主要材料逐步向无纺布发展，但壁布价格较高，多用于点缀空间。

（5）植绒壁纸。是在厚纸上用高压静电的植绒的方法制成的一种墙面裱糊材料，以绒毛为主要材料，属于高级装饰材料，给人一种富丽堂皇、华贵典雅的感觉，适合用于酒店、宾馆的高级客房、音乐厅、家庭卧室空间等（图 7 - 3 - 32）。

（6）天然材质壁纸。使用自然界中的物质制造出来的壁纸。常见的天然材质类的壁纸主要有以下几种类型：

①植物类壁纸。用树叶、草、竹等天然物质以编织的形式加工而成，具有自然风情，立体感比较强，无毒无味、透气性强，属于环保产品。用在客厅或是开放式书房，更能显示浓厚的乡土气息及回归自然的感觉。

②丝绸壁纸。丝绸壁纸选用自然环保材料，以精致而繁复的手工绘制为最基本的特点，有花鸟、山水、人物图案，具有保温、隔音的作用。丝绸墙纸的色调相对淡雅，有一种既宁静又有文化的味道，颜色以古朴色调为主，因此只适合较大面积的居室。

③木皮割成薄片作为壁纸表材，因价格较高，使用得很少。

2. 按产品性能分类

（1）吸音壁纸。具有吸音能力，适合于歌舞厅，影剧院的墙面装饰。

（2）抗静电壁纸。有效防止静电，用在特殊需要防静电场所，例如实验室、微机室等。

（3）荧光壁纸。在印墨中加入荧光剂，在夜间会发光，能产生一种特别效果，夜晚熄灯后可持续45分钟的荧光效果，常用于儿童房、娱乐空间。

（4）防火阻燃壁纸。用防火材质编制而成，具有难燃，阻燃的特性、常用于机场或公共建筑物防火等级要求高的场所。

（5）防霉抗菌壁纸。可以防霉、抗菌，适合用于医院病房等卫生标准高的场所。

第八章　当代环境空间的功能设计

空间设计无处不在，无论是我们日常居住的空间，还是出门在外，身处的各种公共空间，都是有着不同的设计要求和方法的。合理有序的设计不仅为我们的生产生活活动提供了便利，更是为我们的生活增添了无限乐趣。

第一节　办公建筑室内设计

一、办公空间的设计要求

（一）办公场所使用功能的空间组成和设计要求

办公场所的室内空间根据功能性质区分，大致由以下几类房间组成：第一，办公用房，即办公室。办公室的类型又可分为小单间办公室、大空间开放办公室、绘图室、财务室等专业性办公室、单元型办公室、公寓型办公室等；第二，公共用房，指办公场所中内外人际交流或员工聚会、展示等用房，如会客室、接待室、休息室、各类会议室、阅览室、展示厅、多功能厅等；第三，服务用房，为办公场所提供资料、信息的收集、编制、交流和贮存等功能的用房，像资料室、档案室、文印室、晒图室等房间均属于服务用房；第四，附属设施用房，这是为工作人员提供生活及环境设施服务的用房，如开水房、卫生间、员工餐厅、电话交换机房、变配电间、空调机房、锅炉房等。

对办公场所使用功能的总体设计要求大致有以下几点：

（1）办公场所内环境中的各类用房之间的面积分配比例，房间的大小、数量，均应根据办公场所的使用性质和现实需要来确定。同时，还要对以后功能、设施可能发生的调整变化进行适当的考虑。

（2）办公场所中各类用房的位置及层次应根据房间对外联系的密切程度来确定，对外联系较密切的房间应布置在出、入口处或临近出、入口的主通道处，比如收发室或传达室设置在出、入口处；会客室和有对外性质的会议室、多功能厅设置在临近出、入口的主通道处，同时，人数较多的房间还要特别注意安全疏散通道的组织。

（3）大型综合办公场所中不同功能的联系与分割应在平面布局和分层设置时就予以充分的考虑，必要时，如办公与餐饮、娱乐等功能组合在一起时，要注意尽可能地单独设置不同功能的出入口，避免相互间的干扰。

（4）办公场所内要有合理、明确的导向性，即人在空间内的流向应顺而不乱，流通空间充足、有规律。

（5）从安全疏散和便于通行的角度考虑，袋形走道远端的房门到楼梯口的距离不应大于22m，走道过长时应设采光口，单侧设房间的走道净宽应大于1300mm，双侧设房间的走道净宽应大于1600mm，走道净高不得低于2100mm。

（二）办公场所的精神功能和设计要求

办公场所是脑力劳动集中的地方，它的精神功能主要是提高使用者的注意力、调动使用者的积极性，以便提高工作效率，同时，通过营造舒适、和谐的工作氛围来调节使用者的工作情绪、给使用者带来一定的精神愉悦。

因此，办公场所的室内环境设计有以下几点要求：

（1）设计的现代感。这是指办公场所的设计要符合现代审美情趣和工作观念，现代较为流行的共享型开放办公室就迎合了现代企业方便交流、民主管理的思路，简约主义风格的广泛运用和引入自然景观的装饰手法都是办公场所设计现代感的体现。另外，在办公场所的室内环境设计中导人 CI 战略，通过标志、标准色、标准字的整体使用，突显企业文化和企业精神，这也是现代办公场所设计的时代发展趋势。

（2）设计的明快感。这是指办公环境要满足色调干净明亮、光线充足、照明合理的要求，创造轻松明快的工作氛围，给人以愉悦的工作心情。明快感多通过像浅绿、浅蓝等明亮柔和的色调来营造。

（3）设计的秩序感。这是指在设计中通过形的反复、节奏和形的简洁、完整创造一种有序、整齐、平和的办公环境。秩序感可以通过平面布局的规整性、天花板与墙面的简洁性、家具样式与色彩的统一、隔断样式尺寸和色彩、材料的统一等多方面的手段来实现。

二、办公场所主要功能空间的设计

（一）景观及智能型办公建筑

1. 景观型办公建筑

景观办公建筑最早兴起于 20 世纪 50 年代末的德国，它的出现是对早期现代主义办公建筑忽视人与人际交往倾向，具有单纯唯理观念的一种反思。20 世纪五六十年代，建筑技术设施条件日益成熟，现代办公设备的出现使办公性质由事务性向创造性发展，加之当时已开始重视作为办公行为主体的人在提高办公效率中的主导作用和积极意义，上述诸多因素使景观办公应运而生。1963 年建于德国的尼诺弗莱克斯（Ninoflax）办公管理大楼，即采用景观办公的构思与布局。1967 年首次国际景观办公建筑会议在美国芝加哥举行。

景观办公室具有工作人员个人与组团成员之间联系接触方便、易于创造感情和谐的人际和工作关系等特点。现时办公室已借助电脑确定平面布局、组团和个人工作点的位置，从家具和绿化小品等对办公空间进行灵活隔断，且家具、隔断均为模数化，具有灵活拼接组装的可能。景观办公建筑是一种相对集中"有组织的自由"的一种管理模式，它有利于发挥办公工作人员的积极性和创造能力，但较为自由和灵活的布局也常给结构柱网布置和设施管线铺设带来困难。

2. 智能型办公建筑

"智能型办公建筑"一词最先出现于 1984 年美国康涅狄格州的都市办公大楼的建设中。该大楼设施由联合技术建筑公司（UTBS）以当时最为先进的技术承建安装，室内空调、照明、防灾、垂直交通以及通讯和办公自动化，并以计算机与通讯及控制系统连接。随后日本也相继建成了墅村证券大厦、安田大厦、NEC 总公司大楼等智能型办公建筑。

智能型办公建筑通常应具有下列三方面设施性能特征与系统配置：

首先，具有先进的通信系统，即具有数字专用交换机及内外通信系统，并能方便地提供各种通讯服务，先进的通信网络是智能型办公建筑的神经系统。

其次是具有办公自动化系统，主要内容为每个工作成员都可以以一台工作站或终端个人电脑，通过电脑网络系统完成各项业务工作，同时通过数字交换技术和电脑网络使文件传递无纸化、自动化，设置与会成员不在同一地点的电子会议室（远程会议系统），该系统的办公秘书工作往往通过计算机终端、多功能电话、电子对讲系统等来操作运行。

最后是建筑自动化系统，这种系统通常包括电力照明、空调卫生、输送管理等的环境能源管理系统；防灾、防盗的安保管理系统；以及能源计量、租金管理、维护保养等的物业管理系统。以上通称智能化办公建筑的"3A"系统，它是通过先进的计算机技术、控制技术、通信技术和图形显示技术来实现的。也就是说，智能型办公楼必须具备以下四项基本构成要素，即：高舒适的工作环境、高效率的管理和办公自动化系统、先进的计算机网络和远距离通信网络以及开放式的楼宇自动化系统。

智能化系统的设计，常由与相应技术相关的专业设计单位来完成，但是由于这些设施系统往往和室内空间的组织与调整，室内界面的留孔、留空间隙处理，以至照明、空调、通讯等强弱电线路布置紧密相关，因此现代办公建筑的室内设计必须与相关设施工种协调沟通，在室内空间与界面的设计中予以充分考虑与安排。

（二）办公室

从办公室的体系和管理功能要求出发，结合办公建筑结构布置提供的条件，办公室的布置类型从空间由小到大的顺序可排列为小单间办公室、大空间办公室、单元型办公室、公寓型办公室和景观办公室。接下来我们就一起来看看它们各自有着什么样的设计要求。

1. 小单间办公室

小单间办公室，即较为传统的间隔式办公室，一般面积不大，如常用开间为 3.6m、4.2m、6.0m，进深为 4.8m、5.4m、6.0m 等，空间相对封闭。小单间办公室室内环境宁静，少干扰，办公人员具有安定感，同室办公人员之间易于建立较为密切的人际关系。缺点是空间不够开敞，办公人员与相关部门及办公组团之间的联系不够直接与方便，受室内面积限制，通常配置的办公设施也较简单。如图 8 - 1 - 1 所示，为小单间办公室平面布置示例。

小单间办公室适用于需要小间办公功能的机构，或规模不大的单位或企业的办公用房，根据使用需要，如果机构规模较大，也可以把若干个小单间办公室相结合，构成办公区域，如图 8 - 1 - 2 所示。

2. 大空间办公室

大空间办公室亦称开敞式或开放式办公室起源于 19 世纪末。工业革命后，生产集中，企业规模增大，由于经营管理的需要，办公各部分与组团人员之间要求联系紧密，并且进一步要求加快联系速度和提高效率，传统间隔式小单间办公室较难适应上述要求，由此形成少量高层次办公主管人员仍使用小单间，大量的一般办公人员安排于大空间办公室内。早年赖特设计的美国拉金大厦即属早期的大空间办公室。

图8-1-1　小单间办公室平面布置示例图

图8-1-2　若干小单间办公室组合在一起

大空间办公室有利于办公人员、办公组团之间的联系，提高办公设施、设备的利用率，相对于间隔式的小单间办公室而言，大空间办公室减少了公共交通和结构面积，缩小了人均办公面积，从而提高了办公建筑主要使用功能的面积率。但是大空间办公室，特别是早年环境设施不完善的时期，室内嘈杂、混乱、相互干扰较大。近年来随着空调、隔声、吸声以及办公家具、隔断等设施设备的优化，大空间办公室的室内环境质量也有了很大提高。因此，在现代社会的办公场所设计中，基于保证室内具有一个稳定的噪声水平，建议大空间办公室内不少于80人。通常大空间办公室的进深可在10m左右，面积宜不小于400m^2（图8-1-3）。

3. 单元型办公室

单元型办公室在办公楼中，除晒图、文印、资料展示等服务用房为公共使用之外，单元型办公室具有相对独立的办公功能。通常单元型办公室内部空间分隔为接待会客、办公（包括高级管理人员的办公）等空间，根据功能需要和建筑设施的可能性，单元型办公室还可设置会议、盥洗厕所等用房。

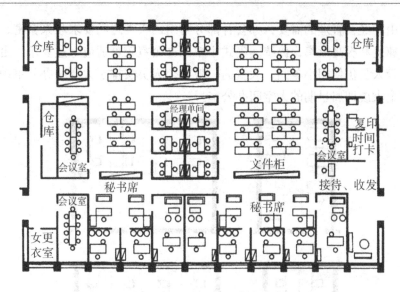

图 8 - 1 - 3 大空间办公室用房配置平面示例

由于单元型办公室既充分运用大楼各项公共服务设施，又具有相对独立、分隔开的办公功能，因此，单元型办公室常是企业、单位出租办公用房的上佳选择，近年来兴建的高层出租办公楼的内部空间设计与布局，单元型办公室占据相当的比例（图 8 - 1 - 4）。

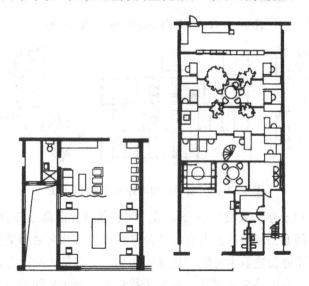

图 8 - 1 - 4 单元型办公室平面布置示例

4. 公寓型办公室

以公寓型办公室为主体组合的办公楼，也称办公公寓楼或商住楼。公寓型办公室的主要特点为该组办公用房同时具有类似住宅、公寓的盥洗、就寝、用餐等的使用功能。它所配置的使用空间除与单元型办公室类似，即具有接待会客、办公、厕所等外，还有卧室、厨房、盥洗等居住必要的使用空间。

公寓型办公室提供白天办公、用餐，晚上住宿就寝的双重功能，给需要为办公人员提供居住功能的单位或企业带来方便，办公公寓楼或商住楼常为需求者提供出租，或分套、分层予以出售（图 8 - 1 - 5）。

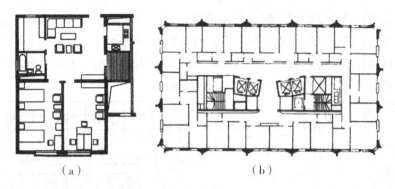

（a）　　　　　　　　　　　（b）

图8－1－5　公寓型办公室平面布置示例

5. 景观办公室

景观办公室，为景观办公建筑中的主体办公用房。景观办公室室内家具与办公设施的布置以办公组团人际联系方便、工作有效为前提，布置灵活，并设置柔化室内氛围、改善室内环境质量的绿化与小品。景观办公室与早期大空间办公室的过于拘谨划一，片面强调"约束与纪律"的室内布局截然不同。

景观办公室的构思是适应时代的发展，在办公功能逐渐摆脱纯事务性操作的情况下，创造较为宽松的，着眼于在新的条件下发挥办公人员的主动性以提高工作效率的布局。景观办公室组团成员具有较强的参与意识，组团具有核准信息并作出判断的能力，景观办公室家具之间屏风隔断挡板的高度，需考虑交流与分隔两方面的因素，即使办公人员取坐姿办公时由挡板隔离相邻之间的干扰，但坐姿抬头时可与同事交流，站立时肘部的高度与挡板高度相当，使办公人员之间可由肘部支撑挡板与相邻人员交流。

景观办公室较为灵活自由的办公家具布置，常给连通工作位置的照明、电话、电脑等管线铺设与连接插座等带来困难，采用增加地面接线点，或铺设地毯覆盖地面走线等措施，能有所改善上述不足。

（三）会议室、绘图室、接待室

1. 会议室

会议室中的平面布局主要根据已有房间的大小，要求会议入席的人数和会议举行的方式等来确定，会议室中会议家具的布置，人们使用会议家具时近旁必要的活动空间和交往通行的尺度，是会议室室内设计的基础。

会议室底界面的选材及做法基本上可参照办公室底界面的做法；侧界面除以乳胶漆、墙纸和木护壁纸等材料的做法以外，为了加强会议室的吸声效果，壁面可设置软包装饰，即以阻燃处理的纺织面料包以矿棉类松软材料，使室内的吸声效果改善，会议室语言的清晰度也有所提高；顶界面仍可参照办公室的选材，以矿棉石膏或穿孔金属板作吊平顶用材，为增加会议室照度与烘托氛围，平顶也可设置与会议室桌椅布置相呼应的灯槽。

2. 绘图室

具有设计、绘图等专业功能的工作室，除了家具的规格和设置方式以及光照方面的要求，须有符合设计、绘图的相应要求外，绘图室在空间组织和界面设计方面均可参照一般办公室的处理手法。

设计、绘图用家具由绘图桌、侧桌及绘图凳组成，室内沿墙常设置图纸柜。绘图室家具布置时，为满足必要的人体的活动尺度，设计时可以按照图8-1-6和图8-1-7所示进行布置。绘图室宜以自然采光与人工照明相结合以改善室内的氛围，有条件时应尽可能争取绘图桌处能有左侧自然光，工作面的照度宜不低于300lx。

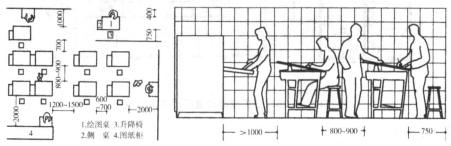

1. 绘图桌　3. 升降椅
2. 侧　桌　4. 图纸柜

图8-1-6　绘图室家具间必要的人体活动尺度

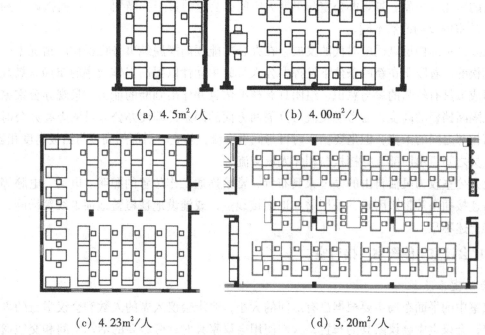

（a）4.5m²/人　　（b）4.00m²/人

（c）4.23m²/人　　（d）5.20m²/人

图8-1-7　适应不同绘图人数的绘图室平面布置示例

【注：每人使用面积系按开间、进深的轴线计算。其中，（a）（b）系采用6000开间及6000进深的平面布置；（c）系采用6×3900开间及6000进深的平面布置；（d）系采用3×7200开间及6400、7000进深的平面布置】

3. 接待室

接待空间是逐渐为现代办公环境设计所重视的一个功能空间，它一般设置在临近出入口的位置，是来访者进入办公场所的第一视觉中心，因此，接待空间的设计直接影响到人们对企业形象的第一印象。现代办公环境的接待空间多由设计精致的接待台、美观时尚的沙发和茶几、简约大气并有企业LOGO的背景墙这三部分组成。接待空间的设计要求风格时尚现代、色彩明快、光线充足，并尽可能运用企业的标志、标准色、标准字来展现企业文化。

（四）高级行政人员办公室

高级行政人员办公室为机构或企业高级别行政人员个人办公和接待的个人办公室，其平面位置应设在不受干扰的尽端位置。这类办公室一般由办公区和接待区两部分组成，行政级别高的也可能是办公与接待分开的套间，甚至根据实际需要还有可能配有秘书间。由于这类办公室是企业形象集中反映的一个侧面，所以对装饰风格、用材用色、施工质量等都有较高的要求。一般地面可采用木地板或优质塑胶；墙面可用乳胶漆、墙纸或软包，通常级别较高的办公室如总裁办公室等还会在身后设置一面装饰背景墙，既有提升美感的作用，也有调节风水、展示象征意义等作用；天花板的处理根据房间大小和顶棚结构来进行设计，房间较大或顶部有梁结构的可通过简洁的吊顶装饰加以美化，房间小的则不宜吊顶；级别高的行政人员办公室还可以通过一些高雅艺术品的陈设提升品位。

第二节　展示空间内环境设计

随着会展经济在我国的迅速发展，设计的会展时代将会很快到来。展示空间大致可以分为展览、商业环境展示陈列、博物馆陈列、庆典环境展示四大类。展示空间的主要功能是展示陈列，但还要考虑洽谈、办公、接待、休息等功能空间的安排。下面我们从两个方面，即展示空间的设计要素以及展示空间的设计原则和手法来对展示空间的室内环境设计进行讨论。

（一）展示空间的设计要素

展示空间设计的要素主要有：

第一，展示设计的基本尺度，展示设计空间平面尺度和垂直面陈列高度是基本的尺度要素，所谓平面尺度是指陈列密度，即展品陈列与甬道等要素占展厅总面积的百分比数，常规条件下在 30%～60% 之间最佳，展示的陈列高度一般认为地面以上的 80～250cm 之间为最佳视域范围。

第二，展示中的视觉要素，包括视觉特征，人的视觉运动规律，视区分布等。

第三，展示中的心理要素。展示活动是以吸引、传达和沟通为主要机能的交流活动，展示功效的生成与人的心理是息息相关的，从"注意——知悉——联想——喜好——接受"的展示生成原理次序中不难看出，它同人的视觉心理感受与反应有着密切的关联，人在认知客观物象的过程中，总会伴随着满意、厌恶、喜爱、恐惧等不同的感情，从而产生意愿、欲望与认同等不同的心理定位特征，因此，认识和研究其规律是十分必要的。

（二）展示设计的特征

特征的萌发来自内部基因，而特征的显示缘于外部环境的对比，展示设计的特征亦然。设计师创意时应该树立怎样的观念以及如何准确地把握展示设计的特征，是展示设计成败的重要因素之一。展示设计的根本性特征有如下几点：

（1）简洁性。展示的内容应简明扼要，主题突出，让人过目不忘。在设计上，要符合视觉传达艺术的需要，即要做到视觉冲击力强，残像适度且清晰，有合理的视觉流程方略，要有利于保护观众的生理器官，真切地体现对观众的关怀和爱护。这样，才能真正做到对真、善、美的追求，使观众印象深刻。

（2）从属性和多维性。从属性即展示功能在设计中的主导性。从属于功能、服务于功能是设计领域的基本规律。展示设计的功能性表现为一种完整的功能系统，即展示会场的信息传递功能、实物展示功能、实演功能、洽谈交流功能和销售功能等等。从入口、序馆至出口的序列组合设计，从宏观到中观再到微观的设计，必须围绕着实现特定的展示功能进行，必须充分体现展示意图和功能定位。

多维性即多维的时空艺术。展示空间环境、展品、观众三者之间，是多维的和全面的空间关系，观众与展示环境、展品要进行交流与对话，展示环境和展品又作用于观众，引起互动与共鸣。而展示环境往往又是由一系列大大小小、功能不同的空间组合而成，它在展示活动中充满着人流和信息流的转换，是一个流动着的时空过程。因此，设计师必须充分考虑展示艺术的多维性特征，处理好系列流动空间的组合效果及观众参与的连续效应、心理效应等，以期达到展示的目的。

（3）系统性和互动性。展示活动一般是以"流动—停留—流动"的方式，让人接受信息、观赏展品的。展场由序馆、分馆、中心厅、影视厅、会议厅、洽谈室、服务部等序列空间组成。因此，展示空间的组织、序列、过渡、方向导引、展品陈列、色彩文字、照明方式等应该是有机的、完整的和连续性的。为了保持形式的多样化和风格的统一性，必须采取"总体—序列—分列—总体"的设计程序，左右照顾，前呼后应，交叉研究，以便内容与形式的高度统一。

展示设计必须体现出开放性、透明性和参与性的艺术特征。展品的陈列只是展示的起点，只有当展示活动中的人与人、人与物之间形成互动和积极的参与交流，才能相互地体验与验证，才能激起参观者的兴趣进而打动他们。共同参与、共同完成的设计理念，体现为对观众的关怀和爱护，这很大程度取决于开放性与透明性的原则，也是展示设计的功能得以充分发挥的基础。

（4）展品本位。展品是展示设计的主体。展示空间要以展品为本，如同舞台艺术一样，在展示空间中，道具只是舞台，展品才是演员，舞台应承载演员的一切主题活动并传递丰富的信息。设计师要调动一切手段为展品创造最佳的空间环境，做到"步移景异"的流动情景。

（5）综合艺术。展示设计是建筑艺术、视听艺术、视觉传递艺术和表演艺术的结合体，是多学科交叉的边缘学科。除设计艺术领域的知识外，展示设计还涉及电影、雕塑、市场营销、成本核算、统筹计划、展示人才配备与现场操作等知识领域。因此，设计师的知识储备对展示设计工作的开展尤为重要。

（6）从无到有、再到无的过程。展示艺术创造的过程，其实就是从无到有，然后在展览过程中又从有到无的过程。如同成功的舞蹈演出，使人沉浸在正在进行的演出之中，难以觉察，似乎消失在整个戏剧艺术演出之中，它真正的生命因此而焕发出来，达到感染与震撼人心的境界。展示艺术设计同样如此，人们在为富于魅力和美感的展品所吸引时，并不注意空间的形式、照明灯具的造型，展具的构成或其他，仿佛它们全消失了，它正是空间组合的适度，照明的舒适，道具设置的自然，使展品得以最优化的展示。此时观众已进入物我两忘，进入环境角色，领略场所精神的境界。

（三）展示空间设计的原则和手法

相对于其他室内环境设计而言，展示空间的内环境设计更注重经济性、艺术性和广告效应，因此，在设计时有其特殊的原则和手法，分别表现为以下几个方面：

（1）展示设计应充分发挥展位面积的利用率。合理安排参观者的行动路线和观展区域的位置，在达到空间多面的良好展示及观众拥有灵活多变的观展角度的同时，保证人员疏散的安全、迅速。

（2）展示空间设计的主要目的是展示宣传，宣传的主体就是文字、图片、模型和实物，因此，在设计时要合理安排这些主体之间的空间关系、比例关系和色彩对比关系，产生强烈的视觉冲击效果和清楚、明晰的主题诠释效果。

（3）展示空间设计要突出体现展示环境的美感和宣传的艺术性，因此，在保证展示空间各个界面整体效果统一的前提下，对空间处理手法、装饰形式提出了新、奇、美的要求。

（4）除博物馆陈列外，展示空间时效性一般比较短，因此应多选用经济实惠、安装简便、易拆卸及保存、可重复利用的新型材料。展示摊位的构筑搭装，多采用质量轻、硬度高、耐腐蚀和防火性好的铝材、铝合金、不锈钢与钛金板、复合塑料、有机玻璃、防火胶板等，用以粘裱展板、展墙、展台、展柜等媒体道具的表面装饰材料。多使用各类防火胶板、薄化纤地毯、无纺壁布、亚麻布、尼龙布、彩色胶布、法兰绒、人造革、防火壁纸或丝绸等，一改传统的裱纸刷色等办法，以取得较好的质感与肌理效果。

（5）在展示空间内综合运用声、光、电等现代高科技手段，声主要指伴随展示过程的背景音乐，光主要指动态的照明设备，使光在环境中起到动态调节作用，电是指使声、光发挥功效以及保证展示空间中所需要的物体运动的动力设备。通过声、光、电手段恰如其分的运用，可以满足人们对展示空间多媒体表现的需求，达到丰富的展示效果。

（四）展示设计的具体手法

1. 抽象

抽象是通过构图、色彩搭配、造型手段、错视图形、材料质地对比和逻辑思维等非人格化的处理，来突出展品和塑造环境。其具体表现手法有五个方面：

（1）对比。通过色彩冷暖、光照的明暗、材质的比较、形体的方圆、线条的曲直、形体的长短大小与高低、装饰的繁简等的对比，使展品得到突出。这是最常用的一种艺术手法。如，陶瓷、玻璃和闪光的金属展品，用表面粗糙的亚麻布、草编、绒毯和碎石子来衬托，其效果更生动、突出而富艺术感染力。

（2）重复。运用重复手法可以达到突出某些内容和加深观众印象的目的。如，标志与主题形象或广告语反复出现，贯穿始终，可使观众印象深刻。

（3）象征。通过富有魅力的构图或造型形态、色彩搭配与照明、装饰形式与纹样选择等，创造一种气氛或情调，含蓄而又恰当地表达一定的思想或观念。如，以金字塔形的构图象征稳定太平；用金黄色象征富丽、丰收和前程似锦；用万年青图案象征江山永固等等。

（4）错觉。根据展示设计的需要。或者依据展品的特点、季节与气候情况、环境条件、参观路线情况和减轻观众疲劳的要求，有意识地运用视错觉规律和心理学原理，利用构图、造型、色彩、装饰，再借助道具与灯光、声像等技术手段，达到特殊的视觉与心理效果。

（5）蒙太奇。通过对图片的剪接与组合，使观众对事物的全貌、发展过程、性质以及与其他事物的关联，有较深的了解，在一个有限的版面上表现较多的内容。其特点是不受时间、空间、内容、地点与条件的限制，更集中、更典型地说明问题。

2．拟人

拟人指以类似文学中的比拟、寓意或人格化、戏剧化的情节，来体现主题思想，塑造展品这一主角形象。其具体表现手法有五个方面：

（1）比拟。通过寓言故事或戏剧性情节，使展品进行"表演"，构成戏剧场面，用以说明展品的特点、用途、价值和一定的思想。设计时，要求构思巧妙合理、立意新颖、形式易懂、主题思想明确。

（2）夸张。为了更典型、更真实、更集中、更充分地说明问题，可以进行合乎情理的夸张。这种忠实于现实前提下的艺术加工，能使主题思想更加鲜明，更加令人信服，更能得到观众的共鸣，因而使展示更富有感染力。

（3）印证。使展品与相关联的图片、物品及生活使用的场景联系起来，让它们互相呼应、补充，或得到印证，以便充分表现一些事物的连带关系和本质，或表现物品的用途，表达一定的思想。这种艺术手法能够引人注目，加深印象。

（4）意象。找到一种恰当的具体形象，以象征性的表现手法，隐喻某种抽象的存在。如一种观念、思想、速率、态势等，生动的表现展示活动及展品。

（5）幽默诙谐。采用"单纯"、"稚拙"的形式，或者采用变形手法，如漫画、相声或儿童画那样风趣、引人发笑、耐人寻味的手法来展示物品。用这种手法来歌颂或暴露，能引起观众的兴趣，加深印象，增强展示的感染力。

3．布置

布置指展示空间中实物展品及资料的陈列与布局。展示设计中常见的手法有"中心布置法"、"线形单元陈列法"、"橱窗陈列法"三种。

（1）橱窗陈列法。用实物、照片、绘画背景来衬托主要展品，将实物展品组织成"壁面展示"、"地面展示"、"台面展示"、"格架展示"、"布景箱展示"和"空间展示"等多种形式，把展摆"活"，使展更具真实感、生活化及临场感。具体地讲，橱窗陈列类型与方法有八类：系统陈列法、综合陈列法、特写陈列法、专题陈列法、季节陈列法、节日陈列法、场景陈列法和艺术陈列法。

（2）中心布置法。将重要的实物、模型或广告牌放在展厅或展柜、展台的中央，或固定、吊挂到醒目区域；将主要图片、文字放在展板中央，或放在头条位置，或放在最佳视域，都会形成视觉中心，以突出展品及主要内容，达到引人注目的目的。

（3）线形单元陈列法。按内容要求和展品的特点，采用分段或分块、分区、分组布置展品。可以利用展厅原有的隔墙，或增设隔断，或利用标牌、照明、花草，或使用同一形态与规格的展柜、展台，组织展线，排成一字形或其他有规律的线形。

4．技术

现代技术手段是现代展示设计不可或缺的表现手法，作为现代设计师应充分了解和应用现有新技术，以使设计具有强烈的时代超前意识和特征，符合现代审美要求。如下几点较典型地反映了目前常用的方法：

（1）展台、展柜、展墙、屏风、展架等，均采用拆装式或折叠式、拼连累叠式、整体伸缩式结构，所以能做到储存节省空间，包装运输方便。

（2）在展示摊位的搭装上，一方面可采用各种可拆装的展架，组装成标准摊位或有变化的摊位，拆装方便；另一方面可采用特装结构（骨架用拆装式展架，或用木材、金属材骨架），以便使摊位形态更有特点，拆装更简便。

（3）展场内交通设施多样化、现代化，尤其引入立体交通手段，更显得便捷和高信息量传递。

（4）在照明上，采用泛光技术、隐形幻彩墙饰、霓虹灯管、激光投影、液晶显示、程序动态照明。

（5）利用半透明的镜子创造"魔术"般的动人效果。

（6）利用动态展示（数控屏幕、多幕电影、投影录像、电脑模拟、专业表演、文艺演出、生产操作、转台或移动台面、电动图表、激光方向导引等）来营造气氛，引起观众兴趣。使用机器人做演示或导引，来吸引观众。

（7）展场内的绿化与休息条件的创造，为观众更多地接触阳光、绿色植物和水体，尽快消除疲劳提供有利条件。

在国外，展示设计手法繁多，风格流派多样，诸如唯美型、装饰型、象征型、随意型、夸张型等等，不胜枚举，值得设计师去认识与吸收、总结，这对设计实践大有裨益。

总之，展示设计是一项具有独特性质且又极具综合性的系统工程，随着时光的迁移，其应用将更为广泛。设计师必须全面剖析与研究展示设计，清楚地意识并把握住"展示的目的决定着展示的设计，设计的效果直接影响到展示的社会效应"这一基本点，才能完成一个个优秀的展示设计。

第三节　旅游建筑室内设计

随着旅游行业的迅速发展，人们对旅游的需求越来越大，越来越多的人产生了旅游的动机。在旅游过程中，我们会遇到很多旅游建筑，如酒店、饭店、宾馆、度假村等。

旅游建筑常以环境优美、交通方便，服务周到、风格独特而吸引四方游客。对室内装修也因条件不同而各异。特别在反映民族特色、地方风格、乡土情调、结合现代化设施等方面，予以精心考虑，使游人在旅游期间，在满足舒适生活要求外，了解异国他乡民族风格，扩大视野，增加新鲜知识，从而达到丰富生活、调剂生活的目的，赋予旅游活动游憩性、知识性、健身性等内涵。

1997年亚洲金融危机，1997~2001年我国旅游业处于全行业亏损低迷期。已不再贪多求全，而向商务型和二、三星级的经济型发展，并据有关方面报道，某些旅馆并非经营不善，而是由于无法偿还创建时的贷款而不得不宣告破产。因此，旅馆建设应因地制宜，节约包括装修费用在内的投资，节约经营管理成本，节能减耗，朝可持续发展的生态旅店方向迈进。在竞争日趋激烈的情况下，促使走向国际化、集团化、社会化和信息化。

接下来，我们就旅游过程中的主要建筑——饭店的室内设计进行简单叙述。

一、饭店设计的特征

饭店通常以环境优美、交通方便、服务周到、独具风格而吸引消费者。对于室内装修，各饭店因条件和类别的不同而各异。但在反映民族特色、地方风格、乡土情调及现代化设施设备等方面，均应精心考虑，使入住者除享受舒适生活环境外，还感受到了异国他乡的民族文化、地域风貌，扩大视野，增加新知识，从而给予入住者以知识性、游憩性、体验性和健身性等内涵。

饭店的服务对象来自四面八方，他们的要求和目的各不相同，但作为身在外地的旅客而言，又有着共同的心态或共性的需求，设计师由此为出发点，构成设计追求的特色。

（1）成功的饭店设计首先要满足使用功能，这一点必须与国际接轨，具有同国际相同的规范、相同的标准。

（2）系统化，即强调内在关联性、配套性、逻辑性和趋同性。表现在饭店环境设计上就是要求从内外空间规划、功能设置到形式构成等方面体现出内在的连贯性、整体性、条理性和融汇性特征。这是不同于单一功能环境设计之所在，同时也是设计师应牢牢建立的思想观念。

（3）饭店的精神取向总是离不开地域性，即在设计上要吸收本地的、民族的、民俗的风格以及本区域历史所遗留的种种文化痕迹。地域性的形成有三个主要因素：本地的地质地貌环境、季节气候；历史遗风、先辈祖训及生活方式；民俗礼仪、本土文化、风土人情及用材。正由于以上的因素，才构架出今天饭店设计地域性的独特风貌。

在饭店的设计中，通常采用"扩展传统设计"与"对传统建筑的重新造势"两种方法。因为，设计要营造的环境，首先是要符合饭店的使用功能，并为了烘托氛围与品味进行移植或重新演绎。这里所要强调的移植更多的是指家具和饰品，而演绎则主要指空间与形态设计。

（4）"宾至如归"，充满人情味、人性味，也常是饭店设计的重要内容。不少饭店按照一般家庭的起居、卧室式样来布置客房，并以不同国家、民族的风格装饰各种情调的餐厅、休息厅等，来满足来自各地区民族、国家旅客的需要。它不但极大地丰富了建筑环境，也充分反映了对旅客生活方式、生活习惯的关怀和尊重，使旅客感到分外亲切和满意，体现出"以人为本"的设计理念。

（5）饭店多元化设计思潮的今天，文化性的介入已不可避免，其介入方式是多重性的。饭店通过环境概念的设计、空间设计、色彩设计、材质设计、布艺设计、家具设计、灯具设计、陈设设计，均可产生一定的文化内涵，达到一定的隐喻性、暗示性及叙述性。其中陈设设计最具表达性和感染力，如在各类家具上陈设的瓷器、陶罐、青铜、木雕，墙壁上悬挂有特点的绘画作品、图片、壁挂等。这类陈设品从视觉形象上最具有完整性，既表达民族、地域、历史的文化性特征，又极具审美价值，这是目前国内外最常用的手法，也是饭店设计成功的因素所在。

（6）饭店是现代生活的组成部分，既讲求舒适、方便和效率，又讲求内外环境及内部空间的综合性、惯性与系统性；空间内外力求融合与沟通；内部环境则讲究序列、连贯、便捷、整体与渗透。饭店好像一个小型社会，不同性质的饭店有其不同的设计特点，但饭店设计追求系统化的创意原则，则是共同的特征。

二、饭店的公共环境设计

饭店的公共部分历来是饭店室内环境设计的重点。一般情况下，该部分空间占建筑近一半的面积，这部分空间又是最先与旅客、社会公众接触，并提供服务的空间环境，其形象、氛围及设施直接影响饭店的声誉和地位。同时，它也是饭店营销与设计理念建立及实施的第一对象和反馈点。因此，饭店公共环境设计不容轻视。

（一）内容与指标

1. 内容

饭店的公共环境部分包括的内容有很多，人们对一饭店最直接的印象就是其门厅、休息厅、总服务台、前台管理；有些星级酒店还有商务功能，设有会议厅（室）、商务中心；在饭店的周围，一般都有很多的商店，如各类商店营业厅与库房、理发厅、美容厅、鲜花店等；在一些高级饭店内还会设有一些健身和娱乐设施等等。

2. 指标及要求

公共部分的面积指标是饭店建筑综合指标的一部分，以每间客房平均的公共面积作为公共部分面积指标。我国《饭店建筑设计规范》规定，公共部分面积指标为：一级旅馆 $6m^2/$间（相当于五星级），二级旅馆 $5m^2/$间（相当于四星级），三级旅馆 $3m^2/$间（相当于三星级），四级旅馆 $2m^2/$间（相当于二星级）。公共部分面积指标不含餐饮部分。

（二）饭店大堂的设计

1. 大堂的各项设置

（1）总服务台。总服务台是饭店大堂中的主角，是联系宾客和饭店的综合性服务机构，负责宾客同饭店各部门的联系和饭店内部各部门之间的业务联系及饭店同外单位的联系，是饭店业务活动的枢纽。其服务设施及内容一般有如下几项：

①问讯，音讯递送。

②前厅接应。如对重点客人的接应。

③收发报纸、邮件，贵重物品保管。

④订房分房，负责饭店客房的预订和现订，安排客房，办理住宿手续，报告客房出租情况，保管客房钥匙。

⑤负责与客源单位或客源介绍单位及车、船票的发售单位等内外联系。

⑥接待对外委托租赁业务。如对外承办宴会、舞会、展览与供应食品。

⑦账务。如外币兑换、汇总饭店的营业情况等。

⑧调度饭店各种业务活动。

（2）行李存放、运送设施。在豪华的饭店中，行李的搬运一般不通过大堂，而是从大堂旁边专设的行李出入口进出。行李出入口附近应有行李存放室，最好应有与客房直接联系的垂直交通工具。它主要用来存放尚未办好手续及已退出客房、准备离去的旅客们的行李。行李员的服务位置必须靠近总服务台，同时在这里能够用视线控制入口大门和大堂各处，行李搬运员或其领班的位置也必须与服务台、出纳、行李存放室及车库有方便的联系。应设旅客短时间寄存行李物品的贮放面积，为了安全，这部分面积应严加看守，并且和疏散时的交通路线分开。

（3）电梯间。电梯间是首层大堂空间的延续，应选择在旅客进入大堂便可以看到的地方，电梯应与楼梯靠近，供旅客选择使用或供紧急情况时使用。

电梯间的宽度至少比附近走廊宽度大1/3，以便容纳等候电梯与进出电梯的旅客。可以在电梯间内设置烟灰缸、镜子陈列品及特殊用休息座椅等，但不应妨碍交通，其照明线路应与走道分开，最好采用照明度高的局部照明。将电梯成行排列布置时，每排电梯最多不超过5台，双面排列电梯群的电梯间所需面积，取决于电梯轿箱的容量，但对于客房部分的交通来说，电梯间宽度为3.5m，公共部分的电梯间宽度一般为4.2m。

为饭店各个特定区域服务的电梯以及到屋顶餐厅的高速电梯也用成组的设置方法，便于识别。地下车库的电梯通常与饭店的主要交通部分分开，其上行终点为入口大堂。客房电梯一般按客房最多人数的10%来设计，为餐厅服务的电梯应按餐厅最多人数的12%~14%来设计，为供会议厅及宴会厅使用的电梯则应将容量设计的更大一些，以满足乘客集中使用的情况。

（4）公共卫生间。卫生间是一栋建筑、一个企业乃至一个国家文明程度和管理水平的缩影，设计时应足够重视。大堂公共卫生间位置既要隐蔽又要易于识别找寻。卫生间的门即使开着也不能直视厕位，这是保护隐私的需要。设计应着重考虑清洁卫生和公共的需求，还应单独设置残疾人专用厕位及标识，供他们使用的卫生间及洗手盆，设置不锈钢安全抓杆并有方便轮椅旋转的回转面积。

卫生间设计要符合人体工程学原理，其面积、厕位小间尺寸合理，洁具布置合理。厕位小间的标准尺寸为900mm×1200mm（门向外开）与900mm×1200mm（门向内开）；洗手盆的标准中距尺寸为700mm；小便斗的标准中距尺寸为700mm，一般不宜少于650mm。配置有烘手器等。

卫生间的照明设计也很讲究，不仅有整体的环境照明，还有厕位的局部照明。厕位部分的照明有灯带式和一位一灯的点式照明。洗手盆处的照明应满足化妆要求。选用灯具的色温和照明，也应使人有舒适感。卫生间内摆一些花草、盆栽，墙面上可以挂一些装饰画，还可配上背景音乐，摆一些香料，增加空间的文明和温馨气氛。

（5）电话区。电话区的设计要实用，最基本的是要有隔音或隔挡措施。电话室常设在接待处或是问讯处的柜台上，或是大堂内专门设置的台子上。应该安放两部以上内线电话机，以方便旅客在饭店内部的互相联络。此外，在台面上还可摆设一些小物品，供通话时作记录用。

2. 大堂的设计要求

大堂的设计要求有以下几个方面：

（1）大堂各部分必须满足功能要求，互相既有联系，又不干扰。公共部分和内部用房须分开，互有独立的通道和卫生间。

（2）饭店入口处宜设门廊或雨罩，采暖地区和全空调旅馆应设双道门或玻璃旋转门。

（3）总服务台和电梯厅位置应明显。总服务台应满足旅客登记、结账和问讯等基本空间要求。

（4）大堂必须合理组织各种人流路线，缩短主要人流路线，避免人流互相交叉和干扰。

（5）大型或高级饭店行李房应靠近总服务台和服务电梯，行李房大门应充分考虑行李搬运和行李车进出宽度要求。

（6）室内外高差较大时，在采用台阶的同时，须设置行李搬运坡道和残疾人轮椅坡道（坡度为1:12）。

（7）大堂设计需满足建筑防火规范的要求。

3. 大堂的室内设计

大型饭店的大堂是旅客获得第一印象和最后印象的主要场所，是饭点的窗口，为内外旅客集中和必经之地，因此，大多数饭店均把它视为室内环境设计的重点，集空间、家具、陈设、绿化、照明、材料等之精华于一体。很多饭店把大堂和中庭相结合成为整个建筑之核心和重要观景之地。

（1）空间布局。饭店的大堂空间布局，可根据前厅外围结构的"围"与"透"分成封闭和开敞两种布局形式。此外，根据其大厅内活动的内容和方式，又可以有规则和自由两种布局方式。一座饭店的空间组织，往往是这几种布局形式的综合，它们根据不同的功能、内容，既有分割又有联系。

开敞式空间形式一般表现为大堂内各部分之间的空间流通，它常常借堂内的列柱、连续的大玻璃窗、漏空的花墙、栏杆、屏风、卷帘、帷幔、家具陈设和绿化布置等等来分隔和联系室内空间，丰富大堂的空间艺术，使大堂内气氛爽朗、轻快，化有限的空间为无限的空间环境。开敞式大堂的艺术特点是：以"透"为主，曲折幽深，玲珑剔透，富有自然情趣。

（2）空间分区。大堂内常常可划分出几组不同的活动区域，功能上形成有分有合的联系空间，这种布局方式有利于提高大堂内部使用效率，处理得好往往可以使前厅面积更加紧凑，空间形象更加活泼丰富。如大堂中的休息等候面积应集中，布置在靠近内侧的盥洗室或饮食、商店部分，可以用升高或降低地面水平高度或地面铺设不同的材料和不同色彩处理，或是用盆栽花木来同前厅的其他部分分隔，为旅客或来访者开辟出一个比较安静优雅的区域。而前厅的总服务台、行李间、兑换外币等对外办公设施应排列布置在一个条形区域内，使办理入住手续或结账的旅客能一目了然、方便迅速地办理好各种手续。

（3）延伸与扩大。大堂的空间层次大都是欲扬先抑，使之达到以小衬大的空间过渡。空间感的扩大首先要求大堂外围护体在技术上有通透处理的可能性，这时就要求设置水平连续的大玻璃窗、角窗等，达到减弱"围"，增添"透"的效果。其次为了扩大厅内视野，主要是凭借墙面、天花板和地面的延伸感，尽量减少甚至消灭形成"围"的死角，达到化有为无、隐蔽界限、延伸视野的境地。还可以运用前厅内的悬空楼梯、悬挂花草植物、陈设字画等构成垂直向空间的延伸和扩大。可见扩大前厅空间，可以借助于水平和垂直等多种空间层次的交融渗透。

（4）空间的均衡与指向。空间均衡的构成有赖于厅堂内空间各个局部的形体、色彩、质感所表现的轻重体量和部位安排恰当，有赖于各构件本身形体的匀称，有赖于整体风格、结构体系、尺度感的一致性。在设计大堂时还应注意其空间形象的指向性和引导性，以利于组织人流、交通，使人们对室内的活动分区一目了然，易于发现，找到出入路线。尤其是对于残疾人专用通道要给以特别标识。在设计中常运用构图手法来区分出室内空间的主次关系，如可借助天花板、墙面和地面不同质地的饰面材料或不同繁简的装饰艺术来区分出主要方面和次要方面。人们在大堂内的活动是：旅客从大门进入大堂，找座位稍歇，安排行李，进行登记，再通过电梯、扶梯通向客房。退房旅客路线与此相反。于是有意识地把有指向性的空间构图连续组织起来，就形成了空间群组中的引导路线。如进入大堂的入口、大厅与走廊的转折点、楼梯口、地形起伏的交汇处、台阶、坡道的起止点等等，要设置鲜明的向导符号，以形成无言的空间诱导路线。

（三）饭店的中庭设计

饭店的中庭借鉴传统的院落式建筑布局，其特点是形成具有位于饭店建筑内部的室外空间景色即内庭，这种与外界隔离的绿化环境，更显得精炼诱人，它既丰富了生活，又增添了饭店的休闲乐趣。庭院居中，围绕它的各室自然分享其庭院景色，这种布局形式，在现代饭店建筑中广为运用。饭店的酒吧、西餐厅布局常与中庭环境相联结，也有大堂、休息厅、中庭三位一体的布局，有些中庭还设计成内外空间沟通伸展的构造形式，成为极富生命力的共享空间。

饭店合理的中庭绿化设计应既能接纳一定的阳光照射，又能起到减弱太阳光的辐射热，降低气温，净化空气，减少噪声，丰富观赏，改变小气候和调剂室内生活等作用。此外，由于绿化艺术和鸟语花香的自然情趣，人们在视觉、嗅觉和心理等各方面都能获得对大自然美的充分享受与领略。

下面我们来讨论一下饭店的中庭设计主要有哪些特点和具体的造景手法。

1. 设计特点

中庭的设计特点体现在于以下几个方面：

（1）充分展现生态、绿色、可持续发展的现代设计理念，符合人的心理需要，营造清静的休息环境。

（2）富有强烈的文化底蕴和审美价值。

（3）空间与时间的变化，静中求动。

（4）室内与室外相结合，自然与人工相结合。

2. 造景手法

中庭的造景手法主要包括以下几点：

（1）主景的确立与配景的呼应。绿化主景起控制主调的作用，它是核心和重点。主景常设在空间轴线的端点和视线的焦点上。配景作为衬托，不仅突出了主景，也使得整个中庭的空间环境更加和谐热闹。

（2）分景与漏景。分景的处理手法是将绿化景观用于分隔空间，这种分隔应达到景观的视线延伸，似隔非隔，隔而不断，深远莫测的艺术感染效果。漏景是使景观的表现产生若隐若现、含蓄雅致的构景方法，让人领略景外有景，意外生意的妙趣。

（3）室内绿化置景于整体空间中的视线端点所形成的景观为对景。互为对景的手法具有相互传神的自然美。对景的设计适用于大型的饭店和观赏空间。

（4）在饭店中庭设计中，往往根据空间大小、位置特点、形状走势、功能作用和创意理念来综合构思，使中庭空间设计有理有据，整体协调，景情互动，妙趣横生。

（四）其他公共设施的设计

一般的饭店具备我们上述设计内容已经算是很好了，但是，要想让更多的人光临和喜爱，高级饭店一般会设置更多的服务设施，如商务中心、会议中心、购物中心等，为客人提供更加周到贴心的服务。

（1）商务中心。这是为满足商务人员的需要而设立的一项现代化的服务设施。商务中心内应设有打字、电传、录音、网络中心、国际直通电话等现代化办公设备。在高级饭店，商务中心配有精干的秘书供商人们雇用，这样使那些单独一人外出的商人或新闻工作者感到方便，从而提高了饭店的等级与声誉。

（2）会议中心。饭店高级的会议中心应设有幻灯、音响、放映和投影等设备，还应配置同声传译等高级会议服务项目。会议中心除设有一个大会场外，至少还要考虑会议的多层次需要，设立大、中、小会议室及休息室。

（3）购物中心。这在饭店众多的综合服务项目中占有较大的比重。饭店的购物中心是根据旅客的心理因素、本地资源和旅游活动的特点，以满足客人的购物要求而提供旅游商品和日常用品的场地，使旅客不出店门就可以买到称心如意的商品。购物中心可以给饭店带来可观的经济效益，因而是一项不可少的服务项目。

三、饭店的客房设计

（一）客房的功能与要求

享受饭店的客房服务是宾客入住的主要目的，也是饭店成功经营的基础，同时饭店客房也是最具私密性的空间场所。饭店客房应有良好的通风、采光和隔声措施以及良好的景观衬托。旅客在客房中的行为分别为休息、眺望风景、阅读、书写、会客、听新闻、听音乐、看电视、用茶点、贮藏衣物食品、沐浴、梳妆、睡眠以及与饭店内外的联系等。

1. 睡眠

床是保障睡眠的基本条件，不同的饭店对床的配置也不一样，按照国外的标准，床可以分为以下几种：

（1）单人床，标准是 100cm × 200cm。

（2）特大型单人床，标准是 115cm × 200cm。

（3）双人床，标准是 135cm × 200cm。

（4）王后床，标准是 150cm × 200cm，180cm × 200cm。

（5）国王床，标准是 200cm × 200cm。

客房内的床还应该配置相应的床头柜。床头柜的功能有：电视机开关、广播选频、音量调节、床头灯、房间灯开关、脚灯、电子钟、定时呼叫、市内电话及国际直拨电话等。床头柜宽度一般为 600mm，中低档饭店客房的床头柜宽度可为 500mm。在双人床间，床两边设床柜，其宽度约 500mm，高度与床相配，常在 500~700mm。

2. 起居

配置有休息座椅一对或沙发与茶几（咖啡桌）。常设在窗前或其他位置，供客人眺望、休息、会客或用餐，茶几直径为 600 ~ 700mm。

3. 卫生间

配置有浴缸、淋浴喷头、梳妆台、大镜面、洗脸盆、便器、卫生纸盒、存物架及吹风器等。要求高的卫生间，将盥洗、淋浴、便器分隔设置，体现出独立功效的高档价值。

4. 书写

客房内的书写台常与电视柜、物品存放台组合在一起，设在床的对面区。长条形的写字台宽 500 ~ 600mm，高 700 ~ 750mm，长至少 1000mm，如电视机也置其上，则长度需 1500mm 左右。另一侧为长 750 ~ 900mm 的固定行李柜，供旅客开箱取物。写字台兼作化妆台时，墙面贴镜面玻璃装镜前灯，镜子上沿离地高度不小于 1700mm。同时配置一把高 430 ~ 450mm 的凳子或椅子，不用时可置写字台下面。

5. 贮藏

配置有壁柜或箱子间，用以贮存衣服、鞋帽、箱包等。一般双床间壁柜进深 500 ~ 600mm，常位于客房小走廊一侧，即卫生间的对面。

（二）客房的种类和面积标准

1. 客房的种类

客房一般可以分为标准客房、单人客房、双人客房、套间客房、总统套房等。标准客房指的是里面放有两张单人床的客房；单人客房指的是放有一张单人床的客房；双人客房指的是放有一张双人大床的客房；套间客房按不同等级和规模，有相连通的二套间、三套间、四套间不等，其中除卧室外，一般考虑餐室、酒吧、客厅、办公或娱乐等房间，也有带厨房的公寓式套间；总统套房包括布置大床的卧室、客厅、写字间、餐室或酒吧、会议室等。

2. 客房的面积标准

五星级客房一般为 26m²，卫生间一般为 10m²，并考虑浴厕分设。

四星级客房一般为 20m²，卫生间一般为 6m²。

三星级客房一般为 18m²，卫生间一般为 4.5m²。

（三）客房的室内设计

1. 客房

客房的设计主要体现在安全性、舒适性、经济性与灵活性等方面。下面我们一起来看看客房在设计上是如何一一将这些要求体现出来的。

（1）安全性。主要表现在防火、治安、保持客房私密性等方面。如：选用阻燃材料和饰品，设置可靠的火灾早期报警系统减少火灾等。

（2）舒适性。包括对旅客的生理、心理要求的满足，有物质功能与精神功能两个层次，并反映饭店的等级与经营特点。经济级饭店客房需要满足客人基本的生理要求，保证客人的健康；舒适级、豪华级饭店则除了提高室内声、光、空气的质量，还进一步从室外环境、空间、家具陈设等各方面创造有魅力的室内环境。影响舒适性的因素众多，但主要有健康与环境气氛两大类。

①健康。客房提供的物质条件包括适当地控制视觉、听觉与热感觉等环境刺激，即隔声、照度及全空调饭店的空调设计，以及满足人体工程学尺度要求。

②环境气氛。客房室内设计可分为两大类：其一，客房如客人的家，需符合其生活习惯、亲切、方便；其二，客房具有鲜明的地方文化传统特点和浓郁的乡土情调，使客人产生新鲜感。空间的有限决定了客房室内设计的特点必须将上述两类"形式语言"浓缩提炼，演化到有实用价值的家具、灯具、陈设品等方面，尤其是家具最能反映文化及时代性。另外，家具与软织物的配置，应协调一致，风格统一。

（3）经济性。除了指客房的平面效率之外，还包括提高客房实物使用效率。为便于互换添补，家具与洁具选型均应尽量减少规格品种。用材及造价上，应与营销对象和消费层面相协调，避免滥用材料和不必要的提高造价。

（4）灵活性。指客房空间的综合使用及可变换使用两方面。

2. 客房卫生间

客房卫生间最基本的功能是提供洗脸盆、坐便器、浴盆等满足客人盥洗、梳洗、如厕、淋浴等个人卫生要求。现代饭店客房卫生间已成为衡量客房和饭店等级的重要内容之一，其舒适程度涉及面积大小、设备设施的种类与先进程度等。

我国《饭店建筑设计规范》中规定标准较低的客房卫生间净面积指标为：一级旅馆 $4.5m^2$，二级旅馆 $4m^2$，三级旅馆 $3.5m^2$，四、五级旅馆 $3m^2$。

（1）卫生间设施配置。一般包括如下几类：洗脸盆、坐便器、淋浴三件；洗脸台、坐便器、妇洗器、浴缸或淋浴四件；洗脸台、坐便器、浴缸、妇洗器、淋浴房五件；洗脸台、坐便器、浴缸、妇洗器、淋浴、按摩冲浪式浴池等。

浴缸尺寸分大、中、小三种，其具体尺寸（长×宽×高）如下：

大号：1680mm×800mm×450mm

中号：1500mm×750mm×450mm

小号：1200mm×700mm×550mm

坐便器尺寸一般为：宽 360~400mm，长 720~760mm，前方需留有 450~600mm 的空间，左右需有 300~350mm 的空隙，常用虹吸式低噪音坐便器。妇洗器尺寸比坐便器略小。

洗脸盆尺寸一般为 550mm×400mm 左右，盆面离地高度约 750mm，盆前方须留 500~600mm 空间。

现代舒适级饭店将洗脸盆与化妆台结合起来，洗脸盆常嵌于宽 550~600mm 的化妆台中，台板上可供旅客放自带的各种梳洗、化妆用品，也供饭店客房服务员摆放各类梳洗用品。

（2）卫生间设计。要求安全、通风、易清洁打扫、防滑、防冻及合理紧凑、方便使用等。

①根据饭店等级确定卫生间设计标准，包括卫生设备的配套，面积的确定和墙、地面材料等的选用。

②卫生间地面及墙面应选用耐水易洁材料，并应做防水层、泛水及地漏。地面应低于客房地面 20mm，净高不小于 2.1m，门洞宽不小于 0.75m，净高不小于 2.1m。

③洗脸台墙面安装镜面及镜前灯，灯具宜采用间接照明方式，且防水防潮。

④卫生间管道应集中，便于维修及更新。浴房或浴缸正上方天棚安装抽风机。

3. 客房内的装饰

客房的室内装饰应以在淡雅宁静中而不乏华丽的装饰为原则，给予旅客一个温馨、安静又比家庭更为华丽的舒适环境。装饰不宜繁琐，陈设也不宜过多，主要应着力于家具款式和织物的选择，因为这是客房中不可缺少的主要的设备。

家具款式包括床、组合柜、桌椅，应采用一种款式，形成统一风格，并与织物取得协调。

织物在客房中运用很广，除地毯外，如窗帘、床罩、沙发面料、椅套、台布，甚至可包括以织物装饰的墙面，一般说来，在同一房间内织物的品种、花色不宜过多，但由于用途不同，选质也异，如沙发面料应较粗、耐磨，而窗帘宜较柔软，或有多层布置，因此，可以选择在视觉上色彩花纹图案较为统一协调的材料。此外，不同客房可采取色彩互换的设计，达到客房在统一中有变化的丰富效果。

四、饭店的餐饮环境设计

饭店的基本目的是提供给入住者或消费者以良好的食宿环境。"民以食为天"，饮食是人类生存要解决的首要问题。但在社会多元化渗透的今天，饮食的内容已更加丰富，人们对就餐内容的选择包含着对就餐环境的选择，是一种享受，一种体验，一种交流，一种显示，所有这些都体现在就餐的环境中。因此，着意营造吻合人们观念变化所要求的就餐环境，是室内设计把握时代脉搏，饭店营销成功的根基。

餐饮环境是餐厅、宴会厅、咖啡厅、酒吧及厨房的总称，其中餐厅包括：中餐厅、西餐厅、风味餐厅、自助餐厅。中餐厅又可分为：粤菜、川菜、鲁菜、淮菜等特色菜系。厨房为内业辅助设施。在国外，餐饮设施的收入往往占饭店总收入的40%，其比例之高，足以反映餐饮功能配置、空间塑造与环境创意之重要性。

（一）设计原则

（1）总体布局时，把入口、前室作为第一组空间，把大厅、雅间作为第二组空间，把卫生间、厨房及库房作为最后一组空间，使其流线清晰，功能上划分明确，减少相互之间的干扰。

（2）应有足够的绿化布置面积，良好的通风、采光和声学设计。

（3）有防逆光措施，当外墙玻璃窗有自然光进入室内时，不能产生逆光或眩光的感觉。

（4）餐饮空间及空间中桌椅组合形式应多样化，以满足不同顾客的要求。

（5）餐厅空间应与厨房相连，且应该遮挡视线，厨房、配餐室的声音和照明不能泄露到客人的座席处。

（6）顾客入座路线和服务员服务路线应尽量避免重叠。通道简单易懂，服务路线不宜过长（最长不超过40m），并且尽量避免穿越其他用餐空间。大型多功能厅或宴会厅设置备餐廊。

（7）地面要选择走动没有脚步声，推动冷菜流动售货车时没有移动声，且不黏附污物、容易清扫的装饰材料。

（8）中、西餐厅或具有地域文化的风味餐厅应有相应的风格特点和主题性营造。餐饮空间内装修和陈设整体统一，菜单、窗帘、桌布和餐具及室内空间的设计必须互相协调、富有个性或鲜明的风格。

（二）餐饮设施的布局和面积指标

1. 餐饮设施的布局

饭店餐饮设施的布局常有：

（1）饮料厅（咖啡、酒吧、酒廊）的布局比较自由灵活，大堂一隅、中庭一侧、顶层、平台及庭园等处均可设置，增添了建筑内休闲、自然、轻松的氛围。

（2）在主楼顶层设置观光型餐厅（包括旋转餐厅）。此种布局特别受旅游者和外地客人的欢迎。

（3）在裙房或主楼低层设置餐厅和宴会厅。多数饭店均采用这种布局形式。此种布局，功能连贯、整体、内聚。

（4）独立设置餐厅和宴会厅。此种布局使就餐环境独立而优雅，功能设施间无干扰。

餐饮部分的规模以面积和用餐座位数为设计指标，随饭店的性质、等级和经营方式而异。饭店的等级越高，餐饮面积指标越大，反之则越小。我国《饭店建筑设计规范》规定，高等级饭店每间客房的餐饮面积为 $9 \sim 11\ m^2$，床位与餐座比率约为 $1:1 \sim 1:2$。

2. 餐饮设施的面积指标

饭店中的餐厅应大、中、小型相结合，大中型餐厅餐座总数约占总餐座数的 70% ~ 80%。小餐厅约占餐座数的 20% ~30%。具体不同类型饭店的座数可以参考表 8 - 3 - 1。影响面积的因素有：饭店的等级、餐厅等级、餐座形式等。

表 8 - 3 - 1　不同类型饭店餐座数指标（座/客房）

饭店类型		餐厅	酒吧	合计
市中心饭店		0.75 ~ 1.0	0.25	1.0 ~ 1.25
名胜地饭店		1.0 ~ 1.75	0.5 ~ 0.75	1.5 ~ 2.5
郊区饭店	豪华饭店	0.9 ~ 1.1	0.45 ~ 0.55	1.35 ~ 1.65
	中档饭店	0.3 ~ 0.6	0.2 ~ 0.6	0.5 ~ 1.2
	经济饭店　旅游饭店	0 ~ 1.5	0 ~ 0.5	0 ~ 2.0
	经济饭店　中转饭店	1.5 以上	0.5 以上	2.0

（三）饭店餐饮功能空间环境设计

1. 风味餐厅

风味餐厅可视饭店规模的大小来灵活安排功能的设置。在功能上根据风味餐厅的不同类型设置功能区域。例如：日本式餐厅里就有必要增加和室的区域。在一些地方的饭店，常设置当地民族性餐厅，增加当地特色菜的区域，如，增加烧烤台、烫菜台之类的功能区域。风味餐厅的风格是为了满足某种民族或地方特色菜而专门设计的室内装饰风格，目的主要是使人们在品尝菜肴时，对当地民族特色、建筑文化、生活习俗等有所了解，并可亲自感受其文化的精神所在。

风味餐厅注入高级品位是餐饮业走入档次消费极端化的一种趋势，风味本身是餐饮的内容和形式的一种提炼，有其自身的特殊性。随着消费市场结构的变化，不同层次距离的拉大，高级品位和特殊风味的融合日益受到市场的重视。

风味餐厅在设计上，从空间布局、家具设施到装饰词汇都洋溢着与风味特色相协调的文化内涵。在表现上，要求精细与精致，整个环境的品质要与它的特别服务相协调，要创造一个令人感到情调别致、环境精致，能尽情享受的空间，使宾客们在优雅的气氛中愉快用餐，同时享受美味与品位（图8-3-1）。

（a）湘西土家族特色风味餐厅　　　　　　（b）意大利通心粉风味餐厅

图8-3-1　风味餐厅环境设计

2. 宴会厅

饭店宴会厅的使用功能主要是婚礼宴会、纪念宴会、新年、圣诞晚会、团体会议及团聚宴会等。

宴会厅为了适应不同的使用需要，常设计成可分隔的空间，需要时可利用活动隔断分隔成几个小厅。入口处设接待与衣帽存入处。应设贮藏间，以便于桌椅布置形式变动。可设固定或活动的小舞台。宴会厅的净高为：小宴会厅2.7~3.5m，大宴会厅5m以上。宴会前厅或宴会门厅，是宴会前的活动场所，此处设衣帽间、电话、休息椅、卫生间（化妆设施）。

值得注意的是，当宴会厅的门厅与住宿客人用的大堂合用时，应考虑设计出在门厅就能够把参加宴会的来宾迅速引导至宴会大厅的空间形象标识。宴会厅的客人流线与服务流线尽量公开。宴会厅的装饰设计应体现出庄重、热烈、高贵而丰满的品质。

宴会厅桌椅布置以圆桌、方桌为主。椅子选型应易于叠落收藏。

3. 中餐厅

在我国的饭店建设上，中式餐厅占有很重要的位置。中式餐厅为中国大众所喜闻乐见，民族传统的气氛浓郁，在室内空间设计中通常运用传统形式的符号进行装饰与塑造。例如：运用藻井、宫灯、斗拱、挂落、书画、传统纹样等装饰语言组织饰面。又如：运用我国传统园林艺术的空间划分形式，拱桥流水，虚实相形，内外沟通等手法组织空间，以营造中国传统餐饮文化的氛围（图8-3-2）。

中餐厅的入口设计面积应较为宽大，以便人流通畅。入口处常设置中式餐厅的形象与符号招牌及接待台。前室一般可设置服务台（水酒吧台）、休息等候座位。餐桌的形式有8人桌、10人桌、12人桌，以方形或圆形桌为主，如八仙桌、太师椅等家具。同时，设置一定量的雅间或包房及卫生间。

中式餐厅的装饰虽然可以借鉴传统的符号，但并不是说可以一劳永逸，还要在此基础上，寻求符号的现代化、时尚化，以体现时代的气息。

（a）玉麒麟酒店　　　　　　　（b）丽江悦榕庄酒店中餐厅

图 8 - 3 - 2　中餐厅环境设计

4. 西餐厅

大型饭店、高档次饭店内均设置有西餐厅。西餐厅在饮食业中属异域餐饮文化。西餐厅以供应西方某国特色菜肴为主，其装饰风格也与某国民族习俗相一致，充分尊重其饮食习惯和就餐环境需求。西餐厅的家具多采用二人桌、四人桌或长条型多人桌。

西餐厅室内环境的营造方法是多样化的，这与西方近现代的室内设计风格的多样化是分不开的，大致有以下几种：

（1）欧洲古典气氛的营造手法。这种手法比较注重古典气氛的营造，通常运用一些欧洲建筑的典型元素，诸如砖拱、铸铁花、拱墙、罗马柱、夸张的木质线条等来构成室内的欧洲古典风情。在这种符号元素的借鉴过程中，当然不可能一律照搬，还应结合现代的空间构成手段，从灯光、音响等方面来加以补充和润色。

（2）富有乡村气息的营造手法。与富有欧洲古典贵族风格迥然不同的便是一种田园诗般恬静、温柔、富有乡村气息的装饰风格。这种营造手法较多地保留了原始、自然的元素，使室内空间流淌着一种自然、浪漫的气氛，质朴而富有生气。

（3）前卫而现代的营造手法。西餐的经营对象如果面对青年消费群，运用前卫而充满现代气息的设计手法最为适合青年人的口味。餐厅的气氛主要表现为现代简洁的词汇语言，轻快而富有与时代潮流结合的时尚气息，偶尔又透露出一种神秘莫测的气质。空间构成一目了然，各个界面平整光洁，巧妙运用各种灯光构成室内温馨的气氛。

总的来说，西餐厅的装饰应富有异域情调，设计语言上要结合近现代西方的装饰流派而灵活运用（图 8 - 3 - 3）。

5. 自助餐厅

饭店以自助餐的形式提供入住者或来宾在早餐和正餐使用。这种进餐形式灵活、自由、随意，亲手烹调的过程充满了乐趣，大人小孩共同参与获得心理上的满足。因此，受到消费者的喜爱。

在设计上，要充分考虑到人的行动条件和行为规律，让人操作方便，形式上要适合于不同的操作方式，有不同的操作环境，要激发消费者参与的动机。

自助餐厅设有自助服务台，集中布置盘碟等餐具，并以从陈列台上选取冷食，再从浅锅和油煎盘中选取热食的次序进行。沙拉、三明治、糕饼等冷的甜食和饮料、水果等应独立设在一个区域，以避免食物成品与半成品的混淆，同时，这样也可避免那些只需要一点小吃和饮料而不要主食的顾客因排长队而不满。服务台避免设计成长排，以能在高峰时期提高工作效率和快速周转为宜。

（a）北密执根餐馆西餐厅　　　　（b）北京香格里拉饭店西餐厅

图 8 - 3 - 3　西餐厅环境设计

在内部空间处理上应简洁明快，通透开敞。一般以设座席为主，柜台式席位也很适合在自助厅中运用。厅里的通道应比其他类型的餐厅通道宽一些，便于人流及时疏散，以加快食物流通和就餐速度。在布局分隔上，尽量采用开敞式或半开敞式的就餐方式，特别是自助餐厅因食品多为半成品加工，加工区可以向客席开敞，增加就餐气氛。

自助餐厅装饰设计语言的应用主要取决于业主的经营定位，它本身可以以多样的设计面貌出现，不拘一格。

6. 咖啡厅

现代饭店的咖啡厅是提供咖啡、饮料、茶水的休息、交际场所。它常设置在饭店大堂一角或与西餐厅、中庭结合在一起，且靠近卫生间。普通咖啡厅提供集中烧煮的咖啡，豪华级饭店的咖啡厅常常当众表演烧煮小壶咖啡的技术。咖啡厅内须设热饮料准备间和洗涤间。咖啡厅常用直径 550~600mm 圆桌或边长 600~700mm 方桌。应留足够的服务通道。

咖啡厅源于西方饮食文化，因此，设计形式上更多追求欧化风格，其表现为：借用欧式古典建筑的装饰语言，通过提炼建立一种"欧洲感觉"的空间形式，以一种或多种具有经典意义的欧式建筑线角、柱式，"以少胜多"的语言来表达空间。充分体现其古典、醇厚的性格和差别化。

欧化风格在形式上的另一个特征是强调和突出顾客为中心，这种形式往往在环境中心制造空地，使之成为整个空间的聚集点，以开敞的多视角形式做不同区域的划分（图 8 - 3 - 4）。

图 8 - 3 - 4　加利福尼亚式咖啡馆

7. 酒吧

酒吧是饭店必不可少的公共休闲空间。空间处理应轻松随意，可以处理成异型或自由弧型空间。酒吧也是人们亲密交流、沟通的社交场所，在空间处理上宜把大空间分成多个尺度较小的空间，以适应不同层次的需要。

酒吧在功能区域上主要有座席区、吧台区、化妆室、音响、厨房等几个部分。让出一小部分空间面积用于办公室和卫生间也是必要的。一般每席 $1.3 \sim 1.7\text{m}^2$，通道为750mm ~ 1300mm，酒吧台宽度为500mm ~750mm，可视其规模设置水酒贮藏库。

酒吧台是酒吧空间中的组织者和视觉中心，设计上可把其作为风格走向，予以重点思考。酒吧台侧面因与人体接触，宜采用木质或软包材料，台面材料需光滑易于清洁，常用材料有高级木材、花岗石、大理石、金属面等。

酒吧的装饰应突出其浪漫、温馨的休闲气氛和感性空间的特征。因此，应在和谐的基础上大胆开拓思路、寻求新颖的形式。常见的形式有：

（1）带有主题性色彩的装饰。这是酒吧常用的经营方式和装饰手法，与风味餐厅有些类似。这类酒吧以突出某一主题为目的，综合运用壁画、道具等造型手段，它个性鲜明，对消费者有刺激性和吸引力，容易激起消费者的热情。作为一种时尚性的营销策略，它通常几年便要更换装饰手法，以保证持久的吸引力。

（2）原始热带风情的装饰手法。以原始、热带的装饰风格为酒吧装饰的常见形式，它以古怪、离奇又结合自然的手法吸引顾客，使人身心松弛。

（3）怀旧情调的装饰设计。这是酒吧常用的经营策略，以唤起人们对某段时光的留恋之情为主要目的，这就要涉及或吸取某一地域或某一历史阶段的环境装饰风格（图8-3-5）。

8-3-5 以赞颂渔业为主题的古朴酒吧

8. 厨房

饭店的厨房设计要根据餐饮部门的种类、规模、菜谱内容的构成以及在建筑体里的位置状况等条件而要相应地有所变化。一般设有主厨房和各部门厨房或餐具食品室。宴会厅的使用率较高时，由于同住宿客人用餐的内容及用餐时间不同，两者的厨房应分开设计。当餐饮部门的规模较小时，一般只设一个厨房，负责宴会的部门在相邻宴会厅的配套室里进行装盘和洗净、存放餐具。厨房的位置要尽量与餐饮区域相邻，但厨房里的炒菜味、噪声等不能传到客人就餐座席或宴会里去。

厨房的流线要合理，厨房作业的流程为：采购食品材料—贮藏—预先处理—烹调—配餐—食堂—回收餐具—洗涤—预备等。

厨房地面要平坦、防滑，而且要容易清扫。地平留有 1/100 的排水坡度和足够的排水沟。适用于厨房地面的装饰材料有瓷质地砖和适用于配餐室的树脂薄板等。墙面装饰材料，可以使用瓷砖和不锈钢板。为了清洗方便，最好使用不锈钢材料。顶棚上要安装专用排气罩、防潮防雾灯和通风管道以及吊柜等（图 8 - 3 - 6）。

根据客人座席数量决定餐厅和厨房的大致面积，虽然还要看菜谱的内容构成，但厨房面积大致是餐厅面积的 30% ~40% 。

图 8 - 3 - 6　开放式烹调厨房

第四节　观演建筑室内设计

歌舞厅、电影院、歌剧院等作为文化娱乐场所，在日常生活中扮演着重要的作用，它们不仅能够陶冶人们的情操，而且常作为城市中主要的公共建筑而屹立于城市中心或环境优美的重要地段，成为当地文化艺术水平的重要标志。下面，我们就剧场和电影院观众厅及音乐厅为例来探讨一下观演建筑的室内设计。

一、剧场及电影院的观众厅和音乐厅的设计原则

1. 创造高雅的艺术氛围

欣赏各式各样的艺术表演，既有娱乐性又具教育性。精彩的艺术表演应与高雅的空间环境相协调，历史上许多著名的剧院、音乐厅，都从内到外倾注了建筑师和艺术家的高度智慧和心血而成为建筑艺术精品流传于世。我们当然不苛求建筑环境艺术气氛完全和演出艺术作品内容一致，但在广义上说观演建筑室内设计应具有高度的艺术性，形成一个高雅的艺术文化氛围，潜移默化地提高民族的文化素质。

2. 建立舒适安全的空间环境

许多演出往往长达几小时甚至半天，观众也常达千百人之多，因此要求室内具有良好的通风、照明，宽敞舒适的流动空间和座席，安全方便的交通组织和疏散，使观众能安心专注

地观赏演出，是十分重要的。

3. 具有良好的视听条件

看得满意、听得清楚，是观众、听众对观演建筑的最基本要求，也是观演建筑设计成败的关键。室内设计必须根据人的视觉规律和室内声学特点，解决视听的科技问题，因此观演建筑室内设计具有高度的科学性。

4. 选择适宜的室内装饰材料

选择室内装饰材料应既能满足声学要求，又有良好的艺术效果，把装修艺术和声学技术结合起来，充分体现观演建筑室内艺术的特征而别具一格。

5. 避免来自内外部的噪声背景

外部主要是环境噪声，因此对门厅、休息厅等尽量和外部形成封闭式空间，而对观众厅的对外出入口应设置过渡空间，使观众厅周围的出入口均起到"声锁"的作用。其次是通风、空调等机电设备发出的噪声应使设备房间远离观众厅或进行充分有效的隔声措施，设立必要的消声器、减震器等，以避免空气传声和固体传声。如北京儿童剧场观众厅与上层的多功能厅之间采用隔声隔振的新型浮筏或楼板，效果极佳。

二、剧场及电影院的观众厅及音乐厅的室内设计

(一) 座位布置和视线设计

要使观众能满意地欣赏表演，首先要看得清楚，根据不同演出有不同的要求。如话剧、小品等许多细致的面部表情举止很重要；对大型演出如歌舞等，希望能看到完整的整体动作和表演；对演员特别是电影画面，要求不变形和有良好的正常视觉。这就要求观众席位和表演区之间应有相应的关系，其中包括：

1. 偏座的水平控制角

为控制偏座的水平控制角（由台口两侧向观众厅同侧各引一直线，二线相交的夹角），观众席应布置在此区域内，根据不同剧种宜控制在28°~50°之间。电影院的水平控制角，由银幕两端各作45°线。

2. 对俯角和仰角的控制

观众的仰视、俯视都不利于看清目标，有时还会引起不适，仰视常出现在前排观众（特别是电影院），俯视常出现于楼座最远排观众。

剧院中的俯角口，为观众眼睛至大幕在舞台面投影线中点的连线与台面形成的夹角。

人的正常俯角为15°，转动眼睛时为30°。

话剧等宜控制在20°左右，歌舞、音乐最大不超过30°。

在电影院中仰角为第一排观众视线与银幕上线的夹角，宜控制在不小于45°。

3. 对观众的最远视距的控制

根据人的眼睛，在视距超过15m时，演员的面部表情就很难看清楚，而观看话剧、小品、滑稽剧等剧种时，演员的面部表情和细致动作非常重要，因此最好以此为界。对其他不

强调这方面要求的观众厅，一般按等级控制在23m～38m之间，一般剧院33m，话剧院25m，大型歌舞剧院可达38m以上。为了缩短剧场观众厅的最远距离，常由镜框式舞台发展成突出式或中心式舞台，这种舞台缩短了演员和观众的距离，使观众与演员间感情可以更好地交流。当然也带来其他问题，如演员有可能背向观众，使声学处理的复杂化。

电影院的最远距离，在普通电影院中为银幕宽度的5倍，在宽银幕电影院中为银幕宽度的2.5倍。

4. 对首排观众距舞台或银幕距离的控制

在剧院中以水平视角而定（指观众眼睛与台口两侧边缘连线所形成的夹角），因人的清晰视角为30°，转动眼睛的最大清晰度为60°，因此最佳座席范围在30°～60°之间，最前排水平视角应不超过120°。在电影院中，普通银幕的头排距离为其银幕宽度的1.5倍，宽银幕的头排距离为其银幕宽度的0.6倍。

5. 无阻挡视线设计

剧院、电影院观众厅地面均有一定的坡度，使后排观众能通过前排观众头顶无阻挡地看清舞台或银幕，就应作出地面升高的计算。

剧院的设计视点应在舞台表演区的前沿中心，一般定在舞台面大幕线的中央，也有定在脚灯的边缘处、旋转舞台的圆心。其高度一般定在舞台面上，有时也可定在高出舞台面10cm处，舞台高度一般为1m～1.2m。

电影院设计视点应定在银幕下缘中点（银幕下缘距第一排观众地面的高度一般为1.5m～1.8m）。视点愈低，愈靠近台口，地面坡度愈陡。观众视线高于前排眼睛的数值以"c"表示。

常数 c = 12cm

但如果考虑人体尺度平均值的差异和不利组合可能造成的遮挡，可选择较大的 c 值（c = 13m 或 14cm）。

6. 使观众能正面对向舞台

为使观众不以不舒适的侧身坐姿面向舞台，因此横排座位应有一定曲率，使每位观众都能正对表演区，剧场的曲率半径 R≥2S（S 为最大视距），宽度不大的观众厅，后部座位可以采用直排式。

（二）影剧院的声学设计

1. 对音质的要求

对演出不同的剧种有不同的音质要求，以语言为主的，如话剧、电影等要求较高的清晰度，而对音乐、歌舞还要求声音的丰满度、亲切感和融合感，对交响乐队演奏还须要求演奏者彼此能互相听闻，以保证音乐的协调统一性。对多功能的剧院还须协调各方面的特点进行适当调整。

（1）优美的音质。如"丰满度"主要是有适当的混响时间，此外，低频混响声使声音有温暖饱满感，音频混响声使声音比较明亮。

"亲切感"主要决定于早期反射声的延长时间，一般认为在20ms左右。

"室内效应"则决定于是否有适当的多方向短延时反射声和扩散声。

"融合性"使听众能听到乐队整体协调的声音效果，这与舞台的声反射罩的设计有关。

（2）有足够的音响强度。不用电声系统的自然声所发出的能量毕竟是有限的，但自然声更为真实和亲切，因此为了保证自然声有足够的响度，应恰当控制建筑容积，合理设计空间体形，控制从台口至最远座席的距离，并在保证直达声能到达各观众席位外，还应充分利用早期反射声。特别是离声源较远的观众更为重要，以加强音响的响度。

（3）有较高的清晰度。清晰度与恰当的混响时间有直接关系。混响时间过长，前面音节的余音将掩盖后面的音节，使不能听清楚；如混响时间过短，即意味着室内吸声量极大，也会因声音强度降低而听不清楚。因此，对不同的剧种，有不同的混响时间要求。

（4）无不良的声缺陷。声缺陷指回声、声聚焦等。当反射声具有一定的强度，而且它与直达声之间的时差较大时，则能清晰地听到回声，而声音聚焦是由于凹曲面反射造成的，导致声场的分布不均，因此在平面空间设计时应设法避免。

为了控制混响时间和不用电声系统时发挥自然声的最大效果，必须对观众厅容积加以控制，演讲、会议应在 $2000m^3$ 以内，一般戏剧对白在 $6000m^3$ 以内，独奏（唱）、多重奏和小合唱在 $8000m^3$ 以内，乐器演奏和合唱在 $10000m^3$ 以内，大型交响乐队在 $20000m^3$ 以内。同时也以每位观众所占容积计算，如音乐厅为 $6 \sim 8m^3$/座（室内音乐和合唱音乐 $5m^3$/座，交响乐 $7 \sim 8m^3$/座）、话剧为 $3.5 \sim 4.5m^3$/座，综合性演出为 $4.5 \sim 6m^3$/座，电影、会议为 $3.5 \sim 4m^3$/座，地方戏 $4.5m^3$/座，歌剧为 $5.5 \sim 6m^3$/座。这里考虑了观众本身的吸声作用。

为了充分利用直达声，应首先控制观众厅长度，尽可能缩短观众与声源的距离。一般观众厅长度应在 33m 以内，并尽量控制偏座，以适应高频声源具有指向性的特点。同时应使观众厅地面有足够的倾斜，使直达声不被遮挡而达到每个席位。

为了避免"声影"（即由于楼座出挑的原因使来自顶棚的反射声不能到达楼座下部的观众席），因此必须控制楼座出挑的深度，一般音乐厅出挑深度 D 应小于或等于挑台下面的高度 H，一般多功能厅 D 应小于 2H。

为了使声场分布均匀，使观众能听到来自各方的声音，加强立体感，观众厅内应做适当的扩散处理，也可利用建筑装饰，如壁龛、藻井、雕刻、圆柱、豪华灯饰等，起到扩散作用。扩散体尺度与频率有关，如频率为 f，扩散体宽为 W，深度为 D，c 为声速（340m/s）。

则可用下列公式求得： $\left(\dfrac{2\pi f}{c}\right) W \geqslant 4$ 及 $\dfrac{D}{W} \geqslant 0.15$

2. 设计细节

（1）剧院。

一般剧院在设计时应该注意如下问题：

①座位和座位间过道的布置应尽可能紧凑，以减少后排座位到舞台的距离。

②对适于现代演出的技术来说，最远座位至表演区中心距离，不能超过 30.48m，一般超过 22.86m，演员的面部表情就看不清楚，22.86m 也是较好的声学的标准。

③对视线说来，宽的观众厅比长的观众厅使观众更接近舞台，扇形平面对已给定的座位数和视线角度来说，观众厅的长度可减到最小。但必须注意检验其侧墙早期反射的实际效果。

④设楼座同样也可减少最远座位到舞台的距离，但也不能使楼座深到对后座产生声影。

⑤"开敞式舞台"的产生为优良声学提供了最好的机会，但上面的顶棚或反射面必须是向外八字形张开的。

⑥观众厅池座应有恰当的倾斜，并至少应使每个观众通过前排人有清晰的视线。

⑦楼座也应倾斜，并至少应使每个观众通过前排人有清晰的视线。

⑧包括顶棚在内的顶上的反射面，应设计得使对观众厅后部的声音渐次增强。

⑨希望有一个台唇，它不仅能有助于在舞台顶部反射面下的表演，而且当演员在舞台后部时它可当作一个反射面。

⑩侧向反射面，除非平面上是凸圆形的，否则，当演员横向移动时，会使声音增强，产生显著的不稳定性。

⑪不做反射面的表面应是扩散的。

⑫对于镜框式舞台，应记住设计反射面，这种"假台口"高度很少超过 5.5m 的。

⑬楼座栏板以及面向舞台的任何其他表面面饰应是吸声的。

⑭齐头顶水平面以上的后墙应是吸声的，如为曲面应是扩散的。

⑮阻止从观众厅后面凹角产生的回声，这类凹角在平、剖面上。

⑯乐池可以部分在前台下，但应以共振镶板装衬。

（2）影院。

现在的影院有很多种，生活中最常见的应该是立体声影院了，所以这里我们以它为例，来探讨一下影院的设计都应该注意哪些问题。

①"方向性效果"不受反射面干扰是至为重要的，方法是包括银幕周围的一切墙面必须是吸声的，或扩散的。

②自从扩音器分布在观众厅的所有周围后，立体声的引用改变了整个电影院声学设计的途径。

③不宜用"方向性形式"的顶棚，应做成近乎水平的和扩散的。

④按上面的处理，可阻止回声和驻波，但设计必须避免产生回声的墙角和楼座栏板的反射。

⑤无论如何，在设计普通复制声电影院时，应估计到以后应用立体声装备的可能性。

⑥应该考虑到观众多少的变化，并且座位应竟可能做成吸声的。

⑦可能的话，电影院应设计得使扩音器朝向观众厅后面，而不要太靠近近旁的座位。

⑧在立体声电影院的银幕上部，设有一个可伸缩和可反转的反射面，是一个合理的折中办法。

⑨混响时间不应该超过 1s，因为必要时混响是要求加进录音带的。

（三）银幕种类和尺寸选择

1. 银幕种类

（1）蜂窝幕。幕面由许多形小、表面光滑的凸面或凹面反光镜或透镜组成，其亮度比普通漫散反射幕大十几倍，也可利用布质银幕上涂一层白色反光面，再用模压成许多小凹面镜，用细铝粉喷涂而成，经打孔后成为光栅幕，国外已广泛应用于宽银幕电影。

（2）穿孔银幕。有橡皮、塑料、玻珠、金属等穿孔银幕，设在银幕背后的扬声器，能透过银幕提高还音质量，但透光多，亮度降低，使用时须有较高的照度。

（3）漫散反射银幕。这种银幕可以分为布质银幕、橡皮幕、塑料幕以及在布质或塑料表面涂硫酸钡、无光漆、氧化锌等涂料的银幕等。其特点是罩射在幕面上的光源能均匀扩散反射至各个方向，散射角可达100°左右，色彩不失真，但反射系数较低，适于较宽的放映场所。

（4）方向性漫散反射银幕。有涂铝粉金属银幕，特点是散射角小，一般情况下不超过50°，但亮度系数高，适于狭长形观众厅使用。该银幕色彩有一定程度的失真，因此不宜于放映彩色片。还有玻珠幕，即在织物表面涂一层白胶漆，再均匀地敷上一层透明球形玻璃小珠，亮度高，色彩也不失真，宜用于中等宽度或狭长形有楼座的观众厅。因制作较为复杂，幕面易积灰尘，应用较少。

2. 银幕尺寸的确定

银幕尺寸、形状，应根据放映机片门孔的尺寸形状按比例放大，不能任意改变比例。银幕尺寸的大小应考虑放映机的有效光通量、放映距离、银幕的反射系数和散射角、放映镜头焦距等因素，才能确保放映质量，一般采取普通银幕的宽度，约等于放映距离的 $1/5 \sim 1/6$，宽银幕的宽度约等于放映距离的 $3/10 \sim 4/10$。

加拿大为保护北方生物多样性中心，其中包括新建的 4800m^2 二层楼中心，设有266个座位，和有巨大银幕的20m宽、15m高的多功能电影院。采用地方材料如木材、花岗石以取得与周围自然环境和人文环境之间的平衡。

（四）观众厅和舞台照明

1. 舞台照明

舞台照明首先应有足够的清晰度，使观众能看清演员的动作和表情；其次应使人物具有一定的立体感和优美的造型，使演员的形象更真实动人；第三，应充分利用照明的光色效果渲染气氛和表达剧情。舞台照明包括可以分为四个部分，即面光、耳光、脚光和天幕灯。其中，面光布置在观众厅顶棚上或挑台、后墙等处；耳光布置在观众厅侧墙上，内侧光布置在台口内两侧，操纵台上和侧面靠墙天桥上；脚光布置在舞台前沿灯槽内，长度同台口长度；天幕灯在天幕下灯槽内照射天幕。

2. 观众厅的照明

观众厅的顶棚形式应考虑能隐藏光源和声学上的特殊要求，因此，常作成一系列锯齿形状的吊顶，把荧光灯隐蔽在朝向舞台方向一边，并能利用半导体调光控制照明在演出开始时逐渐微暗下来，同时，也辅以装于同一顶棚中的壁龛式白炽灯下射照明，并使荧光灯和白炽灯在楼座上都能获得相应的布置。按照日本标准，在演出休息时观众厅的照明，照度为 $50 \sim 200\text{lx}$，上演时照度应降低至 $3 \sim 5\text{lx}$，从安全上考虑，应保留3lx。观众厅指示灯在过道中心线上，形成0.2lx以上的照度，太平门标志灯用减光式指示灯，并使减光20%，停电时减光36%，火灾时开亮到100%。事故照明应另设电源，在观众厅边角处，设若干最低可是1lx的 $150 \sim 200\text{W}$ 反射型投光灯泡的嵌入式下射照明，平常关灯，事故发生时，开亮到100%。

此外还有设在表演区后面的彩云灯，在天幕上悬挂或反射或正照的星月灯，以及变幻灯、活动照明等。

舞台照明和大厅照明均用一个照明控制板控制，不像其他音乐厅要在不同的地方控制，控制板一般布置在舞台一边，如需要也可以布置在厅内。

照明改造从屋顶上部开始，选择曲面的白色和琥珀色玻璃为观众厅的顶棚镶板中布置照明，在白天有自然光通过新开的天窗照亮，在晚上则由悬挂在每块镶板中的45WPAR38宽束泛光照明，而对整个建筑和舞台均采用带有特殊的金色反射罩500WT4石英灯下射照明，使显得有温暖的感觉，在大厅凹角顶棚后的天桥上，可以在此操作灯光设备，布置成角照明，在其附近顶棚上装有转动的PAR56s和低压PAR46s，照亮舞台口。高亮度的管道灯隐蔽在台口的凹槽内，以照亮前台。楼座底装有一套密集的18W荧光灯下射照明作为排演时用，而在音乐会时只用单支45WPAR灯。

第五节　娱乐休闲场所室内设计

一、娱乐环境设计

随着现代生活的发展，人们在紧张工作之余对娱乐休闲生活的需求越来越大，要求也越来越高，众多商业性娱乐休闲场所的兴起，成为了现代城市的一个重要特征。人们娱乐、休闲的方式是多样化的，本节仅对现代城市比较流行的卡拉OK、KTV包房设计等进行重点论述。

（一）舞厅设计

舞厅可分为交际舞厅、迪斯科舞厅（也称夜总会）、卡拉OK厅等。作为娱乐性场所，舞厅在功能空间的划分以及环境装饰上应充分强调娱乐性，空间的分割布局应尽显活跃气氛，在喧嚣的环境中进行有序的空间变化与分隔。

舞厅的设施主要有舞池、演奏台（表演台）、休息座、音控室、酒吧台、包房等，空间划分主要分为舞池区、休息区，舞池的地面标高可略低于休息座区，使其有明确的界限，互不干扰，空间尺度上应使人感到亲切。空间较大时可用低隔断、座椅等分隔成附属的小空间，增强亲和力。

舞厅的基本功能除欣赏与自娱自乐外，也是交际的场所，其设计主要是营造出轻松娱乐的气氛，讲究风格的创新和追求新鲜、刺激的精神要求。

舞厅是一个声源特别复杂的环境，在设计时要把握好声环境的不同区域。有舞池中的音响声源，客席中的谈话声源，又有需要相对安静的散座或包间，在设计中应按照无声区—自然声区—娱乐声区—噪声区的隔离层次来进行划分。为减少音响对公共部分与客房的干扰，舞厅常位于地下一层或屋顶层，并在内壁设计吸音墙面，入口处的前厅则起声锁作用。舞厅需设音响灯光控制室和化妆间，有条件时设收缩、升降舞台。

舞厅的光环境设计以营造时代娱乐气氛为基础，使用多层次、多照明方式及多动感的设计手法，大胆创新。灯具的布置，一般在舞池上空专设一套灯光支架悬挂专用舞台灯光设备，如扫描灯、镭射灯、激光灯以及雨灯等变化丰富的主导灯具。迪斯科舞厅的舞池地面更多为钢化玻璃。以便在玻璃下设彩灯，上下动势灯光呼应，更显强烈刺激与扑朔迷离。舞厅的座席区地面宜采用木地板或地毯铺装，以防声响。

卡拉OK厅是以视听为主、自唱自乐、和谐欢愉的娱乐空间环境。主要设施有舞池、表演台、视听设备、散座、包间、水酒吧台等。

卡拉 OK 是一种随着电视屏幕形象与字幕同步伴唱的音乐，通过自唱的方式进行娱乐的形式。我国从 20 世纪 80 年代开始出现，现已成为人们生活中不可缺少的一种娱乐方式，并受到了人们的喜爱。现代的卡拉 OK 大致分为两种，即全包厢型卡拉 OK 和包厢与大厅相结合型卡拉 OK。除了大厅之外，两类卡拉 OK 的空间组织基本相同，都包括总台、大小不同的各类包厢、DJ 房、卫生间、配餐间或自选超市、办公室、员工更衣室以及配电间等服务用房。卡拉 OK 的设计要求与特点大致可以归为以下几点：

（1）卡拉 OK 内环境设计风格和格调要根据经营理念、顾客群体、设计主题的不同树立与众不同的个性特征，或是金碧辉煌、或是简约高雅、或是神秘怪诞。

（2）卡拉 OK 内环境设计的表现形式不必拘泥于现有的造型和手法，可依据自身的风格定位进行大胆的、标新立异的突破，重视新材料、新工艺、新形式的运用，充分体现现代娱乐、休闲场所的时代精神。

（3）强调高品质的视听效果。这一效果的实现，一方面有赖于优质的视听设备，另一方面要求内环境中要有良好的吸音、隔音功能，也就是说，在设计时要注意顶棚、墙体中吸音材料的使用，一般来说，墙面装饰采用"软包"，即用海绵包防水布或其他皮革等材料来进行装饰，布面应选择色彩高雅、图案新颖、质地优良的材料。此外，音箱与电视的位置关系和距离远近也对视听效果有着重要的影响，在设计中要加以注意。

（4）注重顾客活动路线的合理组织。路线杂乱无序是很多全包厢型卡拉 OK 的一个重要问题，往往顾客去卫生间要多次询问路线，而回来时还是找不着北，因此，在设计中可以通过醒目的指示标志或不同的区域颜色划分来保证顾客活动路线的通畅性和可识别性。

（5）设计应严格遵照消防、环保、卫生防疫和公安等部门的规定，如消防设施的安置、消防通道的畅通、通风设施的设置、包厢房门的透明度等都要符合有关部门或法规的要求。

（二）保龄球室设计

保龄球也称地滚球，是一项适合于不同年龄、性别的集娱乐、竞技、健身于一体的室内体育活动。这项运动的历史由来已久，它起源于德国，流行于欧美、大洋洲和亚洲一些国家。20 世纪 20 年代传入我国上海、天津、北京等地，目前许多大中城市均设有保龄球场，并日趋普及。

经过发展和完善，现代化的保龄球设备由以下部分组成：

（1）自动化机械系统，由程序控制箱控制的扫瓶、送瓶、竖瓶、夹瓶、升球、回球……

（2）球道，长 1915.63cm，宽 104.2～106.6cm。助跑道，长 457.2cm，宽 152.2～152.9cm。

（3）记分台，由电脑记分系统、双人座位、投影装置、球员座位等组成。

保龄球场很少采用自然采光通风，球道两侧墙一般也不开窗，这样可以避免室外噪声的干扰和灰尘侵袭污染，同时也降低了热损失和空调负荷。

墙面应是防潮、隔热的，内墙面可以用木或塑料装修，为了安全保障和减少维修，应尽量减少使用平板玻璃的面积。

使用间接照明用的隔断，可以采用半透明的材料替代，如有机玻璃等。

球道地面，在发球区和竖瓶区，可用加拿大枫木板条拼接，其余可用松木板条，其他区域的地面装修，在材质和色彩上，应能和墙面互相衬托，并使地面创造华贵的感觉。因为从人口进入场内，常起到第一印象的作用。常用乙烯基石棉板、地毯、水磨石、缸砖、陶瓷砖，也可使用有图案的乙烯基防火板，因为它们不易留脚印和其他泥迹。产品应是新的和同一批生产的，并应适当保留一部分以备日后修补和更换使用。地毯应用打环扣住，并用高质尼龙与黄麻或高密度泡沫作衬垫。地毯应用宽幅织布机织成，或缝接或胶接。地毯的重量和质量决定于其表面的纱线结构，地毯一般也用于管理柜台边沿、过道。

保龄球场的顶棚形式，最理想的是净跨（整跨）屋架顺着球道长向布置，比沿宽度布置为佳。因为这样可以使将来继续发展时较易处理。在纵向，柱子愈少愈好，柱子离犯规线至少应有60.96cm，并应保持491.01cm的空地，顶棚的形式应塑造成有助于对声音的控制和能隐蔽光源，将所有光源布置得使运动员看不到。另外，在顶棚内应设天桥，以便维修顶棚和屋顶及电源检修，在顶棚与屋顶间的屋架区需要通风，以防止装修受潮。

下面我们来通过一组图看看保龄球场的相关设计，如图8-5-1所示。

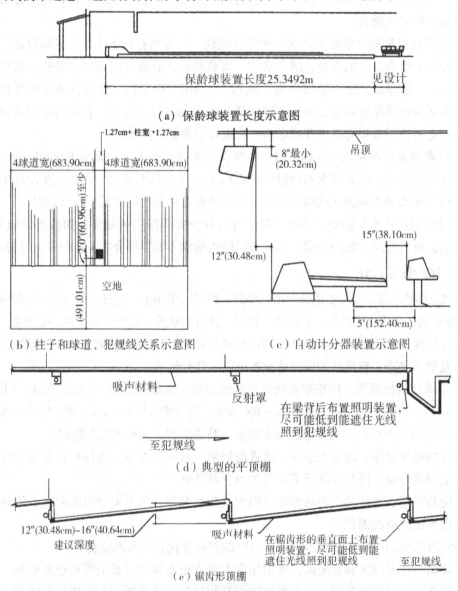

图8-5-1 保龄球场相关设计示意图

二、健身环境设计

（一）健身房设计

健身房常提供拉力器、跑步器械、肌肉训练器械、划船器械、脚踏车等健身运动器械，健身房需面积宽敞，光线明亮而柔和，房高至少2.6m，房空间使用面积不得少于60m²，墙面需装不锈钢或铜管以及镜面，作为练功时必要的扶靠与舞姿对照。地面可铺地毯或弹性地板，并设音响与空调。

（二）浴室设计

浴室按不同温度、不同器物可分为桑拿房、蒸汽浴房、热水按摩浴池、冰水浸身池、热能震荡放松器、身体机能调理运动器、按摩房内设按摩床等多种类型。我们就其中的几种类型概述如下。

（1）桑拿浴。源于传统的芬兰，流行于欧洲及亚洲。桑拿浴是要按照一定的程序进行的，正确的顺序如下：

①进入桑拿浴室前，作短暂的淋浴。

②带着毛巾在桑拿浴室中坐下，一直待到自身感到十分愉快为止，浴温能达到70～90℃。

③离开桑拿浴室后，用舒适、感觉良好的温凉浴去冲洗。

④回到桑拿浴室中，一次次把满勺水浇在已加热的石头上，如放一枝嫩桦树枝在热石上，便可享受到极妙的森林的香味。

⑤用少量的水浇在石头上，感到皮肤热到有点刺痛时结束桑拿浴。

⑥用其他方式淋浴后，裸坐并放松（绝不要立刻穿衣服，否则会引起再次出汗），休息到皮肤退凉和毛孔关闭为止，同时可享受一杯冷饮，使全身有一种舒适的良好感觉。

因此设计时必须按照上述桑拿浴的全过程设计相应的房间，并布置相应的设备、设施。

（2）水力按摩浴池。饭店完善的桑拿浴健身中心，应配备三种不同温度的水力按摩浴池。浴池可供4～30人使用，具有按摩与沐浴的双重功能。它的启动系统设有多个漩涡式高压喷射龙头，可随意调节喷射角度、水温、水力及空气的混合动力，使身体每个部分都能得到适当的水力按摩，因而促进血液循环，增进健康，并对减肥、治疗风湿病有特效。

（3）游泳池。饭店游泳池分室内和室外两种。一般采用尺寸为8m×15m至15m×25m。因中央空调系统及水温控制，室内游泳池不受季节气候影响，具有全天候使用的优点。同时，泳池空间做成全玻璃房形成优美的室外庭园环境，更显宜人的妙趣。室内游泳环境也常与桑拿浴环境组合在一起，互为补充、调节。室外游泳池受气候的影响较大，地处热带、亚热带的饭店宜作室外游泳池。有的游泳池与绿化庭园相结合，一池碧波嵌在热带、亚热带丛林中；有的与公共活动部分相结合，传统风格的塔亭立于池畔，亭式酒吧伸入泳池，仿佛构成浪漫的异国岛屿。

（4）美容中心。美容中心常与浴室环境配套设立，它除理发外，还设有面部按摩、修眉、修指甲、修睫毛、脚疗等内容，有的饭店把推拿按摩的服务项目也设在美容中心。这也是高级饭店中不可缺少的服务项目。美容中心一般设内外两间房，外为美发、休息间，内为美容及按摩间。

第六节　商业建筑室内设计

一、商业建筑室内环境设计

（一）店面与橱窗设计

1. 店面设计的要求

对商店的店面进行设计和装饰，首先应满足下列设计要求：

（1）店面设计与装修应仔细了解建筑结构的基本构架，充分利用原有构架作为店面外装修的支撑和连接依托，使店面外观造型与建筑结构整体有牢固的联系，外观造型在技术构成上合理可行。

店面外装修与房屋结构基本构架的依附连接关系，通常有两种做法：一种是在原有结构梁、柱、承重外墙上刷外装饰涂料或贴外装饰面材，基本保持原有构架的构成造型；另一种是把原有构架仅作为外装饰和支承依附点，店面装饰造型则可根据商店经营特征、所需氛围较为灵活地设计，后者的店面装饰犹如在基本构架上"穿一件外衣"，为今后更新时仍留有余地，但须解决好构架与材料之间连接的构造问题。

（2）店面设计在反映商业建筑具有显示购物场所、招揽顾客的共性之处时，对不同商店的行业特性和经营特色也应尽量在店面设计中有所体现。例如外部造型相对封闭，立面用材精致高雅，以小面积高照度的橱窗和窄小的入口来体现珠宝首饰店商品的珍稀贵重。

（3）店面设计应从城市环境整体、商业街区景观的全局出发，以此作为设计构思的依据，并充分考虑地区特色、历史文脉、商业文化等方面的要求。例如上海的南京路商业街和豫园商城，由于地区商业环境和历史文脉的不同，店面设计与装饰风格也显然会有所不同。通常南京路商业街的店面可采用融中西文化于一体的海派风格或具有时代气息的现代风格。豫园商城的店面，则以采用具有我国传统建筑韵味的装饰较为协调。

2. 店面的造型设计

店面造型从商业建筑的性格来看，应具有识别与诱导的特征，既能与商业街或小区的环境整体相协调，又具有视觉外观上的个性，既能满足立面入口、橱窗、店招、照明等功能布局的合理要求，又在造型设计上具有商业文化和建筑文脉的内涵。

店面造型设计的具体内容需要从以下几方面来考虑：

（1）墙面与门窗的虚实对比。商店立面的墙面实体与入口、橱窗或玻璃幕墙之间的虚实对比，常能产生强烈的视觉效果。

（2）形体构成的光影效果。商店立面形体的凹凸，如挑檐、遮阳、雨篷等外凸物，均能在阳光下形成明显的光影效果，立面装饰凹凸的机理纹样，在阳光下也呈现具有韵律感的光影效果，给立面平添生机。

（3）立面划分的比例尺度。商店立面雨篷上下、墙面与檐部等各部分的横向划分，或者是垂直窗、楼梯间、墙面之间的竖向划分，都应注意划分后各部分之间的比例关系和相对尺度，有些部分虽然在建筑结构主体设计时已经确定，但是店面外装修设计时往往可以作一定的调整，入口、橱窗等与人体接近的部分还需要注意与人体的相应尺度关系。

（4）色彩、材质的合理配置。商店立面的色彩常给人们留下深刻的印象。建筑外装修的色彩，除粉刷、涂料类及彩色面砖等，可根据需要选色外，一些常用材料及天然材质，常与选用材料的类别有关，例如水泥本色（7.5Y7/2）、白水泥（N9）、铝合金本色（N7）、清水砖（7.5R～2.5YR4～4.5/2～3）、柳安木（5～10YR6～7/4～5）。同时色彩给予人们的视觉印象，与不同色彩及其各占份额的配置关系密切，结合商店销售商品的类别，巧妙地选择立面的色彩和材质，能起到很好的视觉效果，一些具有较大规模的专卖店、连锁店，常以特定的色彩与标志，给顾客传递明确的信息。

3. 店面装饰的材料选用

店面装饰材料选用时，应注意所选材质必须具有耐晒、防潮、防水、抗冻等性能。由于城市大气污染等情况，店面装饰材料还需要有一定的耐酸碱的性能，例如大理石不耐酸，通常不宜作外装饰材料。店面装饰材料也要考虑易于施工和安装，如有更新要求则还应易于拆卸；外露或易于受雨水侵入部位的连接宜用不锈钢的连接件，不能使用铁质连接件，以免店面出现锈渍，影响整洁美观。

由于店面设计具有招揽和显示特色和个性的要求，因此在装饰材料的选用时还需要从材料的色泽（色彩与光泽）、肌理（材质的纹理）和质感（粗糙与光滑、硬与软、轻与重等）等方面来审视，并考虑它们的相互搭配。目前常用的店面装饰材料有：各类陶瓷面砖，花岗石片页岩等天然石材，经过耐候防火处理的木材，铝合金或塑铝复合面材，玻璃、玻璃砖等玻璃制品，以及一些具有耐候、防火性能的新型高分子合成材料或复合材料等。

镜面玻璃幕墙的装饰造型上具有特点，与金属面材等的恰当组合较能显示时代气息，但大面积玻璃幕墙（特别是隐框式），由于对连接、黏结工艺与安装技术有极高要求，一些构造方案在节能方面也还不够理想，大片镜面也可能对城市环境带来光污染等因素，因此对大面积镜面玻璃幕墙的选用，应综合分析建筑使用特点、城市环境、施工工艺、使用管理条件及造价等情况后予以谨慎对待。

4. 店面的照明设计

为了便于晚间识别，并通过照明进一步吸引和招揽顾客，诱发人们购物的意愿，店面照明除了需要有一定的照度以外，更需要考虑店面照明的光色、灯具造型等方面具有的装饰艺术效果，以烘托商业购物氛围。

商店室外照明方式基本上可以归纳为以下三种：

（1）轮廓照明。以带灯或霓虹灯沿建筑轮廓或对具有造型特征的塔楼、立面花饰等轮廓作带状轮廓照明。

（2）重点照明。重点照明的地方一般位于入口和橱窗处，以射灯、投光灯等对橱窗照明。对入口以投射照明，或以歇顶、发光顶等对入口的顶部照明。对招牌广告等则以霓虹灯或灯箱等照明。

（3）整体泛光照明。主要是为了显示商店建筑整体的体形和造型特点，常于建筑周围地面或隐藏于建筑阳台、外廊等部位，以投光灯作泛光照明，也可以在相邻的建筑物或构筑物上对商店建筑进行整体照明，但需注意尽可能不使人们直接见到光源。

5. 橱窗设计

橱窗设计是商场内环境中一种重要的宣传与促销手段，由于要起到高效的视觉吸引作用，橱窗设计的装饰趣味一般比较浓厚，设计构思也相对新颖、大胆。橱窗设计通常围绕一定的主题展开，设计主题有以下几种表现形式：

（1）针对目标对象，现代橱窗设计往往有鲜明的对象，根据不同对象的心理特征和审美观念进行构思创意。

（2）突出商品特性，不同的商品有不同的功能和特点，商品的特征、宣传语、商品自身的造型色彩都有助于橱窗设计的定位。

（3）渲染季节特征，通过季节性的景物道具渲染气氛，具有鲜明的时尚气息和强烈的视觉冲击力。

（4）展示艺术性，对艺术性的追求是现代橱窗设计的一大特色，形式和意境的艺术美感可以增加设计作品的吸引力和社会效应。

橱窗设计常用的手法有以下几种：

（1）外凸或内凹的空间变化。在商店立面前空间允许的前提下，橱窗可向外凸，并可将橱窗塑造成具有一定的形体特色。当商店的入口后退时，常可将橱窗连同入口一起内凹，这种适当让出空间"以退为进"的手法，常能起到引导顾客进店的效果。

（2）地下室或楼层连通展示。有地下室或楼层的商店，可以适当调整楼地板的位置，使一层商场的橱窗与地下室或与楼层的橱窗，从立面上连成整体，从而起到具有特色的商品展示的作用。

（3）封闭或开敞的内壁处理。根据商店对商品展示的需要，可以把橱窗后部的内壁做成封闭的，也可以后壁为敞开的或半敞开的，这时整个店内铺面陈列的商品能通过橱窗展现在行人面前。

（4）橱窗与标志及店面小品的结合。结合店面设计构思，橱窗可以与商店店面的标志文字和反映商店经营特色的小品相结合，以显示商店的个性，为使橱窗内的展品有足够的吸引力，并在白天或晚上，因日光或街道环境照明形成橱窗玻璃面的反射景象，不致影响展品的视觉感受，橱窗内的照明需要有足够的照度值，参照我国照明设计标准，通常可取 300 ~ 500lx，对重点展品，通过射灯聚光的局部照明可提高到 1000lx 左右的照度标准，从减少照明光源的热量和节约能源考虑，橱窗内的一般照明可使用节能型荧光灯，局部照明仍以白炽灯为主。

（二）营业空间设计

1. 营业空间设计的要求

商场作为公共场所，人流量极大，为满足大家的需求和商业需要，在进行室内设计时必须全方位考虑，做到既能服务大众，又能更好地营业。因此，一般商业建筑空间设计需遵循以下几方面的要求：

（1）营业厅应根据商店的经营性质、商品的特点和档次、顾客的构成、商店形体外观以至地区环境等因素，来确定室内设计总的风格和格调。

（2）营业厅的室内设计总体上应突出商品，激发购物欲望，即商品是"主角"，室内设计和建筑装饰的手法应是衬托商品，从某种意义上讲，营业厅的室内环境应是商品的"背景"。

（3）营业厅的室内设计应有利于商品的展示和陈列，有利于商品的促销，为营业员的销售服务带来方便，最终是为顾客创造一个舒适、愉悦的购物环境。

（4）营业厅的照明，在展示商品、烘托环境氛围中作用显著。厅内的选材用色也均应从突出商品，激发购物欲望这一主题来考虑，良好的空调，特别是通风换气，对改善营业厅的环境极为重要。鉴于我国目前许多商场营业厅面积过大，人员过于密集，采取全封闭式的空调系统，造成譬如在"非典"时期无人前往购物，使营业额急剧下降的情况，说明必须建立符合卫生标准的自然通风系统为主的购物场所，对营业厅布局进行彻底改革，这也有利于预防突发性的人为或自然灾害。

（5）营业厅内应使顾客动线流畅，营业员服务方便，防火分区明确，通道、出入口通畅，并均应符合安全疏散的规范要求。

（6）要重视特殊人群的无障碍设计。这些特殊人群包括老年人、小孩子、病人、残疾人、孕妇等，他们在商业场所内的活动比普通人特殊，因此，需要格外重视。

从商业建筑室内设计的整体质量考虑，美国商店规划设计师协会（ISP）提出了对商店室内设计评价的五项标准，即：

商店规划——铺面规划、经营及经济效益分析，客源客流分析等。

视觉推销功能——以企业形象系统设计（CIS）、视觉设计（VI）等手段促进商品推销。

照明设计——商店所选照明光源、照度、色温、显色指数、灯具造型等。

造型艺术——商店整体艺术风格，店面、橱窗、室内各界面、道具、标识等的造型设计。

创新意识——整体设计中所具有的创新。

2. 营业空间的空间与动线组织

营业空间的空间组织涉及层高、承重墙间距、柱网间距等建筑结构因素。在总体平面布局时要综合考虑柱网布置、主要出入口位置、中庭设置以及楼梯、升降梯、扶梯等垂直交通的位置。营业空间的二次划分则是通过顶棚的吊置、货架、陈列柜、展台等道具的分隔来完成，也可以采用隔断、摆放休息椅、绿化等方法进行空间的组织与划分。

顾客通行和购物动线的组织，对营业厅的整体布局、商品展示、视觉感受、通达安全等都极为重要，顾客动线组织应着重考虑以下几点：

（1）商店出入口的位置、数量和宽度以及通道、楼梯的数量和宽度，首先均应满足防火安全疏散的要求，出入口与垂直交通之间的相互位置和联系流线，对客流的动线组织起决定作用。

（2）通畅地浏览及到达拟选购的商品柜，尽可能避免单向折返与死角，并能迅速安全地进出和疏散。

（3）顾客动线通过的通道与人流交汇停留处，从通行过程和稍事停顿的活动特点考虑，应细致筹措商品展示、信息传递的最佳展示布置方案。

（4）通道在满足防火安全疏散的前提下，还应根据客流量及柜面布置方式确定最小宽度，较大型的营业厅应区分主、次通道，通道与出入口、楼梯、电梯及自动梯连接处，应适当留有停留面积，以利顾客的停留、周转。

（5）许多超市均设有顾客自助存物柜或物件寄存处，顾客先把自己带来的物品存放后再进入购物场所，购物毕，结账后走出购物场所，再取回存放的物品。许多超市出入口距离很长，物品寄存处布置不当，存取物品来回走动，费时费力，也易造成混乱，因此，超市的出入口和物品寄存处三者位置关系十分重要，在组织动线时应予注意。

3. 营业空间的柜面布置

营业空间的柜面布置通常由商品的特点和经营方式所决定。一般首饰等贵重物品多采用闭架的经营方式，服装、鞋帽等需要近距离接触的商品多采用开架的经营方式。药品、音像制品等则经常采用半开架的经营方式，大型综合商场一般采用上述几种经营方式的组合布置。售货柜台和陈列货架是柜面布置的主体，此外销售现场还要考虑收款台、新款商品展示台、问讯台等服务性柜台的布置，柜台与货架的基本布置方式主要有顺墙布置、岛式布置、斜向布置及综合布置等，实际应用时要尽可能充分发挥柜架的利用率。

柜面布置应使顾客流动畅通，便于浏览和选购商品，柜台和货架的尺寸以及它们之间的距离要遵照顾客和营业员的人体尺度、动作域、有效视高和交流的最佳距离进行设计，保证营业员操作、服务时方便、省力，提高工作效率此外，在设计时要注意通过柜、架、展示台等道具的有序排列、造型创意、色彩质感来烘托和营造购物环境的气氛，引导顾客购物、消费。

4. 营业空间的照明设计和视觉引导

（1）营业空间的照明包括环境照明（也称基本照明）、局部照明（也称重点照明、补充照明）和装饰照明三部分。环境照明即给予营业环境以基本的照度，形成整体空间氛围，以满足通行、购物、销售等活动的基本光线需要，通常的做法是将光源较为均匀地设置于顶棚或上部空间，或者有节奏地布置在通道及侧界面附近。局部照明是在环境照明的基础上通过增加局部照度达到增加展示商品的吸引力、提高挑选商品时的审视照度的目的，通常采用投射灯、内藏式光源直接照明或便于改变光源位置和方向的导轨灯作为局部照明方式。装饰照明是指为了营造个性化的商场环境，诱发顾客的购买动机而通过光源的色泽、灯具的造型以及与营业空间室内装饰的有机结合来实现装饰效果的做法，通常可采用彩灯、霓虹灯、光导灯、发光壁面等设施满足装饰照明的要求。

（2）从顾客进入营业厅的第一印象开始，设计者需要从顾客动线的进程、停留、转折等处考虑视觉引导，并从视觉构图中心选择最佳景点，设置商品展示台、陈列柜或商品信息标牌等。

营业空间内的视觉传达内容主要包括两大类：

①形象性视传内容，即商场标志以及标准字、标准色、企业服务口号在营业厅设计中的重复使用。这类视传内容对树立商场形象和展示商场文化内涵起着非常重要的作用。

②指示性视传内容，这类视传内容大多为介绍商场近期信息、指示营业厅层次区域分布、标明柜组经营商品门类、标明房间使用名称、指引通路方向等等。这两类视传内容的表现形式都应根据商场的内环境设计风格进行整体构思和统一设计，在用色、选材、字体等方面要较为醒目和易于辨认，有时还应与适当的照明相结合实现突出环境氛围的作用。

商店营业厅内视觉引导的方法与目的主要为：

①通过营业厅地面、顶棚、墙面等各界面的材质、线型、色彩、图案的配置，引导顾客

的视线。

②采用系列照明灯具、光色的不同色温、光带标志等设施手段，进行视觉引导。

③通过柜架、展示设施等的空间划分，作为视觉引导的手段，引导顾客动线方向并使顾客视线注视商品的重点展示台与陈列处。

④视觉引导运用的空间划分、界面处理、设施布置等手段的目的，最终是烘托和突出商品，创造良好的购物环境，即通过上述各种手段，引导顾客的视线，使之注视相应的商品及展示路线与信息，以诱导和激发顾客的购物意愿。

二、商场内针对特殊人群的无障碍设计

（一）老人、儿童或身心有障碍的残疾人的使用障碍

一般情况下，空间设计都是以正常人为基准来制定设计原则的，而无障碍设计则是主要针对老人、儿童和身心有障碍的残疾人，其中包含许多特殊的设计要求。下面我们就来看一下生活中这些人群都有哪些方面的使用障碍，同时也能为我们在商业空间的设计中提供参考价值。

1. 行动障碍

残疾人因为身体器官一部分或某些部分的残缺，其肢体活动存在不同程度的障碍。因此，能否确保残疾人在水平方向和垂直方向的行动（包括行走及辅助器具的运用等）都能自如且安全，就成为无障碍设计的主要内容之一。在这方面碰到困难最多的肢体残疾人有：

（1）步行困难者。步行困难者是指那些行走起来困难或者有危险的人，他们行走时需要依靠拐杖、平衡器或其他辅助装置。大多数行动不便的高龄老人、一时的残疾者、戴假肢者都属于这一类。不平坦的地面、松动的地面、光滑的地面、积水的地面、旋转门、弹簧门、窄小的走道和入口、没有安全抓杆的洗手间等都会给他们带来困难。他们的攀登动作也有一定的困难，因此没有扶手的台阶、踏步较高的台阶及坡度较陡的坡道，对步行困难者往往也构成了障碍。

（2）上肢残疾者。上肢残疾者是指一只手或者两只手以及手臂功能有障碍的人。他们的手的活动范围及握力小于普通人，难以完成各种精巧的动作，灵活性和持续力差，很难完成双手并用的动作。他们常常会碰到栏杆、门把手的形状不合适，各种设备的细微调节发生困难，高处的东西不好取等种种行动障碍。

（3）轮椅使用者。在现有的生活环境中，服务台、营业台以及公用电话等，它们的高度往往不适合乘轮椅者使用；小型电梯、狭窄的出入口或走廊给乘轮椅者的使用和通行带来困难；大多数旅馆没有方便乘轮椅者使用的客房；影剧院和体育场馆没有乘轮椅者观看的席位；很多公共场所的洗手间没有安全抓杆和轮椅专用厕位等等，这些都是轮椅使用者会碰到的障碍。此外，台阶、陡坡、长毛地毯、凹凸不平的地面等也都会给轮椅通行带来麻烦。

除了肢体残疾人之外，视力残疾者同样面临很多障碍。对于视力残疾者来说，柱子、墙壁上不必要的凸出物和地面上急剧的高低变化都是危险的，应予以避免。总之，空间中不可预见的突然变化，对于残疾人来说，都是比较危险的障碍。

上述行动不便者一般都需要借助手动轮椅或电动轮椅来完成行走，有些则需要借助手杖、

拐杖、助行架行走。

2. 交换信息障碍

这一类障碍主要出现在听觉和语言障碍的人群中。除了在噪声很大的情况下，完全丧失听觉的人为数不多。大多数听觉和语言障碍者利用辅助手段可以听见声音，此外还可以用哑语或文字等手段进行信息传递。但是，在出现灾害的情况下，信息就难以传达了。在发生紧急情况下，警报器对于听觉障碍者是无效的，只能通过点灭式的视觉信号传递信息。

3. 定位障碍

在空间中的准确定位将有助于引导人们的行动，而定位不仅要能感知环境信息，而且还要能对这些信息加以综合分析，从而得出结论并作出判断。视觉残疾、听力残疾以及智力残疾中的弱智或某种辨识障碍都会导致残疾人缺乏或丧失方向感、空间感或辨认房间名称和指示牌的能力。

（二）商业空间无障碍标识设计

1. 无障碍标识设计的设计要求

（1）无障碍标识的多样性。对可能发生危险的提示，也包括商场疏散路线及避险场所的指示。为保证所有人的安全，安全信息标识形式应包括三种：视觉化信息、听觉化信息、触觉化信息。

（2）无障碍标识设施的完备性。无障碍标识设施本身要安装稳定，造型避免尖角，同时考虑结构的合理性，避免漏电等事故的发生；无障碍标识所指示的内容应表达准确、完整、精练、醒目；无障碍标识设施应符合人机工程学的基本原理，如高度要遵循观看者的视觉高度、标识信息内容的排列应尊重"眼睛沿水平方向扫视比沿竖直方向扫视速度快且不易疲劳"的规律。

（3）无障碍标识设计要照顾到不认识汉字的外国人和不识字的老人、儿童等。

2. 无障碍标识的细部设计

无障碍标示设计应该考虑的不仅包括视力正常的老年人、小孩儿等身体活动能力弱的人群，还应该考虑到视力有障碍的人群，如盲人、弱视者和视觉残疾者等。所以，针对各种各样的人群，我们在无障碍标示中可以作如下设计：

（1）可见的符号标志。给弱视的人提供信息，可以采用可见的符号标志，如公共建筑中的层数、房间名称、安全出口、危险区域界线等，这些符号标志对于视力正常的人也是需要的。只是要注意到弱视者的限制，对文字、图案的大小、对比度、亮度、色彩予以适当地调整。标志的位置一般在 2000mm 以上，以免拥挤的时候被人流挡住视线。如图 8-6-1 所示，就是一些常见的无障碍符号标志。

（2）盲文与图案。利用盲人能够摸清的盲文和图案来区分空间的用途，如房间名称，盥洗室、问询处的指向牌，走廊的方向，房间的出入口所在地等等。文字与图案凸出高度应在 5mm 左右，设置高度在离地面 1200~1600mm 之间，使盲人得到一个明确的信息。此外，可以在楼梯、坡道、走廊等处的扶手端部设置盲文，表示所在位置和明确踏步数，让视力残疾者做到心中有数，避免踏空的危险。

（3）发声标志。声音能够帮助视觉残疾者辨别环境特点，确定所在的位置。从直接声、反射声、共鸣声、绕射声等的大小和方向，视觉残疾者能够知道障碍物的距离和大小。所以设计师可以在室内环境中有意识地布置声源来引导视残者。

（4）触摸式平面图。建筑物的出入口附近，若能设置表达建筑内部空间划分情况的触摸式平面图（盲文平面图），视觉障碍者就比较容易确定自己的位置，也可以弄清楚要去的地方。如能同时安装发声装置就更好了。无障碍图标如图8－6－1所示。

图8－6－1 无障碍图标

（三）商场无障碍交通系统设计研究

商场交通空间无障碍设施具有连续性。人在商场中购物，是一个连续性的、无间断的行为过程。要保证残疾人和老年人安全、便捷地购物，商场的无障碍设计必须涉及购物过程的每一环节。

首先是商场外的停车场、公交站要作无障碍设计，来保证残疾人和老年人能够从城市的其他地方顺利到达商场。而且，对于老年人和行动不便的残疾人来说，地面的交通情况对他们的行动影响很大，所以，在商场附近的地面，从交通路线来说，应适当增加水平交通，采取人、车分流的形式。

其次是商场的入口，可设计成无高差变化的无障碍入口或在合适的地方设置无障碍坡道。

台阶在空间中到处可见，但是对于乘坐轮椅的人来说，哪怕是一级台阶的高差也会给他们的行动造成极大的障碍。为了避免这一问题，很多空间中设置了坡道。坡道不仅对坐轮椅的人适用，而且对于高龄者以及推婴儿车的母亲来说也十分方便。

坐轮椅者靠自己的力量沿着坡道上升时需要相当大的腕力。下坡时，变成前倾的姿态，如果不习惯的话，会产生一种恐惧感而无法沿着坡道下降，还会因为速度过快而发生与墙壁冲撞甚至翻倒的危险。因此，坡道纵断面的坡度最好在1/14（高度和长度之比）以下，一般也应该在1/12以下。坡道的横断面不宜有坡度，如果有坡度的话，轮椅会偏向低处滑去，给直行带来困难。同样的道理，螺旋形、曲线型的坡道不利于轮椅通过，应尽量避免。

按照无障碍建筑设计规范中的要求，在较长的坡道上每隔9m左右就应该设置一处休息空间，以策安全。轮椅在坡道途中做回转也是非常困难的事情，在转弯处也需要设置水平的停留空间。坡道的上下端也需要设置加速、休息、前方安全确认等功能空间。这些停留空间必须满足轮椅的回转要求，因此最小尺寸为 1500mm × 1500mm。当停留空间与房间出入口直接连接时，还需要增加开关门的必要面积。

在没有侧墙的情况下，为了防止轮椅的车轮滑出或步行困难者的拐杖滑落，应该在坡道的地面两侧设置高 50mm 以上的坡道安全挡台。

再有，商场内的交通空间，水平交通通道应在宽度、地面材质等方面考虑残疾人和老年人的使用要求，垂直交通空间应设置无障碍直梯。

大部分公共建筑的入口大厅地面往往采用磨光材质，这样会造成使用拐杖的残疾人行走困难，下雨天地面被弄湿后就更容易打滑。因此，最好是采用弄湿后也不容易打滑的材料，如塑胶地板、卷材等。如图 8-6-2 所示是郑州某商场出入口的地面设置，不易打滑，便于行人安全活动。在走廊和通道地面材料的选择上，也应该使用不易打滑、行人或轮椅翻倒时不会造成很大冲击的地面材料。当在商业空间的地面使用地毯时，以满铺为好，面层与基层也应固结，防止起翘皱折，还要避免因为地毯边缘的损坏而引起的通行障碍或危险，而且其表面应该与其他材料保持同一水平高度。另外，表层较厚的地毯，对靠步行器、轮椅和拐杖行走的人们来说，会导致行走不便或引起绊脚等危险，应慎重选择。此外，在商场周围的地面，要减少卵石、片石等容易产生较大摩擦力的材料的使用。

另外，对于使用轮椅的残疾人来说，普通的楼梯和手扶电梯都很不方便，因此，商场内应合理地设置一些无障碍直梯，这样也能有效分散人流，对维持商场内的交通有一定的好处。其次，还应该考虑电梯的细节设置。残疾人一般动作都比较缓慢，因此，电梯门的开闭速度也需要适当放慢，开放时间需要适当延长。警报按钮和紧急电话等在设置时也要考虑到轮椅使用者的操作方便，应该设在他们手能够够得着的地方。电梯轿厢内三面都应设置高 850mm 的扶手，且要易于抓握，安全坚固。

图 8-6-2　郑州某商场出入口

（四）大型购物环境无障碍辅助空间设计

1. 特殊人群的卫生间设计

一般情况下，在商场都有为特殊人群专门设置的坐便器，从轮椅移坐到便器座面上，一般是从轮椅的侧面或前方进行的。为了完成这一动作，便器的两侧需要附加扶手，并确保厕位内有足够的轮椅回转空间，一般设置为直径 1500mm 左右。当然这样一来，就需要相当宽敞的空间，如果不能够保证有这么大的空间，就应该考虑在轮椅能够移动的最小净宽900mm的厕位两侧或一侧安装扶手，这样轮椅使用者能够从轮椅的前方移坐到便器座面上。这一措施对于步行困难的人也十分方便。为了更好地服务于顾客，商场内应该在设计特殊人群专用厕位时，应该注意以下内容：

（1）厕位的出入口。厕位的出入口需要保证轮椅使用者能够通行的净宽，不能设置有高差的台阶。厕位的门最好采用轮椅使用者容易操作的形式。横拉门、折叠门、外向开门都可以。如果是开关插销的形式，需要考虑上肢行动不自由的人能够方便地使用，并在关闭时显示"正在使用"的标志。

（2）坐便器。坐便器的高度最好在420~450mm。当轮椅的座高与坐便器同高时，较易移动，所以在座便器上加上辅助座板会使利用者更加方便，同时还能起到增加坐便器高度的作用。轮椅使用者最好采用坐便器靠墙或者底部凹进去的形式，这样可以避免与轮椅脚踏板发生碰撞。如图8-6-3（a）所示，是从各个角度考虑设计的座便器图样，贴心合理的设计为特殊人群提供了方便。

（3）扶手。因为残疾人全身的重量都有可能靠压在扶手上，所以扶手的安装一定要坚固。水平扶手的高度与轮椅扶手同高是最为合理的；竖向扶手是供步行困难者站立时使用的。地面固定式扶手需要考虑不妨碍轮椅脚踏板移动的位置和形式。扶手的直径通常为320~380mm。

（4）冲洗装置和卫生纸放置。冲水的开关要考虑安装在使用者坐在坐便器上也能伸手够到的位置，同时还应采用方便上肢行动困难的使用者使用的形式，有时可以设置脚踏式冲水开关。卫生纸应该放在坐便器上可以伸手够到的地方，最好放在坐便器的左侧或者右侧。

（5）紧急电铃。紧急电铃应设在人坐在坐便器上手能够到的位置，或者摔倒在地面上也能操作的位置。另外最好可以采用厕位门被关上一定时间后，能自动报告发生事态的系统，以保证残疾人的使用安全。

（6）冲洗装置与地面材料。为了使上肢行动不便的使用者也容易操作，最好使用按压式、感应式等自动冲洗装置。小便器周围很容易弄脏，地面要可以用水冲洗，要设排水坡度和排水沟等。同时，也要注意材料的防滑。如图8-6-3（b）所示，就是常见的小便器的形式，在旁边设置把手，更方便特殊人群使用。

2. 无障碍休息区设计

特殊人群，如老年人、儿童、残疾人等，在公共场所中，很容易出现身体疲劳等各种特殊情况，为了提供便利以及保证顾客的健康和安全，商场内基本上都会设置一些无障碍休息区，里面会提供一些饮水机、休息座椅等。

座遮、凳子是基本的座位形式，除此之外还应该积极发展其他的辅助座位形式，在设置休息娱乐设施时，应当考虑"座席景观"。"座席景观"是多功能的小品。例如既作为景观点，又作为纪念雕塑的宽大台阶、带有宽敞梯级基座的喷泉，或者其他设计来同时用于一个以上目的的大型空间小品。它们可以产生更多有趣的要素，并且使人们能更加多样化地使用空间。尤其对于这些特殊人群来说，既能够使他们得到休息，还能使其身心愉悦，达到休息的目的。

这些设施不仅适合那些特殊人群，对于普通人也是非常适用的。但对于老年人来说，这些基础设施还远远不够，基于对他们身体的特殊性考虑，在进行公共的商业空间设计时，应该丰富其设施的种类，如针对老年人的老花镜、急救药等。甚至，在有些大型商场还可以设置一些紧急医疗室，为突发疾病的人营造一定的安全保障。

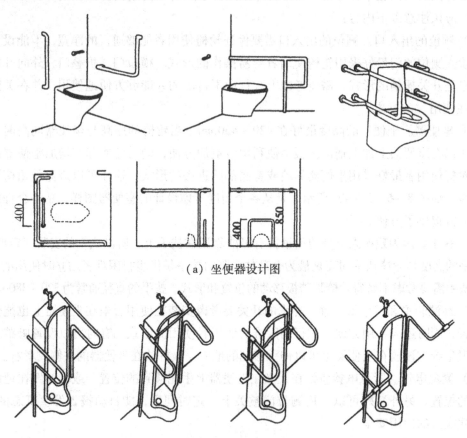

（a）坐便器设计图

（b）男用小便器扶手形式

图 8-6-3　特殊人群卫生间设计图

第九章　室内设计的历史与发展趋势探究

进入 20 世纪 90 年代以来，不仅室内设计行业的更新速度突飞猛进，旧的世界格局仿佛在一瞬间崩溃，全球的文化格局也发生了翻天覆地的变化。接下来就让我们回顾历史的潮流，跟随着时代前进的步伐，一起领略建筑设计和室内设计的崛起。同时，眺望未来的发展趋势，在设计实践中不断探索和拓展室内设计的新视界。

第一节　室内设计的历史概况

一、人类早期的文明与室内设计艺术

人类的进化，始于懂得制造和使用工具。约公元前 18000 年，人类进入旧石器时代末期或中石器时代，就有对工具进行改进的经验，使人类出现了最初的设计意识和最早的审美体验：以家族血缘为核心群居的人类，开始利用兽类的骨和皮毛、木和植物来构筑自己的住所。约公元前 8000 年到公元前 4000 年以后，人类经历了新石器时代。农耕文化伴随着原始的农业聚落，最早于两河流域源头地区的安纳托利亚高原和扎格罗斯山脉出现。人类从密林里迁出，直面苍穹，对神秘宇宙的敬畏化为对上天神灵的信念，占据人心。石构与土筑的纪念性景观成为建筑文化的代表。公元前 3000 年，人类进入了青铜时代，随着阶级社会渐渐形成，地域关系代替了血缘关系，公共的建筑活动也开始兴起了。美索不达米亚地区已经有了独立的城邦国家。这时的早期建筑有了相当的规模。苏美尔人在乌尔城用土坯建造了住宅、塔庙与供奉月亮神的神殿。

在尼罗河流域，河水周期性的泛滥形成了平原和沼泽地。人们在这里定居下来，过着农耕的生活。埃及是世界上历史悠久的文明古国，在那里产生了人类第一批巨大的纪念性建筑物。埃及最杰出的建筑物是统治者法老的宫殿和陵墓。与法老们至高无上的权力，以及他们所代表的永恒精神相对应，这些建筑以超凡的尺度追求震慑人心的效果。古代埃及的金字塔、神庙及方尖碑，其尺度的宏大与几何形体的简单，令人惊叹。宫殿与神庙的柱子上，刻着精美的雕刻，柱头是经过雕刻的花叶或棕榈叶的形式。

石材是埃及用于达成建筑效果的材料，也是其主要的自然资源。公元前 4000 年人们就会用光滑的大块花岗石板铺地面。公元前 3000 年，法老的陵墓和神庙就是用石材建造，古埃及人还以异常精湛的手艺，用石头制造生产工具、家具、器皿，甚至极其细致的装饰品。

金字塔是古埃及法老的陵墓。金字塔的建筑形制来源于古埃及对人死后必须妥善保存遗

体的宗教信仰。埃及人因此极重视墓葬建筑的牢固。在埃及文明初期早王朝时代已有马斯塔巴墓之建造。此种墓的墓穴置于地下，地面以砖石砌筑长条平台式的墓室。后来，感到单层平台不足以显示其牢固性，遂发展为多层平台，形成阶梯形金字塔。最古老的阶梯金字塔昭赛尔金字塔，建造于公元前约 2700 年左右，金字塔共 6 层，高达 60 米，如图 9－1－1（a）所示。到第四王朝古王国时代，又将阶梯形塔用石块添补，形成方锥体，金字塔的形制遂告形成。第四王朝时期金字塔建造进入了全盛期，其艺术表现力主要体现于外部形象。公元前 2550 年，在三角洲的吉萨建造了三座大金字塔，是古埃及金字塔最成熟的标志，吉萨金字塔是最大的金字塔。三座金字塔全部是正方锥体，互相以对角线相接，建筑群的轮廓参差却统一，如图 9－1－1（b）所示。在单调浩瀚的沙漠环境中，宏大、单纯的金字塔仿佛人工堆砌的巨大山岩，在碧空与黄沙之间展示着磅礴的气势和原始的美感。旁边的狮身人面像，高约 20 米，除前爪以粗石堆砌外，全身以整块山岩刻成，它浑圆的头颅和躯体，却又同金字塔的方锥形产生强烈的对比，如图 9－1－1（c）所示。整个建筑群富于变化，却也更加完整。古王国以后，金字塔的建造逐渐衰落。

（a）埃及第一座金字塔　　　　　　　　（b）吉萨方椎体金字塔

（c）吉萨狮身人面像

图 9－1－1　埃及金字塔

随着奴隶社会的发展和氏族公社的解体，皇帝专制制度强化了，相应地，中王国时期，太阳神在精神上取得了统治地位。到新王国时期，太阳神庙就代替陵墓成为皇帝崇拜的纪念性建筑物，在这一时期占据了重要地位。神庙建筑艺术已经全部从外部形象转到内部空间，已经从宽阔雄伟的纪念意义转到了创造一种神秘和压抑的气氛，反而失去了金字塔那种固有的混沌未凿的壮阔之美。这时期的国家，由于崇拜天神，在庙宇、宫殿中都要建造"天塔"观星台，有些高达数十米，塔旁边建有僧侣们祈祷或进行其他宗教仪式的庙宇，这种建筑风格对古希腊早期建筑风格的形成产生了很大的影响。此时期的建筑外部环境处理，已经有了比较明显的美学观念：对称、中轴式的规划布局，使建筑坐落于高台阶上，是常用的形式，而周边广场的落差更使神庙具有至高无上的尊严。

二、中国古代的环境艺术和设计思潮

（一）中国古代建筑艺术的发展

说到中国古代的建筑艺术的发展，我们就以中国历史上朝代的演变过程为主线来进行讨论分析。

（1）古代中国最早的建筑和环境，可以追溯到公元前6000年黄河流域的仰韶文化，也称半坡文化，主要是半地下的穴居式建筑。在地面掘出深约1米左右的方形或圆形浅坑，坑内用二至四根立柱支承屋架，并用树枝及茅草绑扎成斜坡的屋顶，上面用泥土涂抹。斜坡的入口门道上建两坡屋顶，如图9－12（a）所示。室内的中央有一个火塘。而大约同一时期，在江南的河姆渡文化，则采用把房屋架离地面的干阑式建筑，出现了相当成熟的木构榫卯，为以木结构为主的中国建筑奠定了坚实的基础，如图9－12（b）所示。

（a）半坡原始房屋复原示意图　　　（b）河姆渡新石器文化遗址的木构榫卯

图9－1－2　半坡文化和河姆渡文化遗址

（2）商代的青铜器工艺的发展，使建筑技术水平有了明显的提高。公元前11世纪的西周，瓦的发明成为此时期建筑的突出成就，而等级制度下的建筑物以及城区道路都得到了发展。战国时期，铁制工具——斧、锯、锥、凿的应用，大大提高了木构建筑的施工质量和结构技术。装修用的砖，筒瓦和板瓦在宫殿建筑上得到广泛使用。汉代社会生产力的发展促成了中国古代建筑史上又一个繁荣时期。作为中国木构建筑标志之一的斗拱，在汉代已经普遍使用。斗拱向外挑出以承托屋檐，使屋檐可以伸出到足够的宽度，用来保护土墙、木构架和房屋的基础。此时，随着木架建筑渐趋成熟，砖石建筑和拱形结构也有了发展。东汉的石建筑得到了突飞猛进的发展，表现在石墓，用砖拱可以建造规模巨大的墓室，在岩石上开凿岩墓，或利用石材砌筑梁板式墓或拱券式墓（如图9－1－3）。

（3）从东汉末年经三国、两晋到南北朝，佛教的传入催生了佛教建筑。高层佛塔出现了，并带来了印度、中亚一带的雕刻和绘画艺术。这个时期最突出的建筑类型是佛寺、佛塔和石窟。佛塔本是为埋藏舍利（释迦牟尼遗骨）供佛教徒礼拜而作，传到中国后，形制缩小并和中国东汉时期已有的多层木构楼阁相结合，形成了中国式的木塔。公元516年所建的洛阳永宁寺塔是当时最宏伟的一座木塔，外形呈方形，九层。除了木塔以外，还有砖塔、石塔。现存北魏时所建造的河南登封嵩岳寺砖塔，是中国最早的砖佛塔。山西大同的善化寺是我国保存最完整，规模最大的佛寺。佛寺成南北布局，自南往北依次为照壁、山门、三圣殿、大雄宝殿，与东西的廊庭一起，构成分进院落式空间，成为我国寺院布局的典型形式，并影响着后世的建筑风格。

图 9 - 1 - 3　东汉砖墓

（4）隋、唐至宋是中国古代建筑的成熟期。在城市建设、木架建筑、砖石建筑、建筑装饰、设计和施工技术方面都有很大发展。隋代给后人留下了著名的河北赵州桥、山东历城神通寺四门塔和房山区云居寺石塔。唐朝的强盛，使中国的建筑技术和艺术达到了封建社会的顶峰，唐都长安规模宏大，有着严整的城市总体规划。

（a）唐代斗拱结构　　　　　　　　（b）宋代斗拱结构

图 9 - 1 - 4　唐宋时期的建筑结构图

（5）宋代建筑从唐代的豪迈转向细腻、纤巧，着力于建筑细部的刻画，尤其装修和装饰更着重于细致局部的处理。宋代的斗拱作为梁柱交接的节点，随着使用部位的不同，斗拱的功能具有不同的作用（如图 9 - 1 - 4）。

两宋商业和手工业的发达，使建筑水平达到了新的高度。建筑群的组合，在总平面上加强了进深方向的空间层次，以便衬托出主体建筑。特别要指出的是，建筑装修与建筑的色彩有很大发展。建筑多采用格子门窗、阑槛钩窗，改进了采光条件，增加了装饰效果。天花藻井装修风格和技巧上也日益追求精细。这时期也是园林建筑的兴盛时期，建造了大量宫殿园林和私家园林。

（6）辽代、金、元时期的建筑吸取了唐代北方的做法，斗拱的功效样式各不相同，许多佛塔采用砖砌的密檐塔，上部为一层层屋檐，下部有一段高高的塔身和基座，外观极力模仿木建筑（如图 9 - 1 - 5）。

图9-1-5 元代时期的斗拱结构

（7）明代是中国讲究风水术的鼎盛时期，各种风水理论书籍纷纷问世。此时的风水术涉及建筑的住宅、墓葬、寺院、村落、城镇等各个方面，建筑选址的理想模式是：枕山、环水、面屏，即选择的基宅后面必须有山作依托，中间有水流穿过，基宅前面有较小的山作为屏障。明代作为建筑装饰材料的砖普遍用于民居，彩色琉璃面砖、琉璃瓦应用广泛。木结构经过元代的简化，到明代形成了新的定型的木构架。柱头上的斗拱不再起重要的结构作用。

（8）清代在园林建筑、佛教建筑、民居建筑三方面的数量和质量达到了封建社会的极盛，同时更加讲究建筑总体的布局和艺术意境的处理。各种住宅造型别致，在装饰艺术方面更有卓越的表现。各民族建筑之间也取长补短，相互交流。清代建筑总量比任何历史朝代都要多。此时木材资源开始匮乏，于是对传统木构架进行了改造，又增加了砖石材料的应用范围。一般质量较好的民居大部分改用砖作为围护的墙体材料，采用砖石承重或砖木混合结构的建筑增多了。建筑门窗类型明显加多，而且门窗棂格图案更加繁杂。清代的建筑彩画式样丰富多彩，分别画在不同建筑的不同部位上，使建筑外观呈现出绚丽辉煌、多彩多姿的艺术效果（如图9-1-6）。

图9-1-6 清代殿宇檐廊上的彩画

（二）古代中国的造园

中国的造园史可以追溯到西周时期。秦时在渭水之南建了建林苑。自此，在苑内以人工方式营建园林，成为后世帝王宫苑的一种模式。魏晋南北朝时期治园之风盛行，建园的理念由原来的注重自然美的欣赏，发展为在园林的规划建造中更多地注入了象征、意念的因素。隋炀帝在洛阳建造的西苑，是一个以人工山水为主的园林，方圆百余里，地形起伏多变。又以洛水为源，大规模地引入了水景。这种方法成为后来帝王御园和江南地主私苑的一贯做法。中国的园林有皇家和私家两大派系。皇家园林的代表是北京的北海、颐和园和昆明湖，私家园林的代表当推苏州的怡园、拙政园、留园、网狮园，如图9-1-7所示。它们不同于西方园林的几何图案，中国古代园林以人造自然景观为主，体现着浓厚的东方文化色彩。

图9-1-7 苏州园林

（三）古代中国的城市设计与建筑艺术观

古代中国人在城市布局与建筑组群方面，发展了两种不同的艺术风格，一种平直方正，一种因山就势，迂回曲折。

纵观中国历代都城，如三国曹魏邺城，北魏洛阳，隋唐长安与洛阳，北宋汴梁，元代大都及明清北京紫禁城等，都是比较规整、严谨的城市格局。明清时的一些北方州城与县城，也都具有整齐划一的空间布局特征。

春秋时，齐相管仲在《管子》中，记载了他的城市建筑观："凡立国都，非于大山之下，必于广川之上。高毋近旱而水用足，下毋近水而沟防省。因天时，就地利。故城郭不必中规矩，道路不必中准绳。"这是一种因山就势，因地制宜，顺其自然的建筑与城市规划布局思想。这种建筑与城市设计思想，在后世的城市建设中也有继承与发展。南北朝时的江南建康城，便以迂回曲折，不可一眼望穿的风格，为后人称道。

当然，在中国，"营国"的思想毕竟是主体，从汉代长安城到唐代长安城，到元大都（北京）的发展过程实际上代表着中国宫廷建筑的规划和建筑风格的脉络。壮观的元大都成为明清皇宫的基础。如图9-1-8所示，是北京的故宫紫禁城，它是国内现存规模最大，保存得最完整的宫殿建筑群，是根据我国传统的"营国"制度一天安门是皇城之门，下一重门是端门，接下来是午门，进了午门就叫紫禁城，是皇宫的中心。在一条长长的南北向中轴线上，有"前三殿"和"后三殿"。前三殿为太和殿、中和殿、保和殿，是皇帝上朝的地方。后三殿，即乾清宫、交泰殿和坤宁宫，为帝后居住的地方。坤宁宫后面是御花园。

在单体建筑上，营造宫廷建筑，古代中国当然地追求了雄伟壮丽、气势恢宏的风格。后来古代中国人又发展了另外一种建筑思想，即"便生"与"适形"的思想。"便生"就是指为现世的人建造房屋。"适形"，就是将房屋的高低大小，控制在适当的规模。早在春秋时代，人们已经提出，台的高度足以避润湿，墙的高度足以别男女之礼，室的大小足以御风寒，就可以了。建筑的高度与大小，只要能够满足基本的生活需求就可以了，不必追求形体的高大与空间的深邃。其核心点是要使建筑体现一种与人的尺度相接近的、宜人的"适形"观念。这样一种建筑思想，贯穿中国历史数千年，这或许就是在中国古代，没有发展如古埃及金字塔和神庙，或是欧洲中世纪教堂那样大体量、大尺度建筑的原因所在。

图9-1-8 紫禁城

三、西方文明发展下的环境艺术和设计历史

(一) 现代主义之前的形式化运动

1. 新艺术运动

"新艺术运动"发生在19世纪20世纪之交，由于西欧各国和美国都进入经济高速发展阶段，而且工业化引发关于居住、生产、商务、娱乐等新城市面临的亟待解决的新问题。随着东方、非洲及美洲古文明带来的对艺术的新的理解，欧美在对传统形式颠覆的过程中也形成对新形式的探索。

"新艺术运动"的形式语言在欧洲不同国家显示出不同的流派特点，不过这场涉及领域极为广泛的运动，拥有统一的主题——反古典，创造新形式以满足社会进步的需求。英国"艺术与手工艺运动"的设计灵感——取法自然，被沿用并发展到极致。自然语汇的夸张、抽象，被大量的艺术家和设计师以极大的热情融入开创新世纪设计面貌的设计中，催生了像维也纳"分离派"、比利时"先锋派"、德国"青年风格"、巴黎"新艺术"、西班牙"高迪"、意大利"花月式"等等一系列设计改革的现象。

"新艺术运动"对后世的设计影响相当深，它执行和宣扬的反对复古、反对过度装饰、反对呆板的工业化制品的思想，确立了新的审美精神和价值观，使欧洲的建筑和设计真正走向新的可能。运动始自1895年左右的法国，随后蔓延到几乎全欧洲和美国，直到1910年左右被现代主义运动和"装饰艺术"运动取代。"新艺术运动"风格受新材料和加工技术的影响很大，常常采用钢铁材料创造浪漫轻巧的建筑构件，并在新公共建筑、商业建筑中很好地运用。"新艺术运动"的设计家创造新、奇、异的形式，也在抛弃矫饰上竭尽全力。总的来说，具有这样几大特征：

(1) 从自然主义和东方装饰绘画中吸取养分，表现自然主义的风格，夸张对自然生命的理解，常以植物纹样和曲线表达为明显特征，也有更为激进的抽象几何形式。

(2) 在结合新材料和工艺的同时，复兴优秀的工艺传统，注重艺术象征性和表现力。

（3）承上启下，对新形式的尝试抱有极大的热情，从思想意识上为 20 世纪初具有革命性的设计改革铺平了道路。

法国是"新艺术运动"的发源地，持续时间也最长。自 1895 年巴黎"新艺术之家"家具事务所创建之后，"现代之家"和"六人集团"等事务所和组织都致力于推广带有东方审美和自然主义审美的"新艺术"风格。1900 年巴黎世界博览会上向世界展示的家具和室内设计新艺术风格，引起了世界广泛的注意。"新艺术运动"从一开始，就带有将工业生产与艺术表现结合的思想，对家具设计家、平面设计家和室内设计家有很大的启发和引领作用，这些领域的不少设计师也受到来自企业家的鼓励和赞助。

2. 折衷主义与简约古典

在趋近现代的新设计思潮风起云涌之时，建筑其实依然充斥着对古典传统的模仿和复制。在 20 世纪初，各种可以借鉴的传统风格形成了大量的资料和储备，而"折衷主义"则是一种观念，是在多种来源的基础上选择最适合最好的风格或方法。因此"折衷主义"回避创新，整体上是落后倒退的。欧洲各国所谓"学院派"在这一时期大多采取保守的"折衷主义"观念，试图在新的社会发展条件下保持所谓优良的古典传统的严谨性和审美体验。随着"折衷主义"在各种公共建筑中的实施，了解传统各时期风格并能成功娴熟地运用于建筑室内的室内装饰设计师开始兴起，逐渐成为专门的行业。

第一次世界大战后，折衷主义逐渐向"简化古典"发展。由于模仿古典的复杂度已经令人产生厌倦感，而对古典所包含的象征性和严谨性又依然需求，因此古典的比例和严谨性被保留下来，而装饰被处理为简化的几何形语言。简约古典也常常借鉴或联系东方艺术装饰的特点，在国家经济薄弱或萧条时期尤其被认为是理想的形式。"简约古典"在美国的发展最为典型，这种风格很快被住宅建筑吸收，一般民众的室内运用"简约古典"的风格创造典雅和有品位的氛围，带有简约化的传统式样的家具和用品也同样得到推崇。新造的欧美公共建筑在 20 世纪 30 年代采用"简约古典"为主流风格，使"简约古典"几乎成为代表政府的官方风格。以现代建筑的抽象手法来表现传统形态，可以较为经济地展现具很强象征性的庄严空间和宏伟特征，在德国和前苏联的政治中都大量采用，显示出"简约古典"在表现沉重雄伟上，不亚于表现典雅明快的能力。

（二）早期现代主义设计

对于工业革命发生发展一个半世纪的欧洲，工业化给人们的生活带来的转变是巨大的。人类社会的生存状态天翻地覆的变化，最核心的影响是价值观和生活态度的转变。传统风格所代表的神性或社会上层的价值观，逐渐被一般民众的价值观替换，强调大众性、民主化的社会群体意识，在建筑和设计上更关注效率、便捷和实用，精良的工艺也可以通过现代建造方式达成。早期现代主义就是在这样的背景下，于 20 世纪第一个十年开始。

20 世纪初，社会发展问题和文化繁荣首先带来了一系列的艺术改革运动，被称为"现代艺术运动"，从价值观、思想内涵到表现形式上改变了艺术的内容。其中立体主义、未来主义、表现主义、构成主义和风格派包含的时代特性，对现代主义产生深刻的影响。对于客观对象的解析和抽象，并将组合规律化、体系化，提供了现代设计的思想和形式基础。其中荷兰"风格派"和俄罗斯"构成主义"是 20 世纪初早期现代主义运动的最重要分支。

"风格派"的室内和家具设计是现代主义建筑运动的杰出作品，极致简洁的几何造型和极致抽象的色彩（黑白灰加三原色）创造出的全新形象，一直影响到 21 世纪。

"构成主义"是俄国十月革命前后在一小批先进知识分子中产生的前卫艺术与设计运动，对工业文明、机械结构和现代工业材料的赞美和推崇，使他们创造出基于现代新材料新技术基础之上的想象理性结构。虽然大部分"构成主义"的理性想象都不能实现，但是其包含的结构思维和理性精神成为现代主义早期实践的最重要的思想组成部分。

20 世纪初，最具现代主义设计发展实质成效的是德国。"德意志制造同盟"的成立，大力推进了德国现代设计发展的进程。参与德国现代主义运动进程的最重要人物有前文提到凡·德·费尔德和彼得·贝伦斯，后者以简明、清晰、功能良好的设计全面树立德国设计全新的形象，影响巨大。贝伦斯设计的涡轮机工厂采用钢筋混凝土结构和部分幕墙结构，是当时欧洲最先进新颖的建筑作品，也树立了功能化、简洁明快的现代主义建筑品位。新的设计理念和思想直接影响了当时的年青设计家，包括后来成为现代主义大师的格罗皮乌斯、密斯·凡·德·罗和勒·柯布西埃等人，甚至影响到了早期现代主义的美国建筑师弗兰克·赖特。

早期现代主义建筑运动在技术层面主要指由新材料、新技术、新结构方式所带来的建筑的全新形式，在思想层面主要指意识形态上形成的几个新的核心观念，是围绕民主主义、精英主义、理想主义发展出来的为大众服务、为社会服务、功能主义的反传统意识的革命。现代主义室内设计风格具有与现代主义建筑的密切相关性，主要的形式特点有以下几点：

（1）注重空间的功能化布局，提倡排除纯装饰的简洁几何造型。

（2）以功能为设计的中心和目的，将科学性、方便性和经济高效纳入室内空间与家具设计。

（3）发展室内装修和家具标准化构件和组装方法。

（三）现代主义的传播

源于 20 世纪初的现代设计运动在"一战"和"二战"之间的艰难岁月里得到快速的发展，特别是在民主和社会理想较繁荣的部分国家，荷兰、斯堪的纳维亚、德国、奥地利和英国就广泛接受了现代主义设计的理念。现代主义设计以机械化、工业化、科技化、标准化为特征展开一系列设计革命，缔造了简约、明亮、高度功能化的室内空间，也大大促进了现代家具业的兴盛繁荣。

"二战"以后，现代主义的传播得到更广泛的支持，设计师们采用简约的语言追求理性和功能化，同时也希望能达到优雅。由于"二战"导致了军事工业的大力发展，刺激了科学技术的快速猛进，这些科研成果在"二战"后逐渐转化成为生活民用科技，大力推动了国民经济的发展。美国的室内设计和家具设计在这段时期出现许多创新尝试。来自欧洲的移民设计师，包括前文所说的格罗皮乌斯和密斯·凡·德·罗，都成为美国建筑发展新的重要力量。欧洲的现代主义理性思维与美国本土的有机自然主义倾向结合，产生关注人体使用舒适和现代制造方式结合的家具设计。人体工程学与胶合板、塑料材料、人造纤维等新型人造材料的研究同步发展，体现出现代家居功能、技术、美学的良好融合。

战前"现代主义运动"在战后发展成为"国际主义风格"，这是现代主义简约形式极端化发展的结果。从形式上看，这两场运动一脉相承，具有反装饰、功能化、理性化的特征，但从意识形态上来看，"国际主义"与"现代主义"却有很大的不同："现代主义"的理想是使社会大众受益，具有民主主义倾向和社会主义特征；而"国际主义"宣扬的鲜明的现代性和单纯的感观效果确实符合了新时代商业化发展的要求和特点，代表了美国企业的价值取向。

"国际主义"以密斯开创的极简而又造价很高的建筑风格征服世界、变为主流，作为一种时髦流行的样式形成控制性的发展，为了追求形式简约甚至可以违背功能，表现出对人文的冷漠和形式的单调。这种"国际主义"具有设计高效率的特点，也是它的势力得以快速扩张的原因之一。不过那些不太考虑设计效率的建筑室内，依然倾向采用结合"传统风格"的设计方法。对于酒店和住宅建筑而言，传统风格的典雅和细节具有的审美体验，还是具有很高的价值。"简约古典"在这一时期也有继续的发展，发展出典型的风格如"典雅主义"。另外还出现与现代主义密切相关的"粗野主义"、"有机功能主义"等风格，前者是运用不加装饰的钢筋混凝土以追求建筑的体量感和真实性；后者则是对斯堪的纳维亚地区现代主义传统的继承，关注环境的人文主义亲和力，常常采用有机形态的语言，在材质上也更加倾向自然材质。

（四）后现代设计

后现代作为一个特别的艺术运动和流派，触动了现代建筑和室内设计运动，尤其是在20世纪六七十年代变得日趋激烈，一直主宰着西方发达国家的艺术文化舞台，成为西方乃至世界主要的艺术文化景观。后现代的主要特征是为艺术而艺术，即艺术家们把艺术从社会生活与社会意识形态中剥离出来，把目光只集中到美学形式或自我情感表现手段自身。这种坚持为艺术而艺术自治的信念，最终把艺术目标的中心从再现和模仿显示转到对艺术形式本身的关注，专注于对新的形式、风格和模式的试验。其代表人物有：罗伯特·文图里、查尔斯·穆尔、菲利普·约翰逊等。

后现代设计还表现于对历史的借鉴，它将主要经典的样式结构用于室内和室外装饰设计上，复古的线条、三角装饰、立柱的装饰等无不体现出后现代设计风格。后现代主义强调建筑和室内设计的复杂性与矛盾性，反对简单化、模式化，讲究文脉，追求人情味；崇尚隐喻与象征手法；大胆运用装饰和色彩提倡多样化和多元化。

（五）解构主义

解构主义是从结构主义中演化而来的，其形式的实质是对于结构主义的破坏和分解，是对于正统原则与正统标准的否定与批判，是针对现代主义、国际主义的标准和原则。就是说解构主义用分解的观念，强调打碎、叠加、重组，从传统的功能与形式的对立统一关系转向两者叠加、交互与并立，用分解和组合的形式表现实践的延续性。解构主义的特征大致可概括为以下几点：

（1）艺术追求。刻意追求毫无关系的复杂性，无关联的片段与片段的叠加、重组，具有抽象的废墟般的形式和不和谐性。

（2）精神消极性。对一切既有的设计规则，热衷于肢解理论，打破了过去建筑结构重视力学原理的横平竖直稳定感、坚固感和秩序感。其建筑、室内设计作品给人以灾难感、危险感、悲剧感，使人觉得与建筑的基本功能相违背的感受。

（3）设计任意性。无中心、无场所、无约束，具有设计者因人而异的特点。

（4）设计语言。晦涩、片面强调设计作品的表意功能，因此作品设计者与观赏者之间难于沟通。

（六）新地域主义

新地域主义与现代主义的千篇一律相对立，它强调地方特色或民族特色设计创作倾向，强调乡土味道的民族化，在北欧、日本和第三世界国家和地区比较流行。其特点可归纳为以下几点：

（1）地域风格。在设计时，设计师发挥的自由度比较大，以反映某个地区的风格样式以及艺术特色为要旨。注意建筑、室内与当地风土人情的结合，表现出浓郁的乡土风味。

（2）布置艺术。室内陈列的艺术品要求体现当地特色和风情。

（3）就地取材。设计中尽量采用地方材料和当地的工艺做法，表现出因地制宜的设计特色。

第二节　21世纪的室内设计现状

21世纪的室内设计是对20世纪设计的继承和发展，人类生存问题的复杂化使21世纪的室内设计包含越来越深刻的环境意识、人文意识内涵，强调建筑与自然生态之间功能和谐关系的"环境派"、主张复兴旧城市功能亏活力的"新都市派"、强调信息时代高科技人性化的"智能派"等，在现代城市发展中都有很好的表现。

在21世纪室内设计新的发展概念中，有这样几个是不容忽视的：

（1）现代环境的绿色与生态概念。这类概念强调对环境负面影响尽可能小而获取利用自然的效益尽可能大的设计方式，以综合考虑环境的能源和人的健康问题为基础，将人类生存空间价值建立在生态考量并有利于人生存健康之上。21世纪再生材料与能源、可循环材料与能源的技术发展很快，对高效能源的利用、对不可再生资源的保护都是人类发展的主题，尊重自然、尊重人类生存和发展是未来室内设计的一种重要的发展取向。

（2）环境应拥有更高的科技内涵。室内空间包含人类科技领域内的发展可能性，科技在提高人工环境质量方面作用十分巨大。21世纪的设计对科技持谨慎而开放的心态，对使用者而言，科技带来的室内生活的变化速度在不断提高。

（3）环境应有更高的人文内涵。现代生活越来越表现出人与真实感受的剥离，信息提供的超负荷建立起人的心理与生活现实之间的虚幻空间，因此更加需要室内空间建构历史关联、地域关联、文脉关联，以保存或激发人与历史、与现实的联系。

因此，21世纪的室内设计是向综合考虑高品质实用、高人文内涵、高环境安全的新人本主义发展，对空间创意的追求是建立在对自然保护、生存安全和人类发展的重视之上的。所以下面我们就来针对这几个问题，分析探讨一下21世纪的室内设计的特征。

1. 室内设计需要生态化

生态化包含两方面内容：

（1）设计师必须要有环境保护意识，尽可能多地节约自然资源，少制造垃圾。

（2）设计师要尽可能地创造生态和健康的环境，让人类最大限度接近自然，满足人们回归自然的要求。这也就是我们所常说的绿色设计。

人类社会发展到今天，摆在面前的事实是近两百年来工业社会给人类带来的巨大财富，人类的生活方式发生了全方位的变化。但工业化也极大地改变了人类赖以生存的自然环境，森林、生物物种、清洁的淡水和空气，以及可耕种的土地，这些人类赖以生存的基本物质保障在急剧地减少，伴随而来的是气候变暖、能源枯竭、垃圾遍地、土地污染……如果按过去工业发展模式一味地发展下去，这样的环境不再是人们的乐园。现实问题迫使人类重新认真思考今后应采取一种什么样的生活方式。是以破坏环境为代价来发展经济，还是注重科技进步，通过提高经济效益来寻求新的发展契机，发达国家已经远远走在我们前面，尽管有他们之前的经验教训可以借鉴，但我们却未能避免，而且有过之而无不及，这才是中国最大的悲哀。

当代社会中，人类的生存环境是以建筑群为特点的人工环境，高楼拔地而起，大厦鳞次栉比，形成了建筑的森林。随着城市建筑向空间的扩张，林立的高楼，形成一道道人工悬崖和峡谷。城市是人类文明的产物，但也出现了人类文明的异化，人类驯化了城市，同时也把自己围在人工化的环境中。失去理智的城市扩张和无序的城市化进程会带来更多的问题，自然已经离我们越来越远。高层建筑采用的钢筋混凝土结构，宛如一个大型金属网，人在其中，如同进入一个同自然电磁场隔绝的法拉第屏蔽室，失去了自然的电磁场，人体无法保持平衡的状态，常常感到不安和恐慌。

随着人类对环境认识的深化，人们逐渐意识到环境中自然景观的重要，优美的风景、清新的空气既能提高工作效率，又可以改善人的精神生活。不论是建筑内部，还是建筑外部的绿化和绿化空间；不论是私人住宅，还是公共环境的幽雅、丰富的自然景观，天长日久都可以给人重要的影响。因此，在满足了人们对环境的基本需求后，高楼大厦已不再是环境美追求，回归自然成了我们现代人的追求。现在，人们正在不遗余力地把自然界中的植物、水体、山石等引入到室内设计中来，在人类生存的空间中进行自然景观的再创造。在科学技术如此发达的今天，使人们在生存空间中最大限度地接近自然成为可能。

人是自然生态系统的有机组成部分，自然的要素与人有一种内在的和谐感。人不仅仅具有进行个人、家庭、社会的交往活动的社会属性，更具有亲近阳光、空气、水、绿化等自然要素的自然属性。自然环境是人类生存环境必不可少的组成部分。

在办公空间的设计中，景观办公室成为时下流行的办公室设计风格。它一改过去办公室的枯燥、毫无生气的氛围，逐渐被充满人情味和人文关怀的环境所代替，根据交通流线、工作流程、工作关系等自由布置办公家具，使室内空间充满绿化。办公室改变了传统的拘谨、家具布置僵硬、单调僵化的状态，营造出更加融洽轻松、友好互助的氛围，更像在家中一样轻松自如。景观办公室不再有旧有的压抑感和紧张气氛，而令人愉悦舒心，这无疑减少了工作中的疲劳，大大地提高了工作效率，促进了人际沟通和信息交流，激发了积极乐观的工作态度，使办公室洋溢着一股活力，减轻了现代人的工作压力。

另外，我们在建造中所使用的一部分材料和设备，如涂料、油漆和空调等，都在散发着污染环境的有害物质。无公害的、健康型的、绿色建筑材料的开发和使用是当务之急。绿色材料会逐步取代传统的建材而成为建筑材料市场的主流，这样才能改善环境质量，还能提高生活品质，给人们提供一个清洁、优雅的室内空间，保证人们健康、安全地生活，使经济效益、社会效益和环境效益达到高度的统一。

2. 室内设计需要科技化

20世纪以来科技的迅速发展，使室内设计的创作处于前所未有的新局面。新技术极大地丰富了室内的表现力和感染力，创造出新的艺术形式，尤其新型建筑材料和建筑技术的采用，丰富了室内设计的创作，为室内设计的创造提供了多种可能性。

在当代，媒体革命已经成为一个实际的、令人无法回避的现实。信息高速公路遍布全球，世界各地的电子网络正在改变着社会经济、信息体系、娱乐行业，以及人们的生活和工作方式。计算机技术、多媒体技术和无线移动互融互通，开创了未来世界的黄金领域互联网多媒体和无线移动服务。这一充满活力与生机的新市场引起了建筑师和室内设计师们积极而广泛的响应。智能化的设计手段和空间已逐渐地渗入到我们现在的工作和生活中。科技的进步将会主宰未来的室内设计。具体而言，科技化主要通过以下几个方面得以实现：

（1）室内设计中计算机、多媒体的全方位应用。对于设计师们来说，计算机辅助设计系统的运用，确实令他们如虎添翼。建筑及室内的数字化模拟设计离不开计算机，现在国内风行的参数化设计则是完全依赖计算机，而建筑信息模型更是以建筑工程项目的各项相关信息数据作为模型的基础，进行建筑模型的建立，通过数字信息仿真模拟建筑物所具有的真实信息。通过计算机，设计师们可以全方位地把握设计。设计师们通过计算机联网技术，与业主和厂家及时沟通信息，提高工作效益，早已在设计中被广泛采用。

（2）新型建筑技术和建筑材料的广泛应用。随着科技的发展，建筑技术不断进步，新型建筑材料层出不穷，设计师们的设计有了更广阔的天地，艺术形象上的突破和创新有了更为坚实的物质基础。当一种新的建筑技术和建筑材料面世的时候，人们往往对它还不很熟悉，总要用它去借鉴甚至模仿常见的形式。随着人们对新技术和新材料性能的掌握，就会逐渐抛弃旧有的形式和风格，创造出与之相适应的新的形式和风格。因此，这些新型材料在设计师的手中便有了各种各样的诠释。

室内设计的发展要依赖技术，但是，过分地强调技术，一味地追求技术上的先进，那就是舍本逐末了。我们追求的室内设计的科技化是建立在技术生态主义基础之上的，要全面地看待技术在营造中的作用，并且把技术与人文、技术与经济、技术与社会、技术与生态等各种矛盾综合分析，因地制宜地确立技术和科学在室内设计创造中的地位，探索其发展趋势，积极有效地推进技术发展，以期获得最大的经济效益、社会效益和环境效益。室内设计的科技化是通过以下几个方面体现出来的：

①信息化。目前，我们所拥有的国外的信息和资料，有许多都是二手的，这将会妨碍我们迅速与国内外同行取得联系，进而影响我们设计国际化和专业化的发展。因此，需要实现设计的信息化。

②电脑化。尽管不能完全取代手绘图，但计算机已经成为当代设计师在设计中不可缺少的工具。其次，计算机和网络的使用可以加快信息交流，还可以控制所有的建筑技术功能，最大限度地减少能量消耗，最大限度地发挥建筑的经济和生态效应。

③施工科技化。我们现有的施工技术，还是比较传统和落后的，已不适应当今社会的发

展。我们必须发展适应当时、当地条件的适用技术。因而要有选择地把国外技术与中国实际相结合，运用、消化、转化，推动国内室内设计技术和实施技术的进步，将国内行之有效的传统技术用现代科技加以研究提高。

④制度化。虽然现在有很多与室内设计相关的法规，但是还是缺少专业法规。一旦室内设计制度化，就可以规范这个行业，并大大提高创作和设计的质量。

⑤国际化。事实上，国外建筑师、设计师参与我国的设计已相当普遍，这种趋势已不可逆转。而且，只有通过国际化才能缩小我们与发达国家之间的差距，以便于与国际沟通。

3. 室内设计需要本土化

进入 20 世纪 90 年代后，全球的文化格局发生了巨大的转变。但总体而言，世界的全球化与本土化的双向发展是当今世界的基本走向。一方面，第一世纪的跨国资本，在全球文化中发挥着巨大的作用。文化工业与大众传媒的国际化进程以不可阻挡的速度进行着，世界真正成了人们所谓的地球村。另一方面，世界的全球化带来了社会的市场化。但所谓市场化并不意味着对现代化设计的全面认同，而是面对后工业社会的新选择。市场化意味着以西方为中心，将他者弱化和民族文化自我定位的可能。

室内设计作为一种文化，尤其是建筑文化的一部分，必然会同其他文化一样有回归、反弹的现象，这就是室内设计的本土化。室内设计的本土化是世界文化发展的必然结果。

在由文化交流，科技进步带来的文化趋同的趋势下，探索设计的地区主义和本土化是非常艰辛的，需要设计师们付出很大的努力。这种探索不是由一代人、两代人能够完成的，而是要永远探索下去，因为文明是不断进步，社会是不断发展的，而且设计也只能在延续中得到发展。

为了发展我国的建筑设计和室内设计行业，许许多多设计师兢兢业业，孜孜以求，为我们探索建筑设计和室内设计的民族化和地方化提供了很多宝贵的经验，总结起来有以下几个方面：

（1）对世界各地文化进行比较研究。我们不但要研究自己民族的传统文化，而且要研究其他一切外来文化。只有这样，我们才能真正地了解世界，正确地认识自己，发展自己，博采众长，融会贯通。

（2）树立自信心，破除西方中心论的迷信。在经过了盲从的急躁和丧失自我的痛苦后，人们开始自我反思，认识到"现代化"并不应该是对西式模式的全面认同，而应该是对后工业社会文明的新的选择，选择一条自我发现和自我认证的新道路。

（3）必须立足于本民族的传统文化之上，对外来文化兼收并蓄，摆脱对民族文化的庸俗理解和模仿，立足于国情，立足于人的基本需求和生活方式。在任何时代、任何社会，文明的发展和技术的进步都不应以否定历史、丧失传统作为代价。

（4）设计必须要现代化。在对待传统文化的态度上，我们不仅要拿来，而且要发展，要创造。只有创造性地继承，传统文化才会有生命力。也只有这样，才能适应不断发展的科学技术和社会生产力，才能适应已经变化了的国情、民情，满足人们的基本需求。

创造有文化价值的室内空间，是设计师责无旁贷的历史责任。尤其是在当前的文化多元化环境之中，如何在室内设计中体现出本民族的特色，如何营造体现地方特征及风俗习惯的室内空间，是需要我们付出气力去研究的。现在，我们不仅有外国设计师探索地方主义设计的经验，而且还有很多实践的机会，那么，我们就会少走弯路，探索出适合中国国情，能够体现地方特色的室内设计创作方法来的，丰富我国的室内设计创作。

第三节　室内设计的发展趋势

当代室内设计的发展可谓百花齐放、百家争鸣，呈现出一种积极向上的发展状态。限于篇幅，在这里，我们就不一一进行探讨了，我们就从中抽取几种态势比较明显的发展趋势进行简要分析。

一、以人为本的发展趋势

突出人的价值和人的重要性并不是当代才有，在历史上早已存在。据考古研究，我国殷商甲骨文中就有"中商"、"东土"、"南土"、"西土"、"北土"之说，可见当时殷人是以自我本土为"中"，然而再确定东、南、西、北诸方向的。这种以自我为中心、然后向四面八方伸展开去的思想，充分显示出人对自我力量的崇信，象征着人的尊严。由此可见，在我国，很早就认识到人的价值，认识到人的作用。

16世纪欧洲文艺复兴运动也提倡人的尊严和以人为中心的世界观。文艺复兴运动的思想基础是"人文主义"，即从资产阶级的利益出发，反对中世纪的禁欲主义和教会统治一切的宗教观，突出资产阶级的尊重人和以人为中心的世界观。在建筑活动方面，世俗建筑取代宗教建筑而成为当时主要的建筑活动，府邸、市政厅、行会、广场、钟塔等层出不穷，供统治者享乐的宫廷建筑也大大发展。总之，与人有关、而不是与神有关的建筑在这时得到了很大的发展。

近几十年来，在建筑设计以及室内设计中强调突出人的需要，为人服务的设计师也屡见不鲜，例如芬兰的阿尔托，他的理论是既肯定了建筑必须讲经济，又批评了只讲经济而不讲人情的"技术的功能主义"，提倡设计应该同时综合解决人们的生活功能和心理感情需要。这种突出以人为主的设计观在当今室内设计领域中尤其受到人们的重视。人一生中的大部分时间都在室内度过，室内环境直接影响到人的工作与生活，因此更需要在设计中突出"以人为本"的思想。

在室内设计中，首先应该重视的是使用功能的要求，其次就是创造理想的物理环境，在通风、制冷、采暖、照明等方面进行仔细的探讨，然后还应该注意到安全、卫生等因素。在满足了这些要求之外，还应进一步注意到人们的心理情感需要，这是在设计中更难解决也更富挑战性的内容。阿尔托在这方面的尝试与探索是很值得借鉴的。

阿尔托擅长在室内设计中运用木材，使人有温暖感；即使在钢筋混凝土柱身上，也常缠几圈藤条以消除水泥的冰冷感；为了使机器生产的门把手不致有生硬感，还将门把手造成像人手捏出来的样子那样。在造型上，他喜欢运用曲线和波浪形；在空间组织上，主张有层次、有变化，而不是一目了然；在尺度上，强调人体尺度，反对不合人情的庞大体积。

阿尔托的代表作是卡雷住宅。该住宅的空间互相流通，十分自由，人们的视觉效果在经常发生变化，非常有趣。主要装饰材料是木材，而且尽量显露木材的本色，使人感到十分温暖亲切。整个天花以直线和圆弧描绘出优美自然的弧线，强化了空间的流通，给人以舒适感。室内的木质家具和悠然的绿化又给内部环境增添了几分温馨。阿尔托的这些思想与作品不论是在当时，还是在现在，都给人以很大的启迪。突出以人为本的思想，突出强调为人服务的观点，对于室内设计而言，无疑具有永恒的意义。

二、可持续发展的趋势

"可持续发展"首先强调发展，强调把社会、经济、环境等各项指标综合起来评价发展的质量，而不是仅仅把经济发展作为衡量指标。同时也强调建立和推行一种新型的生产和消费方式。无论在生活上还是消费上，都应当尽可能有效地利用可再生资源，少排放废气、废水、废渣，尽量改变那种靠高消耗、高投入来刺激经济增长的模式。

其次，可持续发展强调经济发展必须与环境保护相结合，做到对不可再生资源的合理开发与节约使用，做到可再生资源的持续利用，实现眼前利益与长远利益的统一，为子孙后代留下发展的空间。

此外，可持续发展还提倡人类应当学会尊重自然、爱护自然，把自己作为自然中的一员，与自然界和谐相处。彻底改变那种认为自然界是可以任意剥夺和利用的对象的错误观点，应该把自然作为人类发展的基础和生命的源泉。

实现可持续发展，涉及人类文明的各个方面。建筑是人类文明的重要组成部分，建筑物及其内部环境不但与人类的日常生活有着十分密切的关系，而且又是耗能大户，消耗着全球总能耗的50%以及大量的钢材、木材和金属。因此如何在建筑及其内部环境设计中贯彻可持续发展的原则就成为十分迫切的任务。1993年6月的第18次世界建筑师大会就号召全世界的建筑师要"把环境与社会的持久性列为我们职业实践及责任的核心"。由此可见，维护世界的可持续发展正是当代设计师义不容辞的责任。

在建筑设计和室内设计中体现可持续发展原则是崭新的思想，国内外都处在不断探索之中。简要说来，主要表现为"双健康原则"和"3R原则"。

所谓"双健康原则"，就是指既要重视人的健康，又要重视保持自然的健康。设计师在设计中，应该广泛采用绿色材料，保障人体健康；同时要注意与自然的和谐，减少对自然的破坏，保持自然的健康。

所谓"3R原则"，就是指减小各种不良影响的原则、再利用的原则和循环利用的原则（Reduce，Reuse，Recycle）。希望通过这些原则的运用，实现减少对自然的破坏、节约能源资源、减少浪费的目标。

目前，许多国内外设计都在尝试在设计中运用可持续发展原理，其中具有代表性的建筑就是墨西哥科特斯海边南贝佳半岛的卡梅诺住宅。下面我们通过一组图来看看这一代表建筑的特点，如图9-3-1所示。

处于炎热地区，建筑的隔热十分重要，设计师在这一住宅的设计过程中采用了一个鱼腹式桁架系统，然后覆以钢筋混凝土板。下侧桁架弦杆采用板条和水泥抹灰，形成一个可自然循环的双层通风屋顶。空气通过屋顶两头的网格进入，从女儿墙内的出口和屋顶中心的烟囱流出。中空部分可以隔热，侧面用网格封口，既可使空气通过，又可防止鸟儿在内部筑巢。这样形成的屋顶一方面解决了通风、降温问题，同时也是很好的艺术构件，形成了独特的外观效果，达到了艺术与功能的统一。

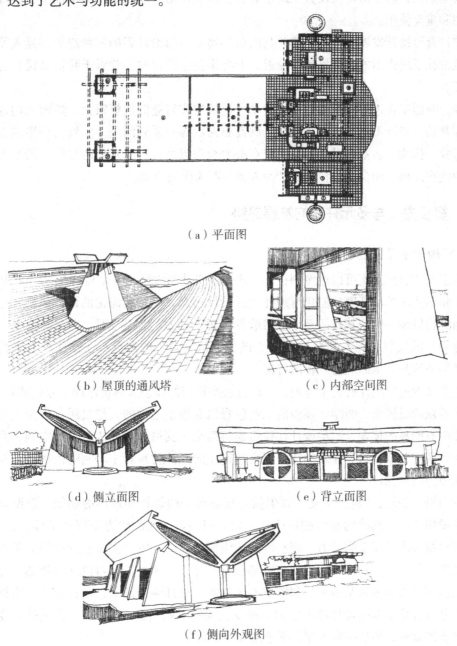

（a）平面图

（b）屋顶的通风塔

（c）内部空间图

（d）侧立面图

（e）背立面图

（f）侧向外观图

图9-3-1 卡梅诺住宅相关设计图

为了尽可能地利用自然通风，建筑师在空间处理上亦作了不少努力。整幢住宅分三部分：会客、起居娱乐、主人卧室。这三部分均可向海边、阳光和风道开门，只需打开折叠式桃花芯木门和玻璃门，就可使整栋建筑变成一个带顶的门廊。

住宅的三个部分之间以活动隔门间隔，天气热时可以打开隔门通风，凉时或使用需要时可以关上，形成独立的空间，使用十分方便灵活。为了强化通风效果，建筑围墙、前门也均为网格形式，利于海风通过，又能形成美丽的光影效果。

在卡梅诺住宅设计中，设计师还考虑到屋顶雨水的收集问题。两片向上翘起的屋顶十分有利于收集雨水，屋顶两端还设置了跌水装置，可以让雨水落到地面的水池中，实现雨水的循环使用和重复使用。

创作符合可持续发展原理的建筑及其内部环境是目前设计界的一种趋势，是人类在面临生存危机情况下所作出的一种反映与探索。卡梅诺住宅设计的经验对于我们来说具有很好的借鉴意义。

如今，我国正在进行大规模的建设活动，建筑装饰行业的规模很大，然而我们也同时面临着能源紧缺、资源不足、污染严重、基础设施滞后等一系列问题，发展与环境的矛盾日益突出。因此，作为一名室内设计师，完全有必要全面贯彻可持续发展的思想，借鉴人类历史上的一切优秀成果，用自己的精美设计为人类的明天作出贡献。

三、极少主义与多元并存的发展趋势

（一）极少主义发展趋势

极少主义的思想其实可以追溯到很远，现代主义建筑大师密斯就曾提出"少就是多"的理论，主张形式简单、高度功能化与理性化的设计理念，反对装饰化的设计风格，这种设计风格在当时曾风靡一时，其作品至今依然散发着无限魅力。时至今日，"少就是多"的思想得到了进一步的发展，有人甚至提出了"极少就是极多"的观点，在这些人看来纯粹、光亮、静默和圣洁是艺术品应该具备的特征。

极少主义者追求纯粹的艺术体验，以理性甚至冷漠的姿态来对抗浮躁、夸张的社会思潮。他们给予观众的是淡泊、明净、强烈的工业色彩以及静止之物的冥想气质。极少主义思想在建筑设计中有明显的体现，这类设计往往将建筑简化至其最基本的成分，如空间、光线及造型，去掉多余的装饰。这类建筑往往使用高精密度的光洁材料和干净利落的线条，与场地和环境形成强烈的对比。

在室内设计领域，"极少主义"提倡摒弃粗放奢华的修饰和琐碎的功能，强调以简洁通畅来疏导世俗生活，其简约自然的风格让人们耳目一新。他们致力于摒弃琐碎、去繁从简，通过强调建筑最本质元素的活力，而获得简洁明快的空间。极少主义室内设计的最重要特征就是高度理性化，其家具配置、空间布置都很有分寸，从不过量。习惯通过硬朗、冷峻的直线条，光洁而通透的地板及墙面，利落而不失趣味的设计装饰细节，表达简洁、明快的设计风格，十分符合快节奏的现代都市生活。极少主义在材料上的"减少"，在某种程度上能使人的心情更加放松，创造一种安宁、平静的生活空间。

事实上，极少主义并不意味着单纯的简化。相反，它往往是丰富的集中统一，是复杂性的升华，需要设计师通过耐心和努力的工作才能实现。

在家具布置方面，极少主义十分注重家具与室内整体环境的协调，非常注重室内家具与日常器具的选择。

在材料与色调方面，极少主义设计非常强调室内各种材料与色调的运用，其总的特征是简单但不失优雅，常常采用黑、白、灰的色彩计划。有时还主张运用大片的中性色与大胆强烈的重点色而达到一种视觉冲击力。极少主义总的用色原则是先确定房间的主色调，通常是软而亮的调子，然后决定家具和室内陈设的色彩范围。

极少主义设计的地面材料一般为单色调的木地板或石材，同时也十分注重软质材料的运用，如纤维绒、天鹅绒、皮革、亚麻布、丝、棉等。这些装饰织物的色调要尽可能自然，质地应该突出触感。图案太强的织物不适合此类风格。在设计中，窗帘材料一般应选择素色的百叶窗或半透明的纱质窗帘，因为这种窗帘更能增加房间的空间感，也更方便自然光线的进入。

极少主义对光线也很重视，但一般情况下，极少主义偏爱良好的自然光照，希望光线无处不在，所以需要设计师的巧妙处理。

其实，极少主义不仅仅是一种设计风格，它所代表的思维似乎包涵着一些永恒的价值观，如：对材料的尊重、细部的精准及简化繁杂的设计元素等等。它不仅仅是西方现代主义的延伸，同时也涵盖了东方美学思想，具有很强的生命力。

（二）多元并存的发展趋势

20 世纪 60 年代以来，西方建筑设计领域与室内设计领域发生了重大变化，现代建筑的机器美学观念不断受到挑战与质疑。理性与逻辑推理遭到冷遇，强调功能的原则受到冲击，而多元的取向、多元的价值观、多样的选择正成为一种潮流，人们提出要在多元化的趋势下，重新强调和阐释设计的基本原则，于是各种流派不断涌现，此起彼落，使人有众说纷纭、无所适从之感。有的学者曾对目前流行的观点进行了分析，总结出一些既相关又相对的因素，如现代和后现代、现实和理想、当代和传统、内部和外部、共性与个性、客观与主观、理性与感性、限制与自由、逻辑与模糊等等。这些互相相对的主张，似乎每一方均有道理，究竟谁是谁非，很难定论。因此学者们提出了"钟摆"理论，指出钟摆只有在左右摆动时，挂钟的指针才能转动，当钟摆停在正中或一侧时，指针就无法转动而造成停滞。

当今的室内设计从整体趋势而言亦是如此，正是在不同理论的互相交流、彼此补充中不断前进，不断发展。当然，就某一单项室内设计而言，则应根据其所处的特定情况而有所侧重、有所选择，其实这也正是使某项室内设计形成自身个性的重要原因。

上述这些相对因素在室内设计中相当常见，几乎同时于 20 世纪 70 年代末建成的奥地利旅行社与美国国家美术馆东馆就是两个在风格上迥然不同的例子。

维也纳奥地利旅行社的室内设计是后现代主义的典型作品，由汉斯·霍莱茵设计。该旅行社的中庭很有情调，天花是拱形的发光顶棚，顶棚顶由一根带有古典趣味的不锈钢柱支撑。钢柱的周围散布着九棵金属制成的棕榈树。顶棚上倾泻而下的阳光加上金属棕榈树的形象很易使人联想到热带海滩的风光，而金属之间的相互映衬，又暗示着这是一种娱乐场所。大厅内还有一座具有印度风格的休息亭，人们坐在那里便可以想起美丽的恒河，可以追溯遥远的东方文明。当从休息亭回头眺望时，会看到一片倾斜的大理石墙面。这片墙蕴含着深刻的含意，它与墙壁相接而渐渐消失，神秘得如同埃及的金字塔。金碧辉煌的钢柱从后古典柱式的残断处挺然升起，体现出古典文明和现代工艺的完美交融。初看上去该设计比较怪异，但仔细品味会发现这是设计师对历史的深刻理解。

由贝聿铭先生设计的美国国家美术馆东馆则仍然具有典型的现代主义风格，简洁的外形、反复强调的以三角形为主的基本构图要素、洗练的手法都反映着现代主义的特点，给人以简洁、明快、气度不凡之感。

众多流派并无绝对正确与谬误之分，它们都有其存在的依据与一定的理由，与其争论谁是谁非，还不如在承认各自相对合理性的前提下，重点探索各种观点的适应条件与范围，这将会对室内设计的发展更有意义。钟摆在其摆动幅度内并无禁区，但每一具体项目则应视条件而有所侧重，室内环境所处的特定时间、环境条件、设计师的个人爱好、业主的喜好与经济状况等因素正是决定设计这个钟摆偏向何方的重要原因，也只有这样，才能达到多元与个性的统一，才能达到"珠联璧合、相得益彰、相映生辉、相辅相成"的境界，才能走向室内设计创作的真正繁荣。

参考文献

［1］王向阳，林辉. 环境空间艺术设计［M］. 武汉：武汉理工大学出版社，2008. 6 － 21.

［2］李瑞君. 室内设计原理［M］. 北京：中国青年出版社，2013. 42 － 47.

［3］黄春滨. 室内艺术设计［M］. 北京：中国电力出版社，2007. 50 － 54.

［4］陈易. 室内设计原理［M］. 北京：中国建筑工业出版社，2006. 9 － 17.

［5］梁旻. 室内设计原理［M］. 上海：上海人民美术出版社，2013. 4 － 7.

［6］隋洋. 室内设计原理［M］. 长春：吉林美术出版社，2005. 90 － 97.

［7］刘昆. 室内设计原理［M］. 北京：中国水利水电出版社，2012. 121 － 134.

［8］管沄嘉. 环境空间设计［M］. 沈阳：辽宁美术出版社，2014. 69 － 85.

［9］彭彧. 室内设计初步［M］. 北京：化学工业出版社，2014. 112 － 119.

［10］周长亮. 室内环境设计［M］. 北京：科学出版社，2010. 77 － 87.

［11］来增祥. 室内设计原理［M］. 北京：中国建筑工业出版社，2006. 34 － 39.

［12］许亮. 室内环境设计［M］. 重庆：重庆大学出版社，2009. 4 － 10.

［13］孙佳成. 室内环境设计透视技法与手绘表现［M］. 北京：中国建筑工业出版社，2012. 2 － 4.

［14］陈易，陈申源. 环境空间设计［M］. 北京：中国建筑工业出版社，2008. 71 － 82.

［15］傅凯. 室内环境设计原理［M］. 北京：化学工业出版社，2009. 128 － 142.

［16］李梅红. 室内环境设计原理［M］. 北京：中国水利水电出版社，2011. 108 － 117.

［17］毕秀梅. 室内设计原理［M］. 北京：中国水利水电出版社，2009. 202 － 207.

［18］杜雪. 室内设计原理［M］. 上海：上海人民美术出版社，2014. 172 － 176.

［19］高祥生，韩巍，过伟敏. 室内设计师手册［M］. 北京：中国建筑工业出版社，2011. 17 － 21，57 － 60.

［20］张宗森. 建筑装饰构造［M］. 北京：中国建筑工业出版社，2006. 39 － 41.

［21］谭长亮，孙戈. 居住空间设计［M］. 上海：上海人民美术出版社，2012. 102 － 105.

［22］陈易，陈永昌，辛艺峰. 室内设计原理［M］. 北京：中国建筑工业出版社，2006. 231 － 249.

［23］李文华. 室内照明设计［M］. 北京：中国水利水电出版社，2007. 38 － 42.

［24］彭一刚. 建筑空间组合论［M］. 北京：中国建筑工业出版社，2006. 5 － 7.

［25］朱钟炎，王耀仁. 室内环境设计原理［M］. 上海：同济大学出版社，2004. 12.

［26］李砚祖. 环境艺术设计［M］. 北京：中国人民大学出版社，2005. 45.

［27］林华. 环境艺术设计概论［M］. 北京：清华大学出版社，2005. 102 - 105.

［28］梁展翔. 室内设计［M］. 上海：上海人民美术出版社，2004. 98 - 101，143 - 149.

［29］彭亮. 家具设计与工艺［M］. 北京：高等教育出版社，2005. 5 - 6.

［30］庄夏珍. 室内植物装饰设计［M］. 重庆：重庆大学出版社，2006. 79 - 82，103 - 109.

［31］纪晓海，高颖，李凌云. 建筑环境共鸣设计［M］. 大连：大连理工大学出版社，2002. 52 - 54.

［32］张斌，杨北帆. 室内设计与环境艺术［M］. 天津：天津大学出版社，2000. 49 - 51，108 - 121.

［33］罗玉明，利建能，冯华英. 环境绿化［M］. 广州：广东科技出版社，2000. 172 - 181.

［34］李锐文. 家具饰物［M］. 广州：广州科技出版社，2001. 203 - 206.

［35］刘芳，苗阳. 建筑空间设计［M］. 上海：同济大学出版社，2001. 3 - 6.

［36］曹瑞忻. 家居色彩［M］. 广州：广东科技出版社，2001. 6 - 9，41 - 44.

［37］薛健. 室内外设计资料集［M］. 北京：中国建筑工业出版社，2002. 289 - 297.

［38］戴力农. 室内设计［M］. 上海：上海交通大学出版社，2001. 149 - 152，167 - 169.

［39］周鸿编. 人类生态学［M］. 北京：高等教育出版社，2001. 3 - 7.

［40］夏云，夏葵，施燕. 生态与可持续建筑［M］. 北京：中国建筑工业出版社，2001. 34 - 36，54 - 61.

后　记

　　本书是通过对室内设计专业进行分析和研究而编撰的针对不同人群需求的一本书，书中包括室内设计的原理和方法等各个方面的内容，涉及的知识具体而全面，旨在为需要的读者带来切实的帮助。在本书中，作者力图通过一个完整而通顺的逻辑体系将室内设计全面地展现出来，因此在编撰过程中，吸纳了来自各个方面的本专业的研究成果，同时也融入了作者自己的一些研究成果，满足了知识不断更新的需要。

　　本书内容主要可以从以下三个方面进行分析：

　　1. 从室内设计的基本知识方面出发，概括了其含义、表现技法以及与其他学科的关系等。

　　2. 从室内设计的原理出发，涵盖了其内容、设计方法和步骤、风格流派、界面处理、色彩与采光、家具与陈设、室内装饰材料等方面的内容。

　　3. 纵观历史和室内设计发展的现状，对其未来的发展趋势进行分析和预测。

　　为了进一步适应社会发展变化的需要，也为了更方便日后新知识的补充和纳入，本书采用了开放式的体系和框架结构，为后续的增添内容和修订内容等工作奠定了基础。

　　本书为作者侯立丽 2015 年承担的保定市哲学社会科学规划课题，课题编号：201505040；课题名称：保定市大型商场购物环境无障碍设计研究"。在编撰过程中，作者对自己提出了很高的要求，对书中涉及的各方面内容和进行了深入的分析和研究，倾注了自己多年的心血。但是毕竟个人知识水平有限，疏漏之处在所难免，欢迎广大读者批评指正！

编者

2016 年 2 月